JN272957

大容量化する
マルチメディア・データを転送・保存・活用するために

ディジタル音声&画像の圧縮/伸張/加工技術

●尾知 博 監修　川村 新，黒崎正行 著

CQ出版社

まえがき

　パソコン，タブレット端末をはじめとして，DVD，Blue-ray，MP3，デジタル・カメラ，ビデオ・カメラ，携帯電話，スマートフォン，ディジタル・テレビ，….身の回りを見渡すだけで，実に多くのマルチメディア機器に囲まれて暮らしていることが分かります．

　こうした音声・音楽・静止画像・動画像の各データは，その情報量の多さから一般に圧縮されて伝送ないしは配信されます．また，音声や音楽の場合，使用環境によっては，エコー・キャンセルやノイズ・リダクション処理などの信号処理が必要な場合もあります．こうした圧縮や各種の信号処理は，その理論体系としてディジタル信号処理技術を基礎として構築されています．ディジタル信号処理に関する教科書は数多く出版されていますが，その理論がどのように実際に使われているか信号処理技術の応用について，体系的に記述されている教科書や技術書はほとんど皆無でした．そこで，音声・音響圧縮，静止画像・動画像圧縮，ノイズ・リダクション，ブラインド信号分離技術などの応用まで扱った入門書を著すことにしました．

　本書の特徴は，以下の通りです．

(1) ディジタル信号処理の基礎から実際の応用技術まで，体系的に記述．
(2) 高専や大学・大学院の講義でも使えるように，90分1コマとして15コマ程度の授業時間で完了できるように内容を厳選．
(3) 理解を助けるため，豊富な例題，Scilabによる演習および章末問題を準備．
(4) Scilabによる演習問題のソース・コードはすべて公開（http://dsp.cse.kyutech.ac.jp/support/）．
(5) 教科書として使用される教官や企業の技術者には，詳細な章末問題の解答を別途配布し，円滑な学習カリキュラムの実施に寄与．

　大阪大学の川村が，主に音声・音響系，九州工業大学の黒崎が主に画像系の内容を担当し，同大学の尾知が監修しました．出版の準備にあたっては，CQ出版社の西野氏を始め，各研究室の学生に終始お世話になりました．ここにお礼を申し上げます．

　本書が，ディジタル信号処理技術のさらなる発展や同分野でのシステム開発に寄与することを著者一同期待するところです．少なからずとも誤字や記述の誤りがあるかもしれません．読者のフィードバックも期待するところです．

著者代表　尾知 博

目 次

まえがき ... 3

第1章 信号処理で重要となる基礎知識 ... 11

1-1 確率信号の扱い方 ... 11
- 1.1.1 確定信号と確率信号 ... 11
- 1.1.2 実現値 ... 12
- 1.1.3 ヒストグラム ... 12
- 1.1.4 確率密度関数 ... 13
- 1.1.5 確率分布関数 ... 16
- 1.1.6 結合確率密度関数 ... 17
- 1.1.7 期待値 ... 18
- 1.1.8 時間平均 ... 19
- 1.1.9 エルゴード過程 ... 21
- 1.1.10 共分散と無相関 ... 21
- 1.1.11 独立 ... 21
- 1.1.12 独立と無相関の違い ... 22
- 1.1.13 定常と非定常 ... 23
- 1.1.14 中心極限定理 ... 24

1-2 線形フィルタで信号を加工する ... 25
- 1.2.1 線形時不変(LTI)フィルタ ... 25
- 1.2.2 LTIフィルタの一般形 ... 25
- 1.2.3 インパルス応答と周波数特性 ... 26
- 1.2.4 FIRフィルタとIIRフィルタ ... 27

1-3 適応アルゴリズムによるフィルタの自動設計 ... 29

1-4 フーリエ変換で信号を周波数成分に分解する ... 31
- 1.4.1 離散フーリエ変換(DFT) ... 31
- 1.4.2 フーリエ変換の基底 ... 32
- 1.4.3 高速フーリエ変換 ... 34
- 1.4.4 窓関数 ... 36
- 1.4.5 ハーフ・オーバラップ ... 37

- **1-5　画像処理や音声圧縮で活躍する離散コサイン変換とは？** ... 39
  - 1.5.1　離散コサイン変換式 ... 39
  - 1.5.2　離散コサイン変換の基底 ... 41
  - 1.5.3　修正離散コサイン変換 ... 42
- **1-6　マルチレート信号処理** ... 44
  - 1.6.1　マルチレート信号処理の要素 ... 44
  - 1.6.2　マルチレート・システムの性質 ... 45
  - 1.6.3　フィルタ・バンク ... 45
- **1-7　長いディジタル信号を小さくまとめる情報符号化技術** ... 51
  - 1.7.1　平均符号長の限界 ... 51
  - 1.7.2　ハフマン符号化 ... 53
  - 1.7.3　ランレングス符号化 ... 54
  - 1.7.4　算術符号化 ... 55

章末問題 ... 56

第2章　音声圧縮技術　59

- **2-1　アナログ音声からディジタル音声へ〜 PCM** ... 60
  - 2.1.1　時間の離散化 ... 60
  - 2.1.2　振幅の離散化 ... 61
  - 2.1.3　log-PCM ... 64
- **2-2　未来の音を予測する〜 ADPCM** ... 67
  - 2.2.1　DPCM ... 67
  - 2.2.2　適応量子化 ... 68
  - 2.2.3　ADPCM ... 68
  - 2.2.4　ADPCMエンコーダ ... 69
  - 2.2.5　ADPCMデコーダ ... 69
- **2-3　携帯電話が人間に？〜 CELP** ... 70
  - 2.3.1　分析合成方式 ... 70
  - 2.3.2　CELP方式 ... 75
- **2-4　小さいけれども高音質！〜音楽音響圧縮技術MP3** ... 76
  - 2.4.1　人の知覚特性を用いた音響圧縮 ... 77
  - 2.4.2　MPEG Audioの概要 ... 78
  - 2.4.3　フィルタ・バンクを用いた帯域分割と帯域合成 ... 80

2.4.4	聴覚心理モデルを用いたビット割り当て	82
2.4.5	量子化	86
2.4.6	ビット列構成	87
2.4.7	MPEG-1 Audio レイヤIII（MP3）	88
2.4.8	ハイブリッド・フィルタ・バンク	89
2.4.9	AAC	92

章末問題 ... 93

第3章　ノイズ除去技術　97

3-1 適応ノッチ・フィルタで正弦波を除去してみよう ... 97

3-2 ヘッドホンでも活躍する適応ノイズ・キャンセラ ... 103
 3.2.1 システム同定に基づくノイズ除去の実用例 ... 106

3-3 携帯電話に搭載される周波数領域のノイズ除去技術 ... 108
 3.3.1 ノイズ除去システムの基本構成 ... 108
 3.3.2 スペクトル・サブトラクション ... 111
 3.3.3 ミュージカル・ノイズ ... 112
 3.3.4 ウィーナー・フィルタ ... 113
 3.3.5 MAP推定によるウィーナー・フィルタの導出 ... 116
 3.3.6 Decision-Directed法 ... 118
 3.3.7 MAP推定法 ... 119
 3.3.8 T. LotterとP. Varyの音声スペクトル分布 ... 122
 3.3.9 可変音声分布 ... 123
 3.3.10 各手法の比較 ... 126

章末問題 ... 127

第4章　音源分離技術　129

4-1 右と左に音源あり！バイナリ・マスクで音の持ち主を見分ける ... 129

4-2 バイナリ・マスクの拡張版！DUETによる複数音声の分離 ... 132

4-3 マイクロホン・アレーで音の到来方向を強調する ... 137

4-4 独立成分分析で高品質音源分離を実行しよう ... 141
 4.4.1 独立成分分析（ICA）の原理 ... 142
 4.4.2 散布図 ... 143

	4.4.3	モデルの修正	144
	4.4.4	信号の無相関化	145
	4.4.5	信号無相関化の行列 V の導出	146
	4.4.6	BSSを実現する分離行列	148
	4.4.7	Fast ICAの実現	149
	4.4.8	実際の音声分離について	152

章末問題　154

第5章　映像メディア処理で重要となる基礎知識　155

5-1　画像やメディア処理で使われる信号　155

- 5.1.1　多次元信号　155
- 5.1.2　単位インパルス信号と単位ステップ信号　156
- 5.1.3　2次元信号処理システム　157
- 5.1.4　z 変換を用いた2次元システムの表現　160
- 5.1.5　多次元信号処理の例　161
- 5.1.6　多次元サンプリング　162

5-2　2次元フーリエ変換　164

- 5.2.1　2次元フーリエ変換　164
- 5.2.2　2次元フーリエ変換の基底　168

5-3　2次元離散コサイン変換　170

- 5.3.1　2次元離散コサイン変換　170
- 5.3.2　2次元離散コサイン変換の基底　171

5-4　新しい画像圧縮で用いられるウェーブレット変換とは　172

- 5.4.1　フィルタ・バンクを用いたウェーブレット変換　173
- 5.4.2　ウェーブレット変換の基底　174

章末問題　176

第6章　静止画像を圧縮するJPEG　177

6-1　画像や人間の特性を利用して圧縮するJPEGの概要　177

- 6.1.1　人の知覚特性　178
- 6.1.2　DCT方式の符号化　179

6-2　RGBからYC_bC_rへの色変換　180

	6-3	JPEGで用いられているDCT	182
	6-4	情報量を削減する量子化	184
	6-5	JPEGで用いられるハフマン符号化	187

章末問題 ... 193

第7章　映画館で利用されているJPEG 2000　195

- 7-1　JPEG 2000符号化の概要　195
- 7-2　0を中心としたデータにするDCレベル・シフト　197
- 7-3　JPEG 2000の色変換 ― コンポーネント変換　197
- 7-4　DCTより画質の良いウェーブレット変換　199
  - 7.4.1　画像の拡張　200
  - 7.4.2　2分割フィルタ・バンク　201
  - 7.4.3　リフティング　201
  - 7.4.4　2Dウェーブレット変換　202
- 7-5　情報量を削減する量子化　204
- 7-6　まわりの状態を見ながら情報を圧縮するEBCOT符号化　204
  - 7.6.1　係数ビット・モデリング　206
  - 7.6.2　算術符号化　208
- 7-7　データをまとめてビットストリームを生成する　209
- 7-8　JPEG 2000で用いられる誤り耐性機能　210

章末問題 ... 211

第8章　動画を圧縮するMPEG/H.264　213

- 8-1　動画を圧縮するMPEG符号化の仕組み　213
- 8-2　似ている画像を予測する動き推定と動き補償　214
  - 8.2.1　MPEG符号化の構造　219
  - 8.2.2　MPEG符号列の構造　220
- 8-3　ビデオCDで用いられているMPEG-1の符号化と復号処理　221
  - 8.3.1　量子化　221
  - 8.3.2　量子化後の係数の可変長符号化　223
  - 8.3.3　動きベクトルの差分符号化　223

	8.3.4	マクロ・ブロック・パターン ... *225*
	8.3.5	マクロ・ブロックのタイプ ... *226*
8-4	DVDや地上デジタル放送で用いられているMPEG-2の符号化と復号処理 ... *226*	
	8.4.1	インターレース画像の符号化 ... *226*
	8.4.2	動きベクトルの探索範囲 ... *228*
	8.4.3	スキャン・パターン ... *228*
	8.4.4	スケーラビリティ ... *228*
8-5	MPEG-2よりも高圧縮なMPEG-4の概要 ... *228*	
	8.5.1	適応AC/DC予測 ... *231*
	8.5.2	8×8動き補償 ... *231*
8-6	MPEG-4における誤り耐性機能 ... *233*	
	8.6.1	再同期マーカ ... *233*
	8.6.2	データ分割 ... *233*
	8.6.3	リバーシブル可変長符号 ... *233*
8-7	Blu-rayやワンセグで使われるH.264 ... *234*	
	8.7.1	動き補償 ... *235*
	8.7.2	画面内の予測符号化 ... *236*
	8.7.3	変換と量子化 ... *236*
	8.7.4	デブロッキング・フィルタ ... *237*

章末問題 ... *237*

AppendixA　ガウス関数の積分　　*239*

AppendixB　G.726方式ADPCMの詳細　　*242*

B-1　ADPCMエンコーダ ... *243*

B-2　ADPCMデコーダ ... *247*

章末問題解答 ... *249*

参考文献 ... *266*

索引 ... *268*

第1章 信号処理で重要となる基礎知識

1-1 確率信号の扱い方

　音声信号は，マイクロホンなどにより，電圧や電流の振幅変化として表現できます．

　音声信号において，ある時刻における振幅値は，実際に発話してからでなければ知ることができません．つまり，未来の値を確定することはできません．しかし，長時間かけて音声信号の値を観測すると，何らかの統計的性質が見えてきます．従って，音声信号を，ある統計的性質に従って生じる確率過程（Stochastic Process）として扱うことにより，過去やある程度未来の信号の統計量は特定可能です．

　ここでは，音声や画像の処理システムを構築する際に必要となる，確率信号の取り扱い方について説明します．

1.1.1　確定信号と確率信号

　信号には，図1.1に示すように，確定信号（Deterministic Signal）と確率信号（Stochastic Signal）があります．

　確定信号は，時刻や位置の関数として表される信号です．従って，時刻，あるいは位置だけを指定すると，特定の数値として表現できます．

　確率信号は，確率過程として生じる信号です．時刻や位置だけの関数として表現することはでき

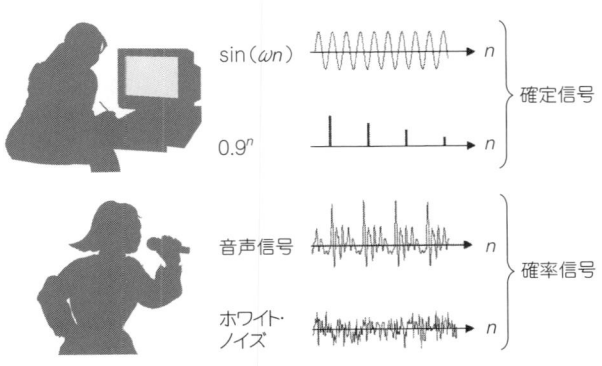

図1.1　確定信号と確率信号

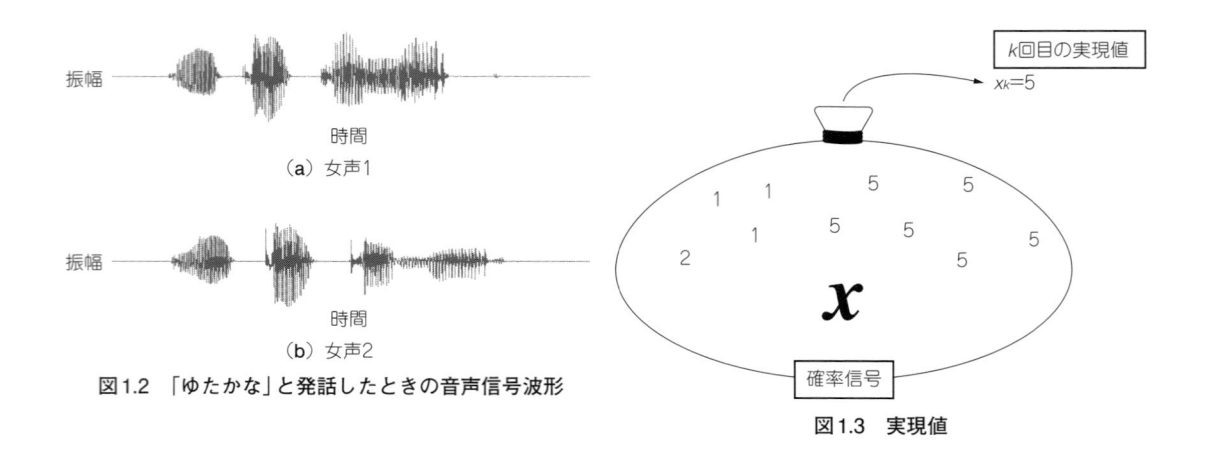

図1.2 「ゆたかな」と発話したときの音声信号波形

図1.3 実現値

ません．従って，実際に信号が生じるまでは，何の値をとるかが特定できません．わたしたちが日常的に使用する音声も確率信号に分類されます．

図1.2は，同じ発話内容「ゆたかな」を2名の女性がそれぞれ発話したときの信号波形です．現実の音声がとる振幅値は，発話内容が同じでも異なることが分かります．つまり，「ゆたかな」という発話内容を知っていても，発話開始から1秒後の音声の振幅値は，実際に観測しなければ分かりません．同様に，空調機，パソコンの冷却ファン，ドライヤなどの機器から発生する音や，虫の声，落雷，風の音など自然界に存在するほとんどの音は，ある時刻を指定しても振幅値を特定できないため，確率信号として扱うことになります．

1.1.2 実現値

確率信号は，時刻を指定してもその時刻に生じる値を特定できません．逆に，実際に生じた値のみが数値として表現できます．このように実際に生じた確率信号の値を実現値（Value）といいます．実現値は，確率信号の性質を知る上で重要な手がかりとなります．

図1.3を用いて，実現値について説明します．今，何種類かの"値"がそれぞれある割合でたくさん入っている袋xを考えます．袋xが確率信号に相当します．この袋から適当に一つの"値"を取り出して観測し，また袋の中に戻すという作業を繰り返します．このとき，作業の前後で袋の中に含まれる"値"の割合は全く変わりません．つまり，どの"値"が現れるかは実際に取り出してみないと分かりません．もし，k回目に袋から実際に取り出した"値"が5だったとすると，確率信号xのk番目の実現値は5，すなわち，$x_k = 5$のように書けます．

今回のように，袋xの状態が値を取り出す回数kに依存しない場合には，実現値を多数回観測することで，袋の中の"値"の割合を知ることができます．

1.1.3 ヒストグラム

未来の確率信号の値を特定することはできませんが，どのような傾向で実現値が生じるかを知ることはできます．そのためには，確率信号の実現値の出現の傾向を「見る」ことが有用です．

(a) 音声信号

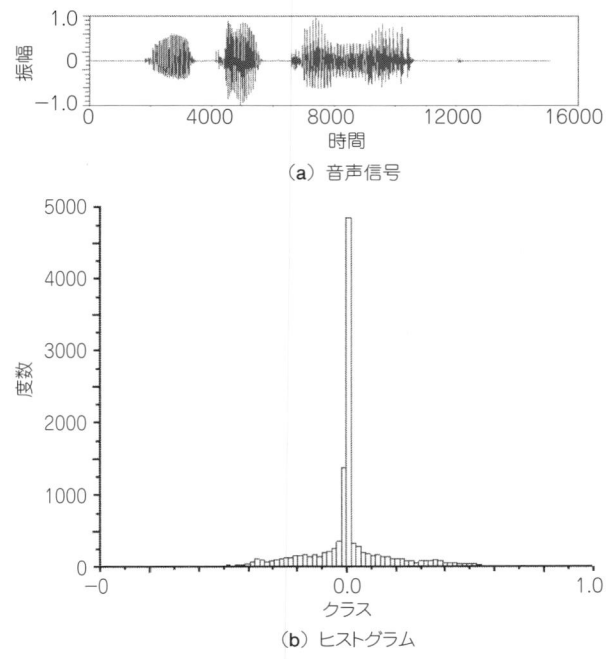

(b) ヒストグラム

図1.4 音声信号とそのヒストグラム

そこでまず，確率信号 x の k 回目の試行[注1]における実現値 x_k を，$0 \leq x_k < 1$ ならば G_1，$1 \leq x_k < 2$ ならば G_2，…のように，ある範囲ごとにグループ分けを行います．もちろん，値そのものをグループと設定しても構いません．このグループを階級（クラス；Class）といいます．そして，それぞれのクラスに含まれる実現値の個数を数えます．この数を，度数（Frequency）といいます．

横軸をクラス，縦軸を度数としてプロットすれば，各クラスに含まれる実現値の出現傾向を「見る」ことができます．このように，横軸をクラス，縦軸を度数で表したものをヒストグラム（Histogram）といいます．ヒストグラムを用いると，出現しやすい値や出現しにくい値を見極めることができ，確率信号の性質を知る上で非常に有用です．

音声信号のヒストグラムの例を図1.4に示します．クラスは，音声信号の振幅の最小値から最大値までを100等分して設定しています．音声では発声していない時間が多く含まれるため，クラス0（振幅が0付近）の出現回数が非常に高いことが分かります．

1.1.4 確率密度関数

確率信号のそれぞれの値が，どれくらい出現しやすいかが分かっているとき，「確率分布（Probability Distribution）が与えられている」と表現します．ただし，確率分布という言葉はややあいまいです．

確率分布を具体的に表現するために，二つの関数が用いられます．確率信号の各値の出現確率を

注1：確率信号を観測する行為

負の方向から積分して積み上げた確率分布関数（Probability Distribution Function）と，微小区間の値の出現確率を表した確率密度関数（PDF：Probability Density Function）です．

まず，PDFについて説明します．確率信号をx，そのPDFを$p(x)$とすると，$p(x)$には次の性質があります．

確率密度関数（PDF）の性質

確率信号xのPDFを$p(x)$とする．このとき，式(1.1)が成立する．

$$\int_{-\infty}^{\infty} p(x)dx = 1 \quad \cdots\cdots\cdots\cdots\cdots\cdots\cdots\cdots\cdots\cdots\cdots\cdots\cdots (1.1)$$

式(1.1)は，確率信号xのいずれかの実現値が必ず生じることを保証しています．例えば，

$$\int_{0}^{10} p(x)dx = 1$$

ならば，xは0から10までの値を必ずとる，ということを表しています．

一方，

$$\int_{9}^{10} p(x)dx = 0.5$$

ならば，xは1/2の確率で，9から10までの値をとる，ということを表しています．

このように，確率信号のPDFが得られれば，どの値がどの程度出現するのかが分かり便利です．ヒストグラムを正規化（グラフを積分したときの結果が1になるように調整すること）すると，PDFの近似曲線が得られます．

演習1.1

問題

ある確率信号xの実現値に対してヒストグラムを作成すると**図1.5**のようになった．確率信号xのPDFを求めよ．

解答

頻度をyとすると，
$$y = 10^3(2 - 2x/5)$$

と書ける．また，ヒストグラムの面積は5000である．よって，式(1.1)を満たすようにyを5000で割って正規化すれば，xのPDFが次式のように得られる．

$$p(x) = \begin{cases} \dfrac{2}{5} - \dfrac{2}{25}x & (0 \leq x \leq 5) \\ 0 & (その他) \end{cases}$$

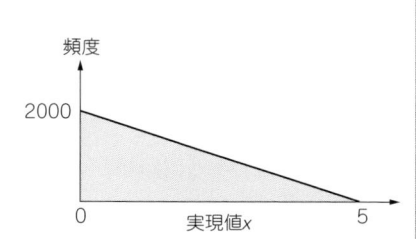

図1.5 問題1.1のヒストグラム

(a) $p(x)$ が1未満　　　(b) $p(x)$ が1以上

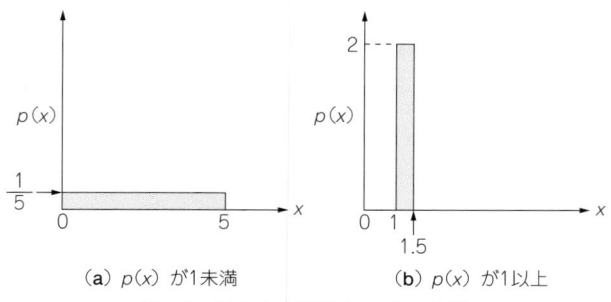

図1.6　確率密度関数 (PDF) の性質

　PDFに関して，もう一つ注意すべき点があります．図1.6のように，ある範囲の値の発生確率が等しく，そのほかの値は生じないような確率信号xを考えます．ここで図1.6の$p(x)$は，いずれも式(1.1)を満たすxのPDFです．図1.6(a)のPDFでは，$p(x)$の値が常に1未満ですから，直感的に出現確率をイメージしやすくなっています．しかしxの値と分布の形によっては，図1.6(b)のように$p(x)>1$となる場合があります．この場合でも，

$$\int_{-\infty}^{\infty} p(x)dx = 2\int_{1}^{1.5} dx = 1$$

であり，PDFの性質である式(1.1)は満たされます．

　代表的なPDFはガウス分布 (Gaussian Distribution)，あるいは正規分布 (Normal Distribution) と呼ばれる関数です．

ガウス分布（正規分布）

確率信号をxとすると，ガウス分布は以下の式で与えられる．

$$p(x) = \frac{1}{\sqrt{2\pi\sigma^2}} \exp\left(-\frac{(x-\mu)^2}{2\sigma^2}\right) \quad\quad (1.2)$$

　ここで，μはガウス分布の中心を決定するパラメータであり，平均 (Mean) といいます．また，σ^2は分布の広がりを決定するパラメータであり，分散 (Variance) といいます．ガウス分布はμとσ^2という二つのパラメータを指定すれば，その形状が一意に定まるという特徴があります．また，ガウス分布の式(1.2)をすべてのxについて積分すると1になります（Appendix Aを参照）．

　そのほかの代表的なPDFとして，一様分布 (Uniform Distribution)，指数分布 (Exponential Distribution)，レイリー分布 (Rayleigh Distribution)，ガンマ分布 (Gamma Distribution) などが知られています（章末問題の問題3を参照）．

演習1.2

問題

式 (1.2) のガウス分布について,平均 μ と分散 σ^2 を次のように設定し,外形を確認せよ.

(1) $\mu = 0$, $\sigma^2 = 1^2$
(2) $\mu = 2$, $\sigma^2 = 2^2$

解答

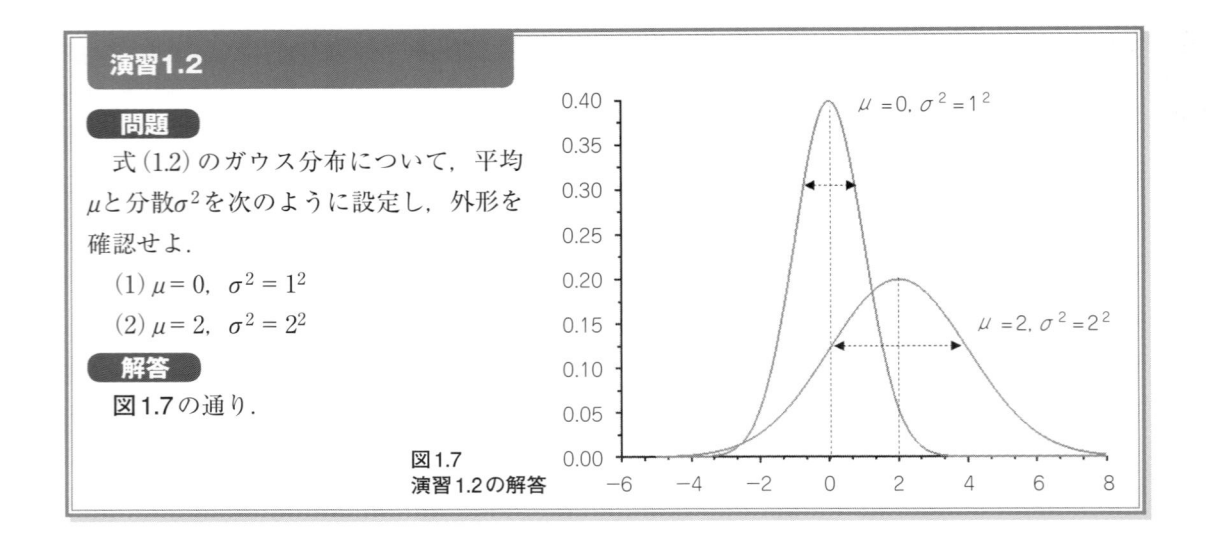

図1.7の通り.

図1.7
演習1.2の解答

1.1.5 確率分布関数

確率信号 x のある範囲 $A \sim B$ の出現確率が知りたいとき,その PDF である $p(x)$ を用いて,

$$\int_A^B p(x)dx \quad\quad\quad (1.3)$$

を計算します.しかし,A と B を設定するたびにこのような積分計算を行うことは面倒です.そこで,

$$\int_A^B p(x)dx = \int_{-\infty}^B p(x)dx - \int_{-\infty}^A p(x)dx \quad\quad\quad (1.4)$$

であることを利用し,

$$F(A) = \int_{-\infty}^A p(x)dx \quad\quad\quad (1.5)$$

を多くの A に対して求めておきます.そして,任意の範囲 $A \sim B$ に対して,

$$F(B) - F(A) \quad\quad\quad (1.6)$$

を計算すれば出現確率を知ることができます.式 (1.5) は確率分布関数 (Probability Distribution

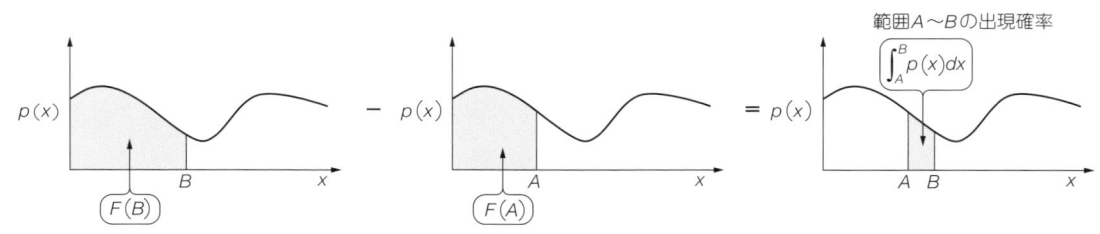

図1.8 確率分布関数による出現確率の計算

Function）と呼ばれます．図1.8に，確率分布関数から出現確率を計算する手順の概念図を示します．

確率分布関数の性質

確率信号xが従うPDFを$p(x)$とすると，確率分布関数$F(A)$は，

$$F(A) = \int_{-\infty}^{A} p(x)dx \quad\cdots\cdots\cdots\cdots\cdots\cdots\cdots\cdots\cdots\cdots\cdots\cdots\cdots\cdots\cdots\cdots\cdots\cdots \quad (1.7)$$

と定義される．また，式(1.1)から，$F(A)$には次の性質がある．

$$F(\infty) = \int_{-\infty}^{\infty} p(x)dx = 1 \quad\cdots\cdots\cdots\cdots\cdots\cdots\cdots\cdots\cdots\cdots\cdots\cdots\cdots \quad (1.8)$$

式(1.8)は，確率信号xが必ず何らかの値を持つということを表している．一方，式(1.7)から，確率分布関数$F(A)$が既知であれば，PDFを次のように求めることができる．

$$p(x) = \frac{\partial F(x)}{\partial x} \quad\cdots\cdots\cdots\cdots\cdots\cdots\cdots\cdots\cdots\cdots\cdots\cdots\cdots\cdots\cdots\cdots\cdots \quad (1.9)$$

図1.9に，式(1.2)で与えられるガウス分布のPDFと確率分布関数を示します．PDFと確率分布関数は，一方が与えられれば他方が導出できるので，どちらだけを知ればよいことになります．また，一般的には，「〜分布に従う確率信号」という言い方をします．この場合の「〜分布」は，PDFと確率分布関数の両者を区別せずに表現していることに注意が必要です．

1.1.6 結合確率密度関数

複数の確率信号が同時に生じる場合のPDFについて考えます．複数の確率信号x_1, x_2, $\cdots$, x_Mが同時に生じる場合のPDFを$p(x_1, x_2, \cdots, x_M)$と表すとき，これを結合確率密度関数（Joint PDF），あるいは，より直接的に同時確率密度関数といいます．

同時にM個の確率信号が生じるとき，いずれかの実現値がほかの実現値に影響を与える場合があるので，通常，個々のPDF，$p(x_1)$, $\cdots$, $p(x_2)$が既知であっても$p(x_1, x_2, \cdots, x_M)$を得ることは困難です．

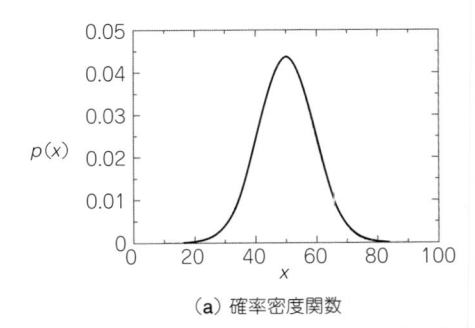

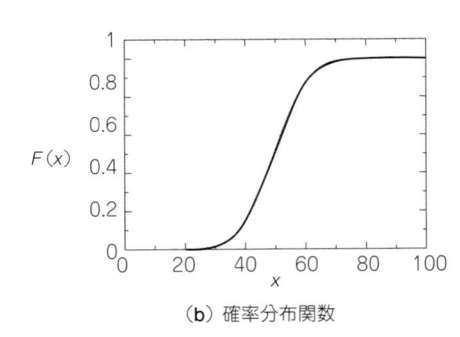

(a) 確率密度関数　　　　　　　　　　(b) 確率分布関数

図1.9　ガウス分布のPDFと確率分布関数

1.1.7 期待値

実現値以外に確率信号を記述する方法として，次の期待値（Expectation Value）が有用です．

期待値

確率信号を x，その PDF を $p(x)$ とする．期待値は式 (1.10) で定義される．

$$E[x] = \int_{-\infty}^{\infty} x p(x) dx \quad \cdots\cdots (1.10)$$

また，x_k を k 回目の試行で得られた実現値であるとすると，

$$E[x] = \lim_{N \to \infty} \frac{1}{N} \sum_{k=1}^{N-1} x_k \quad \cdots\cdots (1.11)$$

としても期待値が得られる．期待値は，式 (1.11) の右辺から集合平均（Ensemble Average）とも呼ばれる．

期待値について理解を深めるため，再び図 1.10 のような "値" のつまった袋 x を考えます．この例では，三つの "値"（1，2，5 の 3 種類）がそれぞれある割合で x の中にたくさん入っています．そして袋から "値" を取り出して，袋にまた戻すという作業を繰り返します．もちろん，作業の前後で袋の中に含まれる "値" の割合は変わりません．k 回目の試行で袋から取り出した "値" を実現値 x_k と書くと，式 (1.11) 右辺のように無限回の試行の平均をとることで x の期待値が得られます．

一方，袋の中の "値" の割合，すなわち出現確率 $p(x)$ が分かっているときには，式 (1.10) のように x がとりうるそれぞれの値に，対応する $p(x)$ を重みとして与え，積分することで期待値を計算することもできます．いずれかの方法によって得られた値（図 1.10 の例では 3.5）は，実現値の平均的な大きさを表しています．従って，$E[x]$ を特に x の平均（Mean）といいます．また，確率信号の平均値からの散らばりの程度を示すものとして分散（Variance）があります．

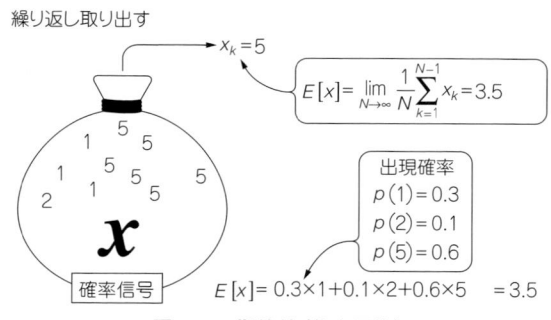

図 1.10 期待値（集合平均）

> **分散**
>
> 確率信号xの平均をμとするとき,分散は次式で定義される.
>
> $$E\left[(x-\mu)^2\right] = \int_{-\infty}^{\infty} (x-\mu)^2 p(x) dx \quad\cdots\cdots (1.12)$$

平均と分散は,信号処理の分野で特に頻出する期待値です.

> **演習1.3**
>
> **問題**
> $-1 \sim 1$の一様分布に従う確率信号xの平均は0である.この信号の分散を求めよ.ここで,$p(x) = 1/2$である.
>
> **解答**
> 式(1.12)に従って,
> $$\begin{aligned} E\left[x^2\right] &= \int_{-1}^{1} x^2 \frac{1}{2} dx \\ &= \frac{1}{6}\left[x^3\right]_{-1}^{1} = \frac{1}{3} \end{aligned} \quad\cdots\cdots (1.13)$$
> を得る.

1.1.8 時間平均

1回の試行で一つの"値"を取り出す(観測する)のではなく,1回の試行で複数個の"値"を順番に取り出す場合を考えます.

"値"を取り出したら,図1.11のように順番に並べて,それぞれに対応するインデックスを付け

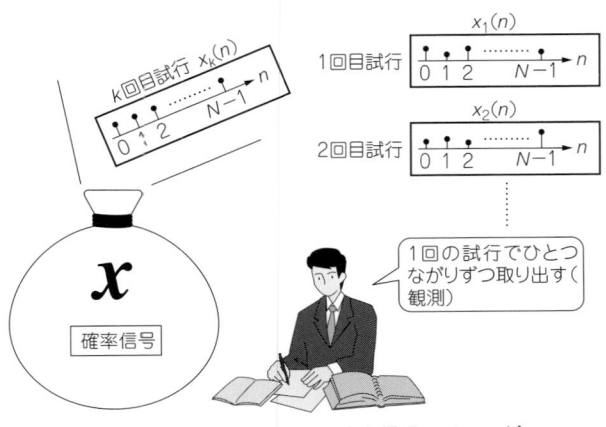

図1.11 時系列で得られる確率信号のイメージ

ます．このインデックスをnで表します．ここでは，インデックスnを時刻のように扱うことにします．

k回目の試行における時刻nの実現値を$x_k(n)$とすると，時間平均（Time Average）を式(1.14)で定義できます．

$$\bar{x}_k = \lim_{N \to \infty} \frac{1}{N} \sum_{n=0}^{N-1} x_k(n) \quad \cdots\cdots\cdots\cdots\cdots\cdots\cdots\cdots\cdots\cdots\cdots\cdots\cdots\cdots\cdots\cdots\cdots\cdots (1.14)$$

時間平均は，期待値と同じように，無限の観測結果から得られます．

期待値（集合平均）と時間平均は混同しやすいので，違いを明確にするために図1.12を用いて説明します．図1.12の波形は，1回の試行につき200サンプルずつ発生させたガウス分布に従うノイズです．ただし，その平均値は時刻nに応じて変化させています．図1.12(a)に示すように，期待値は試行方向の平均ですから，各時刻nについてそれぞれ定義されます．

$$\begin{aligned} E[x(n)] &= \int_{-\infty}^{\infty} x_k(n) p(x_k(n)) dx_k(n) \\ &= \lim_{N \to \infty} \frac{1}{N} \sum_{k=0}^{N-1} x_k(n) \end{aligned} \quad \cdots\cdots\cdots\cdots\cdots\cdots\cdots\cdots (1.15)$$

従って，例えば$E[x(1)]$と$E[x(2)]$は同じとは限りません．

一方，図1.12(b)に示す時間平均は，時間方向の平均です．よって，時刻nとは無関係な値となり，式(1.14)のように試行回数kごとに定義されます．従って，確率分布が時間と共に変化する確率信号の場合，$x_k \neq E[x(n)]$となり，時間平均はあまり意味を持ちません．確率分布が時間と共に変

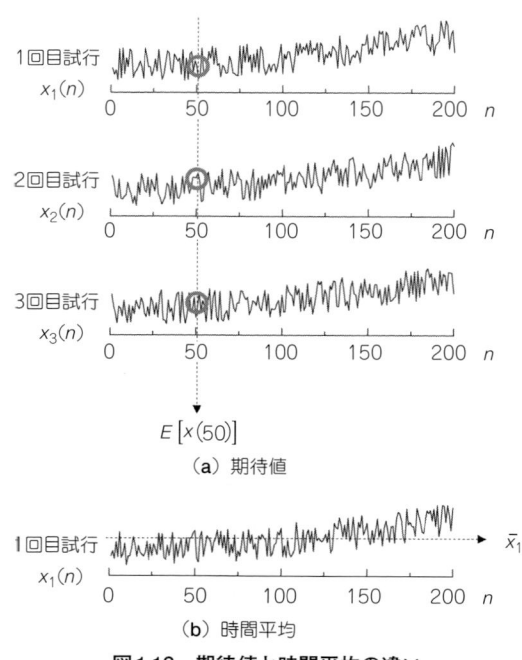

図1.12　期待値と時間平均の違い

化しない確率信号に限り，時間平均と期待値は一致します．

1.1.9 エルゴード過程

音声信号を扱う場合，観測信号がひとつながりで，しかもたった1回しか手に入らないことが多く，この場合には期待値を求めることができません．そこで，観測信号の期待値と時間平均が一致すると仮定し，期待値を時間平均で代用することがあります．つまり，

$$E[x(n)] = \lim_{N \to \infty} \frac{1}{N} \sum_{n=0}^{N-1} x(n) \quad \cdots \quad (1.16)$$

が成立するような場合です．このような性質を持つ信号系列をエルゴード過程（Ergodic Process）といいます．信号処理では，処理対象となる確率信号がエルゴード過程であると仮定して扱うことがよくあります．

1.1.10 共分散と無相関

確率信号 x_1 の平均を μ_1 とするとき，x_1 の平均値からの散らばりの程度を表す分散は，式(1.12)のように与えられます．これに対し，確率信号 x_2 の平均値を μ_2 として，x_1 と x_2 の平均値からのずれの積の期待値，つまり，

$$E[(x_1 - \mu_1)(x_2 - \mu_2)] = \int_{-\infty}^{\infty} \int_{-\infty}^{\infty} (x_1 - \mu_1)(x_2 - \mu_2) p(x_1, x_2) dx_1 dx_2 \quad \cdots \quad (1.17)$$

を分散との対比から，x_1 と x_2 の共分散（Co-variance）といいます．共分散は，x_1 と x_2 が同じ値（すなわち $x_1 = x_2$）となるときに最も大きくなるので，信号の関連性を調べるときに有用です．

もし共分散が0，すなわち，

$$E[(x_1 - \mu_1)(x_2 - \mu_2)] = 0 \quad \cdots \quad (1.18)$$

ならば，x_1 と x_2 は無相関（Uncorrelated）であるといいます．これは，

$$E[x_1 x_2] = E[x_1] E[x_2]$$

という意味です．

わたしたちが扱う信号は，あらかじめ平均値を差し引き，平均値を0とすることがよくあります．この場合は，無相関の条件を簡単に，

$$E[x_1 x_2] = 0 \quad \cdots \quad (1.19)$$

と書くことができます．

1.1.11 独立

複数の確率信号を扱う場合，それらの和の期待値は個々の期待値の和に等しくなります．つまり，M 個の確率信号の和の期待値は，

$$E[x_1 + x_2 + \cdots + x_M] = E[x_1] + E[x_2] + \cdots + E[x_M] \quad \cdots \quad (1.20)$$

のように別々に扱うことができます注2.

一方，M 個の確率信号の積の期待値は個々に扱うことができず，

$$E[x_1 x_2 \cdots x_M] = \int_{-\infty}^{\infty} \int_{-\infty}^{\infty} \cdots \int_{-\infty}^{\infty} x_1 x_2 \cdots x_M p(x_1, x_2, \cdots, x_M) dx_1 dx_2 \cdots dx_M \quad (1.21)$$

としか書けません．ここで，結合確率密度関数が，

$$p(x_1, x_2, \cdots, x_M) = \prod_{i=1}^{M} p(x_i) \quad (1.22)$$

のように個々のPDFの積として書けるならば，確率信号 $x_1, x_2, \cdots, x_M$ は互いに独立 (Independent) であるといい，このときに限り，

$$E[x_1 x_2 \cdots x_M] = E[x_1] E[x_2] \cdots E[x_M]$$

が成立します．

複数の確率信号がそれぞれ独立である場合には，

$$E[x_1 x_2] = E[x_1] E[x_2]$$

が成立するので無相関でもあります．ただし，その逆は必ずしも真ではありません．つまり，無相関とは $E[x_1 x_2]$ を計算した結果が $E[x_1] E[x_2]$ と一致することですが，これは式 (1.22) が成立しなくとも起こり得る結果です．

1.1.12 独立と無相関の違い

例えば，平均0の二つの確率信号 x_1, x_2 が，図1.13 (a) に示すような結合確率密度関数 $p(x_1, x_2)$ を持つとします．ここで，結合確率密度関数は，(x_1, x_2) に対する出現確率の大きさを紙面と垂直方向にとっています．実際には，3次元描画する必要がありますが，ここでは，四角形内部の各点に対する出現確率は一定，四角形外部はすべて0として2次元で表現しています．

図1.13 (a) では重みが一定なので，期待値は実現可能な値をすべて足したものの定数倍に等しくなります．実現可能な値がそれぞれ正と負に同じ絶対値で存在するので，

$$E[x_1 x_2] = \int_{-\infty}^{\infty} \int_{-\infty}^{\infty} x_1 x_2 p(x_1, x_2) dx_1 dx_2 = 0 \quad (1.23)$$

となり，x_1 と x_2 は無相関であることが分かります．

しかし，図1.13 (a) を見ると，x_1 と x_2 のいずれか一方が正か負の大きな値をとる場合，他方は小さな値しかとらないことが分かります．このように，一方の実現値が他方の実現値に影響を与えているので，直感的にも二つの確率信号は独立でないことが分かります．

これに対して，結合確率密度関数 $p(x_1, x_2)$ が，図1.13 (b) のようになっているとき，二つの実現値は互いに影響を与えていません．このとき，二つの確率信号は独立です．

従って，図1.13 (a) の例では，$p(x_1, x_2)$ の分布を0を中心に回転すると，すべて無相関となりま

注2：ただし，その値は結合確率密度関数 $p(x_1, x_2, \cdots, x_M)$ を知らなければ得られない．

(a) 無相関   (b) 独立

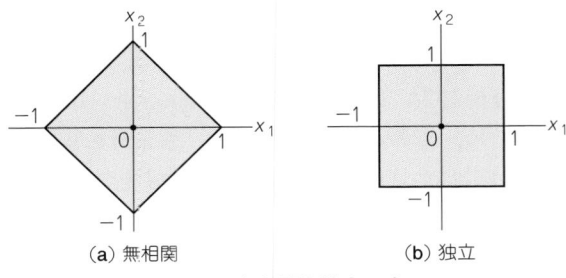

図1.13　無相関と独立の違い

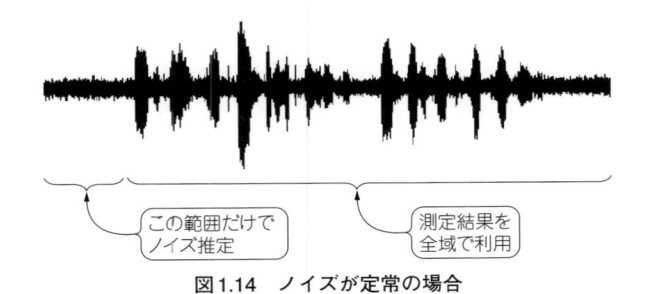

図1.14　ノイズが定常の場合

す．しかし，独立となるのは，回転の角度が$\pi/4 + n\pi/2$（nは整数）のときだけであることが分かります．このように，無相関と独立の扱いには注意が必要です．

1.1.13　定常と非定常

　第3章で説明するノイズ除去では，図1.14のように，最初の数百サンプルの観測信号には音声が含まれていないと仮定し，その時間平均を利用してノイズの推定値を得ます．これはノイズの統計的性質が時間によらず一定であることを仮定した処理となっています．

　このように，ある確率信号の統計的性質が時刻nと共に変化しない場合，その確率信号は，定常（Stationaly）であるといいます．定常は具体的な定義により，さらに二つの状態に分類されます．もし，

$$E[x(n)] = \mu \quad\quad\quad\quad\quad\quad\quad\quad\quad\quad\quad\quad\quad\quad\quad\quad\quad\quad\quad\quad (1.24)$$

$$E[x(n)x(n-k)] = r(k) \quad\quad\quad\quad\quad\quad\quad\quad\quad\quad\quad\quad\quad\quad (1.25)$$

のように，平均値が時間によらず一定で，式(1.25)が時間差kのみの関数となるとき，確率信号は弱定常（Wide Sense Stationary）と呼ばれます．例えば，ガウス分布であれば，平均値と分散でその分布形状が完全に決定するので，弱定常ならば統計的性質は時間によって変化しません．ガウス分布を扱う場合，"定常"は弱定常を意味することが多くなります．

　一方，高次の結合確率密度関数が，

$$p(x(n_1), x(n_2), \cdots, x(n_M)) = p(x(n_1+t), x(n_2+t), \cdots, x(n_M+t)) \quad\quad (1.26)$$

のように時間によって変化しない場合は，強定常（Strictly Sense Stationary）といいます．ただし，Mは任意の正の整数です．強定常は，2次の統計量までしか考慮しない弱定常よりも強い制約です．

第4章で説明する独立成分分析（ICA：Independent Component Analysis）では，高次の統計量（4次キュムラントなど）を扱うため，この場合の"定常"は，強定常を意味することが多くなります．また，確率信号の統計的性質が時間的に変化する場合には，非定常（Non-stationary）といいます．

1.1.14 中心極限定理

互いに独立で，同一の確率分布に従う複数の確率信号をi.i.d.（Independent Identically Distributed）な確率信号といいます．i.i.d.な確率信号 x_1, x_2, …に対し，以下の定理が知られています[20]．

中心極限定理（Central Limit Theorem）

平均 μ，分散 σ^2 のi.i.d.な確率信号 x_1, x_2, …に対し，それらの和として与えられる確率信号，

$$s_n = \frac{1}{n}\sum_{k=1}^{n} x_k$$

は，n が十分大きいとき，近似的に平均 μ，分散 σ^2/n のガウス分布に従う．

中心極限定理を大ざっぱに説明すると，確率信号の和が従うPDFは，元のPDFよりもガウス分布に近づいているということです．例えば，図1.15に示すように，1人の音声のヒストグラムは，0の出現頻度が最も大きくなります．ここで，ガウス分布よりもとがった外形を持つものをスーパーガウシアン（Super-Gaussian）といいます．一方，10人の混合音声のヒストグラムを見ると，ガウス分布に近づいていることが分かります．

（a）1音声のみ…スーパーガウシアン

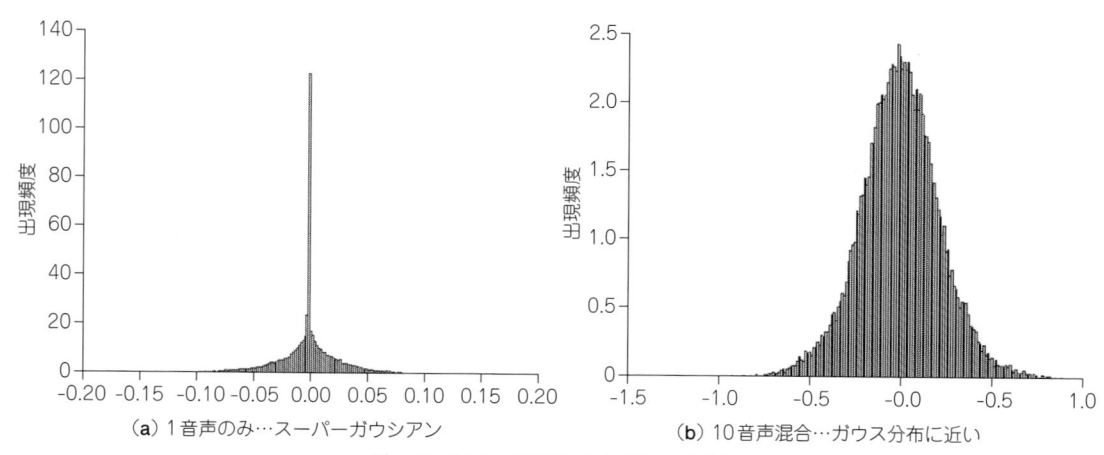

（b）10音声混合…ガウス分布に近い

図1.15　混合音声のヒストグラムの比較

Scilab演習1.1

（演習プログラム：tunnel_hist.sce）

問題1
トンネル内のノイズ（noise.wav）のヒストグラムを作成せよ．

問題2
残響が消えにくいトンネル内では，ノイズのヒストグラムはガウス分布に近づく（中心極限定理）．式(1.2)のガウス関数の平均と分散を調整し，ヒストグラムと合致するか確認せよ．

解答
結果を図1.16に示す．ヒストグラムと，$\mu = 0$，$\sigma^2 = 0.045$のガウス関数がほぼ一致しており，現実のノイズも中心極限定理に従うことが確認できる．

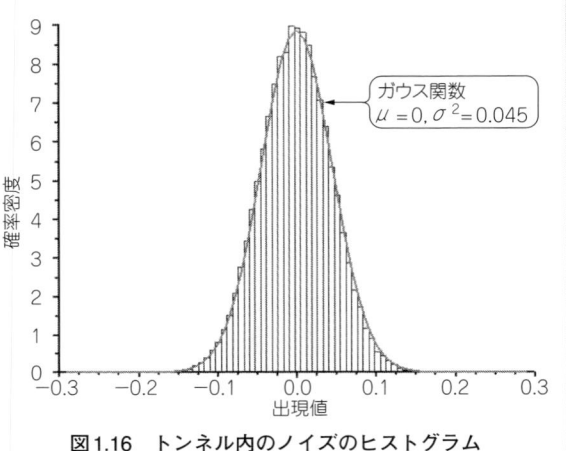

図1.16 トンネル内のノイズのヒストグラム

1-2 線形フィルタで信号を加工する

1.2.1 線形時不変（LTI）フィルタ

時刻nの信号$x_1(n)$，$x_2(n)$に対するディジタル・フィルタの応答が，それぞれ$y_1(n)$，$y_2(n)$だったとします．もし，任意の実数a，bと，任意の整数τについて，

$$x(n+\tau) = ax_1(n+\tau) + bx_2(n+\tau)$$

に対する応答が，

$$y(n+\tau) = ay_1(n+\tau) + by_2(n+\tau) \quad \cdots (1.27)$$

であるならば，そのフィルタを線形時不変（LTI：Linear Time-Invariant）フィルタといいます（図1.17）．LTIフィルタは信号処理の分野における最も基本的なフィルタであり，低域通過フィルタ，高域通過フィルタ，帯域通過フィルタなどの一般的なフィルタの設計や，システム同定によるノイズ除去を考えるときに頻繁に用いられます．

1.2.2 LTIフィルタの一般形

信号処理で用いる基本的なフィルタは，図1.18に示す三つの要素だけで構成されます．加算器（Adder）は，複数の入力信号を加算します．乗算器（Multiplier）は，入力信号に乗算係数を乗じた

図1.17 線形時不変（LTI）フィルタ

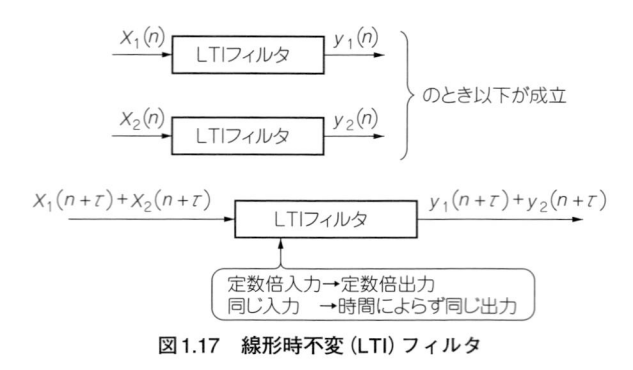

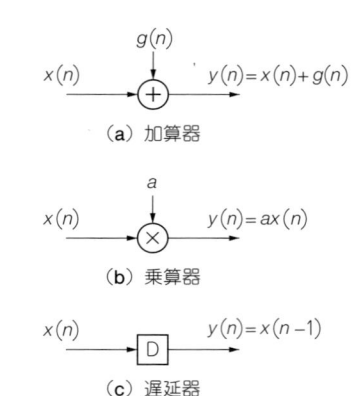

図1.18 信号処理で用いる基本的なフィルタの3要素

ものを出力します．遅延器（Delay）は，入力信号を1時刻遅延させます．

LTIフィルタの一般的な形を**図1.19**に示します．ここで，LTIフィルタへの入力信号を$x(n)$，出力信号を$y(n)$としています．また，フィルタ係数をa_m, b_m ($m = 0, 1, \cdots, M-1$)で表しており，$b_0 = 0$としています．**図1.19**の出力$y(n)$は式(1.28)で表されます．

$$y(n) = \sum_{m=0}^{M-1} a_m x(n-m) + \sum_{m=0}^{M-1} b_m y(n-m) \quad \cdots \cdots (1.28)$$

LTIフィルタでは，フィルタ係数a_m, b_mが時間によらず一定でなければなりません．後述する適応フィルタでは，所望のLTIフィルタが得られるまで各時刻でフィルタ係数の更新を行います．このため，LTIフィルタとして動作するのは係数が収束した後です．

1.2.3 インパルス応答と周波数特性

式(1.29)で定義される信号をインパルス（Impulse）といいます．

$$\delta(n) = \begin{cases} 1 & (n=0) \\ 0 & (\text{その他}) \end{cases} \quad \cdots \cdots (1.29)$$

図1.20のように，インパルスをLTIフィルタに入力したときの出力$h(n)$をインパルス応答（Impulse Response）といいます．インパルス応答を知れば，任意の値が入力されたときのLTIフィルタ出力を計算することができます．例えば，$n=0$に2が入力されると，その出力はインパルス応答を各時刻でそれぞれ2倍したものになります．

インパルス応答は，周波数領域で眺めると，より理解しやすくなります．インパルス応答の離散時間フーリエ変換（Discrete Time Fourier Transform）は式(1.30)で与えられます．

$$H(\omega) = \sum_{n=0}^{\infty} h(n) e^{-j\omega n} \quad \cdots \cdots (1.30)$$

$H(\omega)$を，LTIシステムの周波数特性，あるいは周波数応答（Frequency Response）といいます．周波数特性$H(\omega)$は複素数で与えられるので，

$$H(\omega) = |H(\omega)| e^{j\angle H(\omega)} \quad \cdots \cdots (1.31)$$

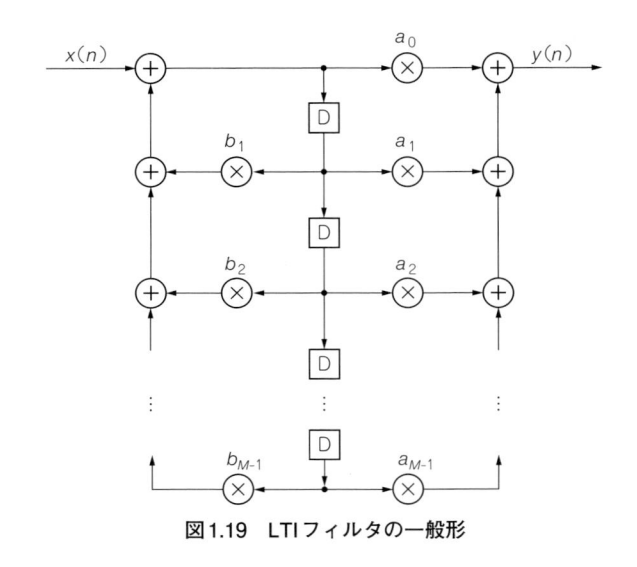

図1.19　LTIフィルタの一般形

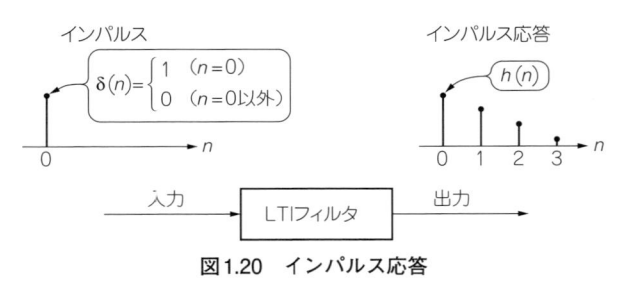

図1.20　インパルス応答

のように絶対値 $|H(\omega)|$ と偏角 $\angle H(\omega)$ で表現できます．ここで，$|H(\omega)|$ を振幅特性，$\angle H(\omega)$ を位相特性といいます．また，それぞれの具体的な値を振幅スペクトル（Amplitude Spectrum），位相スペクトル（Phase Spectrum）といいます．

　周波数領域のノイズ除去では，人間の聴覚が位相よりも振幅の変化に敏感であることを考慮して，振幅スペクトルだけに着目して処理を行うことがよくあります．

1.2.4　FIRフィルタとIIRフィルタ

　図1.19において，フィルタ係数 b_m がすべて0の場合を考えます（図1.21）．このとき，フィルタ出力は，

$$y(n) = \sum_{m=0}^{M-1} a_m x(n-m) \quad\quad\quad\quad\quad\quad\quad\quad\quad\quad\quad\quad\quad\quad\quad\quad (1.32)$$

で与えられます．このフィルタのインパルス応答は，a_0, a_1, $\cdots$, a_{M-1} となり，フィルタ係数が順番に現れます．従って，フィルタ次数が有限であれば必ず有限長でインパルス応答が終了します．このことから，式(1.32)で表されるフィルタは有限インパルス応答（FIR：Finite Impulse Response）フィルタと呼ばれます．

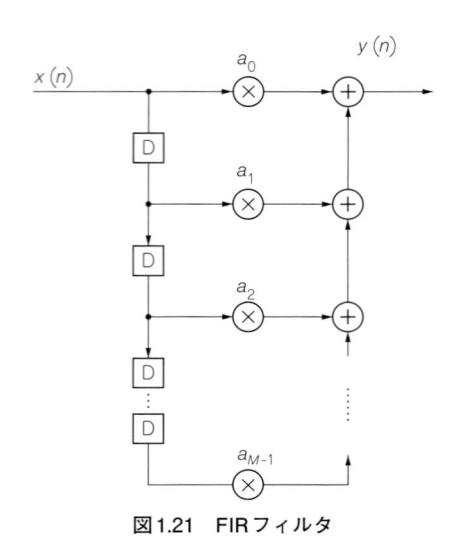

図1.21 FIRフィルタ

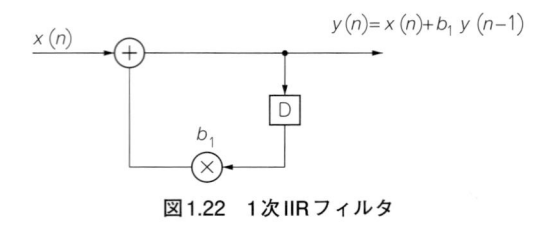

図1.22 1次IIRフィルタ

演習1.4

問題

式(1.32)で与えられるフィルタのインパルス応答が係数 $a_0, a_1, \cdots, a_{M-1}$ に一致することを示せ．

解答

インパルス応答は，式(1.32)において $x(n) = \delta(n)$ としたものであるから，

$$y(n) = \sum_{m=0}^{M-1} a_m \delta(n-m) \quad\quad (1.33)$$

を計算すればよい．式(1.29)より，インパルスは $\delta(0)$ のときのみ値1をとるので，$y(0) = a_0$，$y(1) = a_1, \cdots, y(M-1) = a_{M-1}, y(M) = 0$ を得る．よって，FIRフィルタのインパルス応答とフィルタ係数は一致する．

一方，いずれかの b_m が値を持つとき，FIRフィルタとはならない場合があります．例として図1.22に示す1次の再帰型フィルタを考えます．ここで，フィルタ出力 $y(n)$ は次式で与えられます．

$$y(n) = x(n) + b_1 y(n-1) \quad\quad (1.34)$$

図1.22のフィルタのインパルス応答を調べると，$1, b_1, b_1^2, b_1^3, \cdots$ となり b_1 のべきが無限に続くことが分かります．従って，このようなフィルタは，無限インパルス応答(IIR：Infinite Impulse Response)フィルタと呼ばれます．

FIRフィルタは必ず安定な出力が得られますが，IIRフィルタはフィルタ係数の与え方によっては出力が発散するため，その設計には注意が必要です．

> **演習1.5**
>
> **問題**
> 式 (1.34) で与えられる IIR フィルタが安定である（出力が収束する）ための条件を示せ．
>
> **解答**
> インパルス応答が減衰しなければならないので，条件は $|b_1|<1$ となる．

1-3　適応アルゴリズムによるフィルタの自動設計

　LTIフィルタとは異なり，与えられた手順に従って，フィルタ係数を更新し，自動的に所望の特性を実現するフィルタがあれば便利です．このようなフィルタを適応フィルタ（Adaptive Filter）といいます．また，係数更新の手順を適応アルゴリズム（Adaptive Algorithm）といいます．適応アルゴリズムは，多くの場合，フィルタ出力と所望の信号との2乗平均誤差（Mean Squared Error）が最小となるように設計されます．

　所望の信号を $d(n)$，フィルタ出力を $y(n)$ とし，それらの差を $e(n) = d(n) - y(n)$ とする．このとき，2乗平均誤差を評価関数（Cost Function）J として次式で定義します．

$$\begin{aligned} J &= E\left[\{d(n)-y(n)\}^2\right] \\ &= E\left[e^2(n)\right] \end{aligned} \quad (1.35)$$

$E[\cdot]$ は期待値を表します．ここでは適応フィルタを**図1.23**のようにFIRフィルタで構成します．このとき適応フィルタの出力は次式で与えられます．

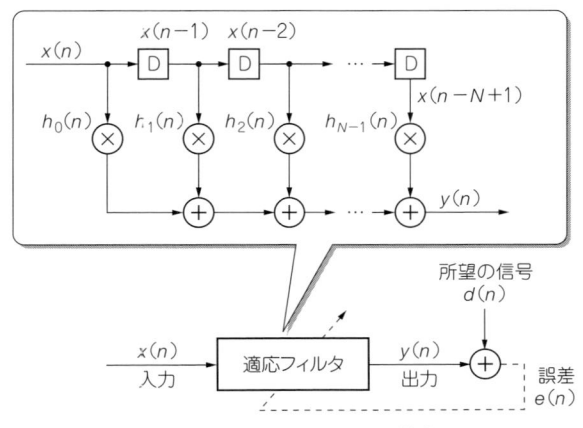

図1.23　適応フィルタの構成

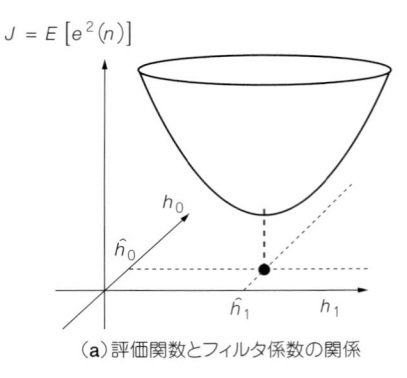

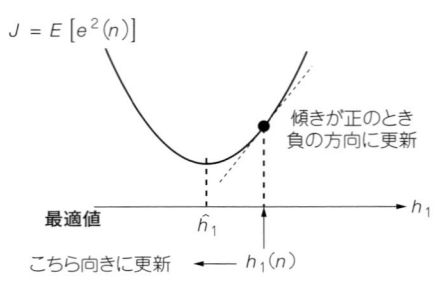

図1.24 (a) 評価関数とフィルタ係数の関係
図1.24 (b) 評価関数に対する傾きが正のときの更新
図1.24 (c) 評価関数と対する傾きが負のときの更新

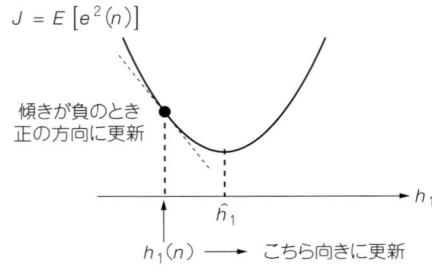

図1.24　評価関数と係数更新

$$y(n) = \sum_{m=0}^{N-1} h_m(n) x(n-m) \quad \cdots \quad (1.36)$$

式(1.36)を式(1.35)に代入すれば，評価関数 J は，各フィルタ係数の2次関数となっていることが分かります．これを視覚的に確認するため，次数 $N=2$ のときの評価関数 J のイメージを図1.24(a)に示します．

評価関数 J を最小化するためには，J を各フィルタ係数で偏微分し，その関数の傾きと逆符号の方向に h_m を更新します．この様子を図1.24(b)と図1.24(c)に示します．

さて，フィルタ係数を「定数」と考えて，実際に J を偏微分すると，

$$\frac{\partial J}{\partial h_m} = -2E[e(n) x(n-m)] \quad \cdots \quad (1.37)$$

という簡単な式が得られます．これがフィルタ係数 h_m に対する J の傾きですから，式(1.37)と逆符号の向きにフィルタ係数を更新します．更新の大きさを決める正の量 $\mu/2$ を導入して，$h_m(n)$ に関する適応アルゴリズムを書くと，

$$h_m(n+1) = h_m(n) + \mu E[e(n) x(n-m)] \quad \cdots \quad (1.38)$$

を得ます．μ はステップサイズ (Step-size) といいます．式(1.38)は最急降下法 (Least Square Algorithm) という適応アルゴリズムです．ただし，μ の値が大きすぎると係数が発散するので，そ

の設定には注意が必要です．また，実際には期待値は計算できないことにも注意が必要です．

実際の応用では式 (1.38) に含まれる期待値演算はできないので，更新項を瞬時値としたLMSアルゴリズム (Least Mean Square Algorithm) がよく用いられます．フィルタ係数 h_m に対するLMSアルゴリズムは次式で与えられます．

LMSアルゴリズム

$$h_m(n+1) = h_m(n) + \mu e(n)x(n-m) \quad \cdots\cdots\cdots (1.39)$$

ここで，$y(n)$ は適応フィルタ出力，$d(n)$ は所望の信号，$e(n)$ は誤差信号であり，

$$e(n) = d(n) - y(n)$$
$$y(n) = \sum_{m=0}^{N-1} h_m(n)x(n-m)$$

です．

また，更新項を入力の2乗和で正規化したNLMSアルゴリズム (Normalized LMS Algorithm) は次式で与えられます．

NLMSアルゴリズム

$$h_m(n+1) = h_m(n) + \mu \frac{e(n)x(n-m)}{\sum_{l=0}^{N-1} x^2(n-l)} \quad \cdots\cdots\cdots (1.40)$$

LMSアルゴリズムが収束するためのステップサイズは入力信号 $x(n)$ の分散に依存して決まりますが，NLMSアルゴリズムが収束するためのステップサイズは $0 < \mu < 2$ であることが知られています．

1-4 フーリエ変換で信号を周波数成分に分解する

1.4.1 離散フーリエ変換（DFT）

計算機において，時間領域で得られた信号を周波数領域へ変換する方法として，図1.25に示す離散フーリエ変換（DFT：Discrete Fourier Transform）が用いられます．

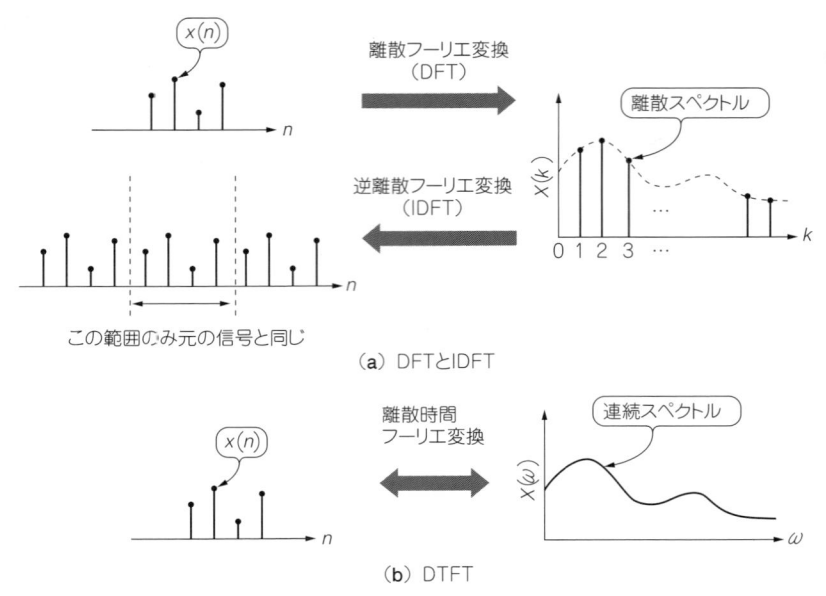

図1.25　離散時間フーリエ変換と離散フーリエ変換の違い

離散フーリエ変換（DFT）と逆離散フーリエ変換（IDFT）

範囲 $0 \leq n < N$ にのみ値を有する信号 $x(n)$ に対する離散フーリエ変換（DFT）と逆離散フーリエ変換（IDFT：Inverse DFT）は，それぞれ次のように定義される．

$$X(k) = \sum_{n=0}^{N-1} x(n) e^{-j\frac{2\pi}{N}nk} \quad\quad (1.41)$$

$$x(n) = \frac{1}{N} \sum_{k=1}^{N-1} X(k) e^{j\frac{2\pi}{N}nk} \quad\quad (1.42)$$

DFTは本来連続信号である周波数 f のうち，$f = k/N$（$k = 0, \cdots, N-1$）だけを計算するものです．このため，式 (1.42) の逆変換で得られる信号は，範囲 $0 \leq n < N$ においてのみ元の信号 $x(n)$ と一致し，それ以外では元の信号が周期的に繰り返されます．

DFTは離散スペクトルだけを持つので，計算機の演算に適しており，さらに高速演算手法が存在するという利点があります．DFTの高速演算手法は，高速フーリエ変換（FFT：Fast Fourier Transform）として知られています．

1.4.2　フーリエ変換の基底

ここでは，入力信号を表現するのに必要となる基底（Basis）について説明します．入力信号は基底の線形結合によって表すことができます．このように，基底の線形結合により表現できる場合，

その表現できる信号空間は，基底により張られているといいます．

まず，1次元の離散フーリエ変換について見てみます．ここで，1次元の離散フーリエ変換を行列を用いて表すと式(1.43)となります．

$$F = Af \quad (1.43)$$

信号の数を$N=4$とすると，1次元の離散フーリエ変換は，式(1.44)のように表すことができます．

$$\begin{bmatrix} F(0) \\ F(1) \\ F(2) \\ F(3) \end{bmatrix} = \begin{bmatrix} a_{00} & a_{01} & a_{02} & a_{03} \\ a_{10} & a_{11} & a_{12} & a_{13} \\ a_{20} & a_{21} & a_{22} & a_{23} \\ a_{30} & a_{31} & a_{32} & a_{33} \end{bmatrix} \begin{bmatrix} f(0) \\ f(1) \\ f(2) \\ f(3) \end{bmatrix}$$

$$= \begin{bmatrix} W_4^0 & W_4^0 & W_4^0 & W_4^0 \\ W_4^0 & W_4^1 & W_4^2 & W_4^3 \\ W_4^0 & W_4^2 & W_4^4 & W_4^6 \\ W_4^0 & W_4^3 & W_4^6 & W_4^9 \end{bmatrix} \begin{bmatrix} f(0) \\ f(1) \\ f(2) \\ f(3) \end{bmatrix} \quad (1.44)$$

ただし，$W_N^{nk} = e^{-j\frac{2\pi}{N}nk}$

従って，$N=4$の場合の1次元フーリエ変換の式は，以下のような値となります．

1次元の離散フーリエ変換の行列表現（$N=4$の場合）

$$\begin{bmatrix} F(0) \\ F(1) \\ F(2) \\ F(3) \end{bmatrix} = \begin{bmatrix} 1 & 1 & 1 & 1 \\ 1 & -j & -1 & j \\ 1 & -1 & 1 & -1 \\ 1 & j & -1 & -j \end{bmatrix} \begin{bmatrix} f(0) \\ f(1) \\ f(2) \\ f(3) \end{bmatrix} \quad (1.45)$$

ここで，変換行列Aの逆行列である逆変換行列$B = A^{-1}$について見てみます．行列Aのそれぞれの列をベクトル$a_0, a_1, \cdots, a_{N-1}$とすると，

$$A = [a_0, a_1, \cdots, a_{N-1}] \quad (1.46)$$

と表すことができます．これらのベクトルの内積を計算すると，

$$<a_n, a_m> = \sum_{k=0}^{N-1} a_{nk} \times a_{mk}^* = \begin{cases} N & (m=n) \\ 0 & (その他) \end{cases} \quad (1.47)$$

となり，それぞれのベクトルは直交していることが分かります．ここで，*は共役複素数を示します．
このような行列の場合，Hをエルミート転置，Iを単位行列とすると，式(1.48)のような関係が成立します．

$$AA^H = NI \quad (1.48)$$

このような関係が成立する行列をユニタリ行列（Unitary Matrix）といいます．ここでは，行列Aの要素は複素数ですが，Aの要素が実数の場合は，直交行列（Orthogonal Matrix）となります．従って，逆変換は式（1.49）で示されます．

$$f = BF = A^{-1}F = \frac{1}{N}A^{H}F \quad \cdots\cdots\cdots\cdots\cdots\cdots\cdots\cdots\cdots\cdots\cdots\cdots\cdots\cdots\cdots\cdots (1.49)$$

行列Bのそれぞれの列をベクトルb_0, b_1, …, b_{N-1}とすると，

$$B = [b_0, b_1, \cdots, b_{N-1}] \quad \cdots\cdots\cdots\cdots\cdots\cdots\cdots\cdots\cdots\cdots\cdots\cdots\cdots\cdots (1.50)$$

と表すことができ，行列Bとフーリエ係数Fを用いて，入力信号fは，式（1.51）のように線形結合の形で表すことができます．

$$\begin{aligned} f &= BF \\ &= \sum_{k=0}^{N-1} F(k)b_k = F(0)b_0 + F(1)b_1 + \cdots + F(N-1)b_{N-1} \end{aligned} \quad \cdots\cdots (1.51)$$

このベクトルb_kを基底（Basis）もしくは，基底ベクトル（Basis Vector）といいます．1次元の離散フーリエ変換の場合の基底ベクトルb_kは，

$$b_k = \frac{1}{N}\left(W_N^0, W_N^{-k}, \cdots, W_N^{-(N-1)k}\right)^T \quad \cdots\cdots\cdots\cdots\cdots\cdots\cdots\cdots\cdots (1.52)$$

と表すことができます．

演習1.6

問題

入力信号$f = (1, -1, 1, -1)^T$の場合のフーリエ変換係数を求めよ．ただし，$N = 4$とし，計算には，式（1.45）を用いること．

解答

式（1.45）を用いて演算すると，

$$F = (0, 0, 4, 0)^T$$

となる．

1.4.3　高速フーリエ変換

離散フーリエ変換は，高速に演算するためのアルゴリズムが存在します．ここでは，離散フーリエ変換を高速に行うための高速フーリエ変換（Fast Fourier Transssform：FFT）について説明します．ここでは，簡単化のため1次元FFTについて示します．

離散フーリエ変換の入力信号$x(n)$，$n = 0, 1, \cdots, N-1$の数が2のべき乗個$N = 2^a$であるとします．このとき式（1.41）は，偶数成分と奇数成分に分割できます．

$$F(k) = \sum_{n=0}^{N/2-1} f(2n) W_N^{2nk} + \sum_{n=0}^{N/2-1} f(2n+1) W_N^{(2n+1)k} \quad \cdots\cdots (1.53)$$

$$W_N^{nk} = e^{-j\frac{2\pi}{N}nk}$$

$$(0 \leq k \leq N-1)$$

また，

$$W_N^2 = e^{-j\frac{2\pi}{N}2} = e^{-j\frac{2\pi}{N/2}} = W_{N/2} \quad \cdots\cdots (1.54)$$

と表すことができるので，偶数成分項 $G(k)$，奇数項成分 $W_N^k H(k)$ とすると，

$$F(k) = G(k) + W_N^k H(k) \quad \cdots\cdots (1.55)$$

$$G(k) = \sum_{n=0}^{N/2-1} f(2n) W_{N/2}^{nk}$$

$$H(k) = \sum_{n=0}^{N/2-1} f(2n+1) W_{N/2}^{nk}$$

$$(0 \leq k \leq N-1)$$

と表されます．$G(k)$ と $H(k)$ の式の形を見てみると，$N/2$ 点の離散フーリエ変換の形となっています．DFT は周期関数であるため，

$$G(k) = G\left(k + \frac{N}{2}\right)$$

$$H(k) = H\left(k + \frac{N}{2}\right) \quad \cdots\cdots (1.56)$$

であり，また，

$$W_N^{k+\frac{N}{2}} = e^{-j\frac{2\pi}{N}\left(k+\frac{N}{2}\right)} = e^{-j\pi} e^{-j\frac{2\pi}{N}k} = -W_N^k \quad \cdots\cdots (1.57)$$

となるため，DFT 演算では，$N/2$ まで計算すればよいことになります．

$$F(k) = G(k) + W_N^k H(k) \quad \cdots\cdots (1.58)$$

$$F\left(k + \frac{N}{2}\right) = G(k) - W_N^k H(k) \quad \cdots\cdots (1.59)$$

$$G(k) = \sum_{n=0}^{N/2-1} f(2n) W_{N/2}^{nk}$$

$$H(k) = \sum_{n=0}^{N/2-1} f(2n+1) W_{N/2}^{nk}$$

$$\left(0 \leq k \leq \frac{N}{2} - 1\right)$$

この演算より，N 点の DFT の演算は $N/2$ 点の DFT の二つの演算で構成できることを示しています．$N/2$ 点の DFT の演算を同様に奇数，偶数成分に分割することにより $N/4$ 点の DFT に分割でき

ます．このように分割していくと，最終的には2点のDFTに分割できます．2点のDFTの構成を図1.26に示し，8点のFFTの構成を図1.27に示します．2点のDFTの構成は，その構成からバタフライ回路 (Dutterfly Circuit) と呼ばれます．

8点のFFT演算を行う場合，フーリエ変換する信号を，

$$x(n) = \{x(0), x(1), x(2), x(3), x(4), x(5), x(6), x(7)\} \quad \cdots\cdots (1.60)$$

とすると，FFTへの入力 $x'(n)$ は式 (1.55) のようにする必要があります．

$$x'(n) = \{x(0), x(4), x(2), x(6), x(1), x(5), x(3), x(7)\} \quad \cdots\cdots (1.61)$$

このインデックス変換は，入力信号のインデックスのビットを逆順にすることで計算できます．例えば，インデックス1の場合，1を2進数 $(\cdot)\mathrm{b}$ で表すと $(001)\mathrm{b}$ と表されます．ここで，このビット列を逆順にすると $(100)\mathrm{b}$ となり，10進で4を示します．従って，インデックス4の部分にインデックス1の入力信号を置き換えることで，FFT演算への入力を作成することができます．

高速逆フーリエ変換 (Inverse Fast Fourier Transform：IFFT) はFFTと同様の演算で得ることが可能ですが，W_N の符号を逆にして計算し，演算結果の $x(n)$ を N で除算する必要があります．

また，2次元信号を処理する場合は，x 方向にFFTで計算し，その後 y 方向にFFTで計算することで，2次元のDFTを計算することができます．

1.4.4　窓関数

音声信号を対象としてDFTを計算する場合，分析区間の長さ（フレーム長：Frame Length）を，音声が定常とみなせる30ms前後に設定することがよくあります．このため，適当な窓関数（Window Function）を乗じて30ms前後の信号を切り出す必要があります．

フレーム長を N とすると，窓関数は，$0 \leq n \leq N-1$ において有限値をとり，それ以外で0となる関数として定義されます．これまでにさまざまな窓関数が提案されています．

代表的な窓関数を図1.28～図1.30に示します．いずれも窓長 $N=256$ としてプロットしたものです．

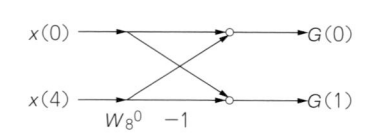

図1.26　2点DFTの構成（バタフライ回路）

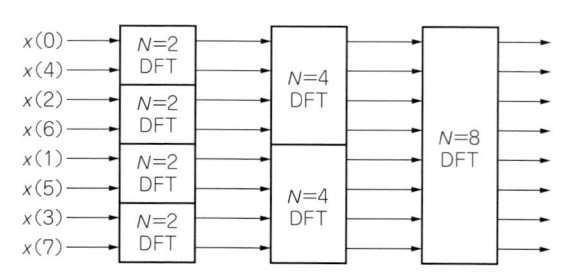

図1.27　8点FFTの構成

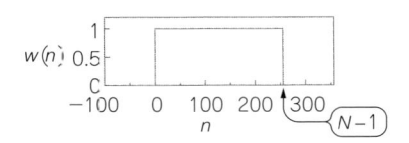

図1.28　矩形窓

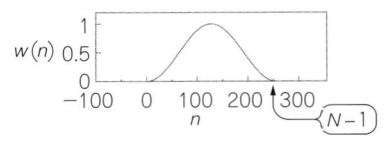

図1.29　ハン窓（またはハニング窓）

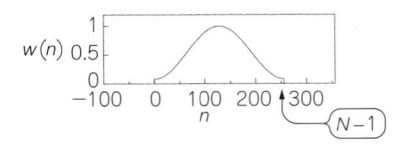

図1.30　ハミング窓

矩形窓（Rectangular Window）

$$w(n) = \begin{cases} 1 & (0 \leq n \leq N-1) \\ 0 & (その他) \end{cases} \quad \cdots\cdots (1.62)$$

ハン窓（Hann Window）またはハニング窓（Hanning Window）

$$w(n) = \begin{cases} 0.5 - 0.5\cos(2\pi n/N) & (0 \leq n \leq N-1) \\ 0 & (その他) \end{cases} \quad \cdots\cdots (1.63)$$

ハミング窓（Hamming Window）

$$w(n) = \begin{cases} 0.54 - 0.46\cos(2\pi n/N) & (0 \leq n \leq N-1) \\ 0 & (その他) \end{cases} \quad \cdots\cdots (1.64)$$

1.4.5　ハーフ・オーバラップ

　窓関数で切り出した音声信号に対してDFT⇒信号処理⇒IDFTとして処理後の音声を得る場合がよくあります．ところが，音声処理でよく用いられるハン窓［式(1.63)］では，切り出された音声信号の両端は減衰しています．このため，DFT→IDFTとして元の信号に戻してもフレーム両端の音声は減衰したままになります（図1.31）．

　そこで，フレーム長の半分だけ時間をシフトして次のDFTを実行し，得られた結果を前のフレームで得られた結果に加算するハーフ・オーバラップ（Half Overlap）が用いられます．ハーフ・オーバラップにより，窓関数による減衰の影響をほとんど取り除くことができます（図1.32）．

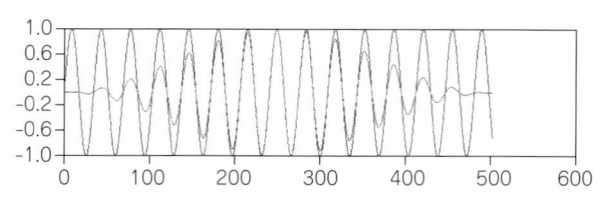

図1.31 ハン窓で切り出された音声信号の両端は減衰している

(a) 切り出された信号

(b) ハーフ・オーバラップした信号

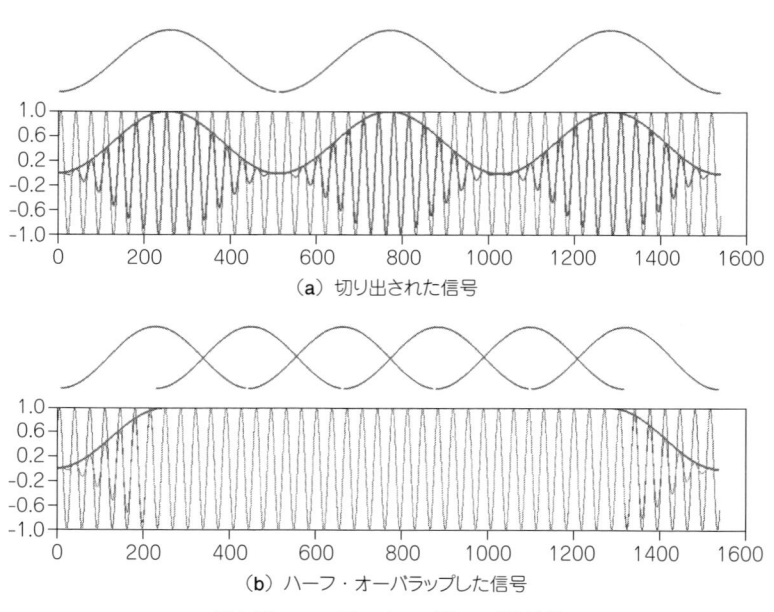

図1.32 ハーフ・オーバラップの効果

ハーフ・オーバラップ

ハーフ・オーバラップの概念図を**図1.33**に示す．フレームを半分ずつ移動させ，DFTによる解析を行う．

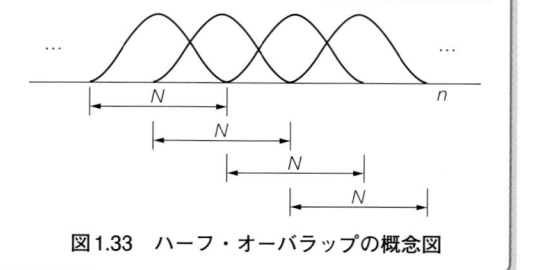

図1.33 ハーフ・オーバラップの概念図

Scilab演習1.2

(演習プログラム:no_overlap.sce, hlf_overlap.sce)

問題

音声に対して窓かけ,FFT,IFFTを実行せよ.また,ハーフ・オーバラップがある場合とない場合を比較せよ.

解答

フレーム長を256サンプル,窓関数にハン窓(ハニング窓)を用いた結果を図1.34に示す.結果から,音声がフレームごとに途切れ,音質が激しく劣化することが分かる.

(a) オーバラップなし　　(b) オーバラップあり

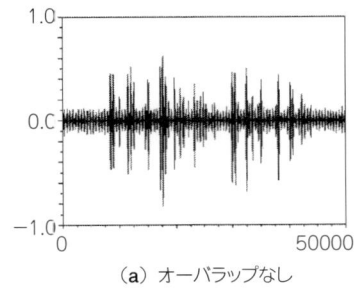

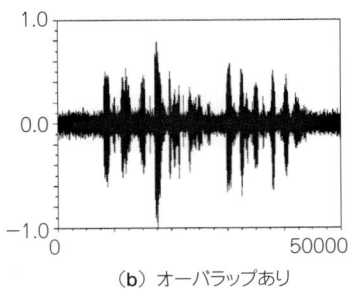

図1.34　Scilabによるハーフ・オーバラップのシミュレーション

1-5　画像処理や音声圧縮で活躍する離散コサイン変換とは?

　フーリエ変換を用いることで周波数解析を行うことが可能です.しかしフーリエ変換では,フーリエ係数が複素数であるため,振幅と位相を考慮して演算を行う必要があります.周波数解析において,実数の空間信号を実数の周波数信号に変換できれば,計算機でも容易に扱うことができます.実数-実数の変換はいくつか存在しますが,ここでは,画像圧縮の国際標準規格であるMPEG(Motion Picture Expert Group)などで使用される離散コサイン変換について説明します.

1.5.1　離散コサイン変換式

　離散コサイン変換(Discrete Cosine Transform:DCT)は,音声や画像圧縮の際に利用されています.入力信号を$x(n)$,変換後のDCT係数を$X(k)$とした場合のDCTと逆離散コサイン変換(Inverse DCT:IDCT)の変換式を以下に示します[注3].

注3:DCTとしては,4種類の変換手法が知られているが,本節では,音声や画像圧縮に用いられているDCTを基本に示す.

離散コサイン変換（DCT）

$$X(k) = \sqrt{\frac{2}{N}} a_k \sum_{n=0}^{N-1} x(n) \cos\left\{\frac{(2n+1)k\pi}{2N}\right\} \quad\cdots\cdots (1.65)$$

$$a_k = \begin{cases} 1 & (k=1,2,\cdots,N-1) \\ \dfrac{1}{\sqrt{2}} & (k=0) \end{cases}$$

ただし，$k = 0,1\cdots,N-1$

逆離散コサイン変換（IDCT）

$$x(n) = \sqrt{\frac{2}{N}} \sum_{k=0}^{N-1} a_k X(k) \cos\left\{\frac{(2n+1)k\pi}{2N}\right\} \quad\cdots\cdots (1.66)$$

$$a_k = \begin{cases} 1 & (k=1,2,\cdots,N-1) \\ \dfrac{1}{\sqrt{2}} & (k=0) \end{cases}$$

ただし，$n = 0,1\cdots,N-1$

$$y(n) = \cos\left(\frac{\pi}{8}n\right) + \frac{1}{2}\cos\left(\frac{\pi}{4}n\right)$$

に対してDFTを行った場合とDCTを行った場合の例を図1.35に示します．変換式やこの例から

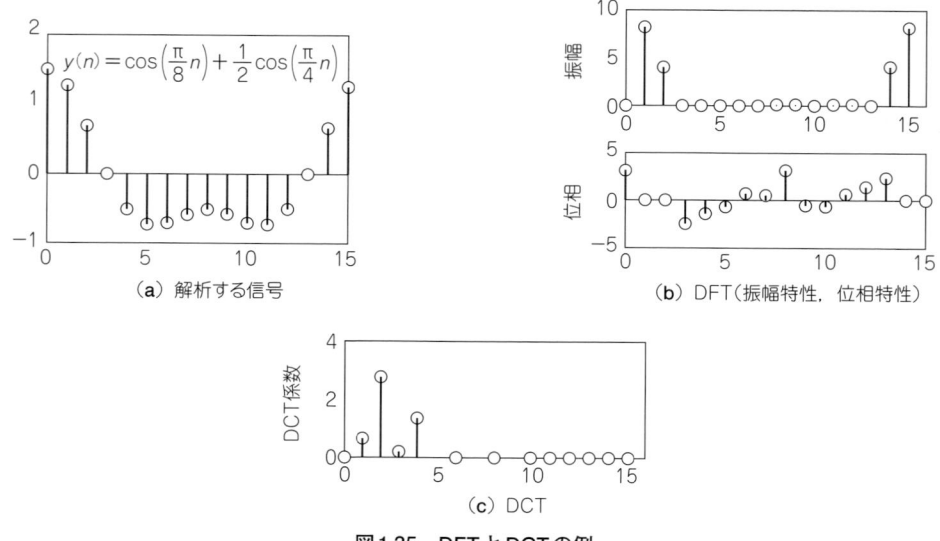

図1.35　DFTとDCTの例

第1章　信号処理で重要となる基礎知識

も見て取れるように，入力信号が実数の場合，DCTの出力は実数となります．DFTの場合は，入力信号が実数の場合でも，DFTの出力は複素数となり，振幅，位相を考慮して計算を行う必要があります．

また，DCT係数の$X(0)$を直流を示すということでDC係数（DC Coefficient），そのほかのDCT係数を交流を示すということでAC係数（AC Coefficient）と呼びます．

演習1.7

問題

入力信号$x = (1, -1, 1, -1)^T$の場合のDCT係数を求めよ．ただし，$N = 4$とし，計算には，式(1.65)を用いること．

解答

式(1.65)を用いて演算すると，$X = (0, 0.7654, 0, 1.8478)^T$となる．

1.5.2 離散コサイン変換の基底

ここでは，DCTの基底について説明します．DFTの節でも説明していますが，基底とは信号空間の基本となるものであり，信号空間を表現しています．

ここで，1次元のDCTの変換式を行列を用いて表現します．信号の数を$N = 4$とすると，1次元のDCTは，式(1.65)より，次のように表すことができます．

$$X = Ax$$

$$\begin{bmatrix} X(0) \\ X(1) \\ X(2) \\ X(3) \end{bmatrix} = \begin{bmatrix} a_{00} & a_{01} & a_{02} & a_{03} \\ a_{10} & a_{11} & a_{12} & a_{13} \\ a_{20} & a_{21} & a_{22} & a_{23} \\ a_{30} & a_{31} & a_{32} & a_{33} \end{bmatrix} \begin{bmatrix} x(0) \\ x(1) \\ x(2) \\ x(3) \end{bmatrix}$$

$$= \begin{bmatrix} \sqrt{\frac{1}{2}}\frac{1}{\sqrt{2}}\cos(0) & \sqrt{\frac{1}{2}}\frac{1}{\sqrt{2}}\cos(0) & \sqrt{\frac{1}{2}}\frac{1}{\sqrt{2}}\cos(0) & \sqrt{\frac{1}{2}}\frac{1}{\sqrt{2}}\cos(0) \\ \sqrt{\frac{1}{2}}\cos\left(\frac{\pi}{8}\right) & \sqrt{\frac{1}{2}}\cos\left(\frac{3\pi}{8}\right) & \sqrt{\frac{1}{2}}\cos\left(\frac{5\pi}{8}\right) & \sqrt{\frac{1}{2}}\cos\left(\frac{7\pi}{8}\right) \\ \sqrt{\frac{1}{2}}\cos\left(\frac{\pi}{4}\right) & \sqrt{\frac{1}{2}}\cos\left(\frac{3\pi}{4}\right) & \sqrt{\frac{1}{2}}\cos\left(\frac{5\pi}{4}\right) & \sqrt{\frac{1}{2}}\cos\left(\frac{7\pi}{4}\right) \\ \sqrt{\frac{1}{2}}\cos\left(\frac{3\pi}{8}\right) & \sqrt{\frac{1}{2}}\cos\left(\frac{9\pi}{8}\right) & \sqrt{\frac{1}{2}}\cos\left(\frac{15\pi}{8}\right) & \sqrt{\frac{1}{2}}\cos\left(\frac{5\pi}{8}\right) \end{bmatrix} \begin{bmatrix} x(0) \\ x(1) \\ x(2) \\ x(3) \end{bmatrix} \quad \cdots\cdots (1.67)$$

従って，値を計算すると，$N = 4$の場合の1次元DCTの式は，次のように示されます．

1次元のDCTの行列表現（N=4の場合）

$$\begin{bmatrix} X(0) \\ X(1) \\ X(2) \\ X(3) \end{bmatrix} = \begin{bmatrix} 0.5 & 0.5 & 0.5 & 0.5 \\ 0.653 & 0.271 & -0.271 & -0.653 \\ 0.5 & -0.5 & -0.5 & 0.5 \\ 0.271 & -0.653 & 0.653 & -0.271 \end{bmatrix} \begin{bmatrix} x(0) \\ x(1) \\ x(2) \\ x(3) \end{bmatrix} \quad (1.68)$$

ここで，フーリエ変換のときと同様に変換行列Aについて見てみます．行列Aのそれぞれの列を以下のようにベクトル$a_0, a_1, \cdots, a_{N-1}$とすると，

$$A = [a_0, a_1, \cdots, a_{N-1}] \quad (1.69)$$

と表すことができます．それぞれのベクトルの内積を計算すると，

$$<a_n, a_m> = \sum_{k=0}^{N-1} a_{nk} \times a_{mk} = \begin{cases} 1 & (m=n) \\ 0 & (その他) \end{cases} \quad (1.70)$$

となり，それぞれのベクトルは正規直交していることが分かります．このように変換行列が正規直交行列であり，また変換行列が実数の場合，逆変換行列Bは転置で求めることができます．

$$x = BX = A^{-1}X = A^{\mathrm{T}}X \quad (1.71)$$

フーリエ変換と同様に行列Bのそれぞれの列をベクトル$b_0, b_1, \cdots b_{N-1}$とすると，

$$B = [b_0, b_1, \cdots, b_{N-1}] \quad (1.72)$$

と表すことができ，このベクトルとDCT係数，

$$X = (X(0), X(1), \cdots, X(N-1))^{\mathrm{T}}$$

を用いて，入力信号xは，式(1.67)のように線形結合の形で表すことができます．

$$x = BX$$
$$= \sum_{k=0}^{N-1} X(k) b_k = X(0) b_0 + X(1) b_1 + \cdots + X(N-1) b_{N-1} \quad (1.73)$$

このベクトルb_kも同様に基底（Basis）もしくは，基底ベクトル（Basis Vector）といいます．

1.5.3 修正離散コサイン変換

離散コサイン変換は，N個のデータを用いて，N個のDCT係数を生成します．しかし音声処理において，N個ずつのデータを抽出し，周波数変換，信号処理，逆変換を行うような場合，このデータのまとまり間に不連続な点を発生させてしまいます．そこで音声信号を処理する場合，一般に図1.36に示すように，オーバラップを行いながら信号を抽出し，周波数解析を行います．

このように，信号を窓関数を用いてオーバラップを行いながら抽出し，離散コサイン変換を行うものとして修正離散コサイン変換（Modified Discrete Cosine Transform：MDCT）が用いられます．

修正離散コサイン変換の変換式を式(1.74)に逆修正離散コサイン変換(Inverse MDCT：IMDCT)の変換式を式(1.75)に示します．

修正離散コサイン変換（MDCT）

$$X(k) = \sum_{n=0}^{2N-1} x(n) \cos\left\{\frac{(2n+N+1)(2k+1)\pi}{4N}\right\} \quad\cdots\cdots (1.74)$$

ただし，$k = 0, 1, \cdots, N-1$

逆修正離散コサイン変換（IMDCT）

$$x(n) = \frac{1}{N} \sum_{k=0}^{N-1} X(k) \cos\left\{\frac{(2n+N+1)(2k+1)\pi}{4N}\right\} \quad\cdots\cdots (1.75)$$

ただし，$n = 0, 1, \cdots, 2N-1$

ここでは，順変換では，入力信号はオーバラップしながら抽出されるため，2^N個のデータを用いて，N個の係数を抽出します．また，逆変換では，N個の係数から2^N個のデータを生成して，オーバラップしながらデータを構成します．

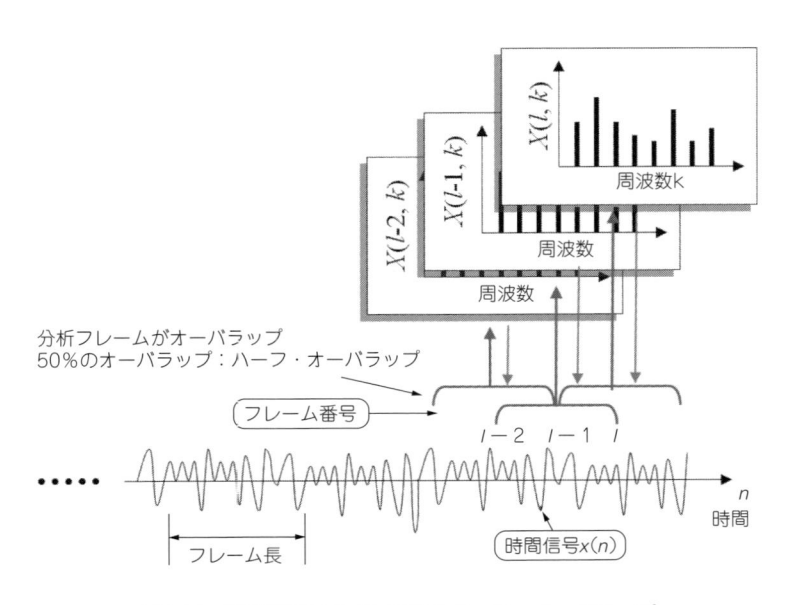

図1.36 修正離散コサイン変換とハーフ・オーバラップ

1-6　マルチレート信号処理

　アナログ信号をディジタル信号に変換する場合，サンプリング・レート (Sampling Rate) に応じてアナログ信号を標本化します．サンプリング・レートとは，単位時間に標本化する数を示しており，アプリケーションにより，使用するサンプリング・レートが異なります．サンプリング・レートは，サンプリング周波数 (Sampling Frequency) とも呼ばれます．

　ここでは，音声信号のサンプリング・レート変換や画像の拡大縮小など信号のサンプリング・レートを変化させる信号処理について考えます．このようなサンプリング・レートを変換させる信号処理は，マルチレート信号処理 (Multirate Signal Processing) と呼ばれます．1次元のマルチレート信号処理の様子を図1.37に示します．この図では，サンプリング・レートをF_1からF_2に変換している様子を示しています．

1.6.1　マルチレート信号処理の要素

　サンプリング・レートを変換するための処理は，主にサンプリング・レートを上げるためのアップサンプラ (Up-sampler)，サンプリング周波数を下げるダウンサンプラ (Down-sampler)，サンプリング・レートの上げ下げの処理に伴うフィルタから構成されます．

　アップサンプラとダウンサンプラの処理の様子を図1.38に示します．

● **アップサンプラ**

　アップサンプラは，信号のサンプリング・レートを上げることができ，↑Uで表現します．Uは出力するサンプリング・レートの倍率を示しており，出力される信号のサンプリング・レートは，U倍となります．

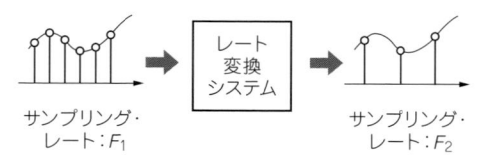

図1.37　マルチレート信号処理の様子

（a）アップサンプラ　　　（b）ダウンサンプラ

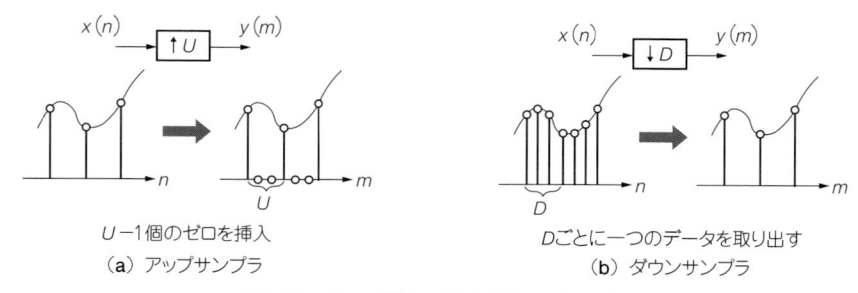

図1.38　アップサンプラとダウンサンプラ

具体的には，入力信号のサンプル間に$U-1$点の0を挿入します．入力を$x(n)$，出力を$y(m)$とするときの入出力関係およびz変換は，以下のように示すことができます．

アップサンプラの入出力関係

$$y(m) = \begin{cases} x(m/U) & (m = nU) \\ 0 & (その他) \end{cases}$$

$$Y(z) = X(z^U) \quad \cdots\cdots\cdots\cdots\cdots\cdots\cdots\cdots\cdots\cdots\cdots\cdots\cdots\cdots\cdots\cdots\cdots\cdots\cdots\cdots\cdots\cdots \quad (1.76)$$

● **ダウンサンプラ**

ダウンサンプラは，信号のサンプリング・レートを下げることができ，↓Dで表現します．Dは出力するサンプリングレートの倍率を示しており，出力される信号のサンプリング・レートは，1/D倍となります．

具体的には，入力信号のD点のサンプルごとに抽出します．入力を$x(n)$，出力を$y(m)$とするときの入出力関係およびz変換は，以下のように示すことができます．

ダウンサンプラの入出力関係

$$y(m) = x(Dm)$$

$$Y(z) = \frac{1}{D}\sum_{p=0}^{D-1} X\left(W_D^p z^{1/D}\right) \quad \cdots\cdots\cdots\cdots\cdots\cdots\cdots\cdots\cdots\cdots\cdots\cdots\cdots\cdots \quad (1.77)$$

ただし，$W_D^p = e^{-j2\pi/D}$

1.6.2 マルチレート・システムの性質

マルチレート・システムの性能について説明します．アップサンプラ，ダウンサンプラ，フィルタで構成されるマルチレート・システムでは，アップサンプラやダウンサンプラの構成を入れ替えた等価的な関係が存在します．この等価的な関係について図1.39に示します．ここで，$H(z)$や$F(z)$はフィルタのz変換を示しています．また，図1.39(a)～図1.39(c)は，アップサンプラの等価関係を示していますが，ダウンサンプラも同様の関係が存在します．また，図1.39(e)と図1.39(f)は，アップサンプラやダウンサンプラの入れ替えですが，フィルタが$H(z^D)$や$F(z^U)$となることに注意が必要です．これは，フィルタの周波数特性が変化していることを意味します．

1.6.3 フィルタ・バンク

ここでは，マルチレート・システムの応用の一つであるフィルタ・バンク（Filter Bank）について説明します．フィルタ・バンクとは，図1.40に示すように，入力信号を複数の帯域に分割する

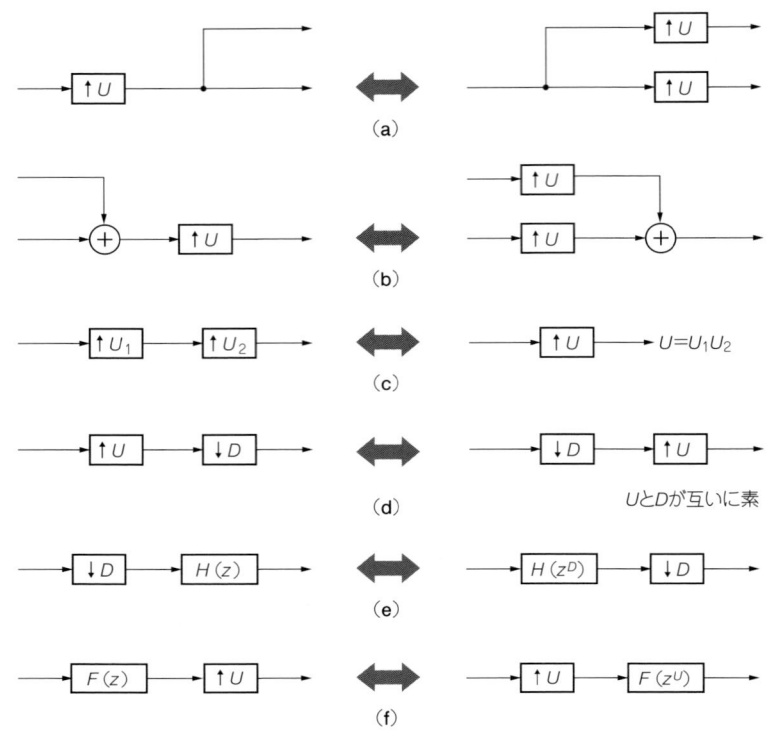

図1.39 マルチレート・システムの性質

システムのことです．この分割された帯域は，サブバンド(Subband)と呼ばれます．また，サブバンドに分割するフィルタ・バンクを分析フィルタ・バンク(Analysis Filter Bank)，サブバンドの信号を元に戻すフィルタ・バンクを合成フィルタ・バンク(Synthesis Filter Bank)といいます．

フィルタ・バンクの構成を図1.41に示します．フィルタ・バンクは，分析側のフィルタ$H(z)$，合成側のフィルタ$F(z)$，アップサンプラ，ダウンサンプラで構成されます．この図は，M個の帯域に分割するフィルタ・バンクを示しています．

フィルタ・バンクにおいて，合成フィルタ・バンクからの出力が，以下のような式で表されるとき，このフィルタ・バンクは完全再構成フィルタ・バンクとなります．

完全再構成フィルタ・バンクの関係

$$y(n) = cx(n - n_0)$$
$$Y(z) = cX(z)z^{-n_0} \quad \cdots\cdots\cdots\cdots\cdots\cdots\cdots\cdots\cdots\cdots\cdots\cdots\cdots\cdots\cdots\cdots\cdots (1.78)$$
---

cは非0の定数をn_0は整数を示します．式(1.78)は，出力される信号は，入力信号を定数倍して，時間をn_0だけシフトした信号であることを示しています．

また，$P = M$のときのフィルタ・バンクは，最大間引フィルタ・バンク（Maximally Decimated Filter Bank）と呼ばれ，データ圧縮や後述するウェーブレット変換で利用されます．

● 2分割フィルタ・バンク

$M = P = 2$の場合のフィルタ・バンクについて着目します．2分割フィルタ・バンクの構成を**図1.42**に示します．このときの入出力は，式(1.79)で表されます．

2分割フィルタ・バンクの入出力の関係

$$Y(z) = \frac{1}{2}\{H_0(z)F_0(z) + H_1(z)F_1(z)\}X(z)$$
$$+ \frac{1}{2}\{H_0(-z)F_0(z) + H_1(-z)F_1(z)\}X(-z) \quad \cdots\cdots\cdots\cdots\cdots (1.79)$$

このフィルタ・バンクが完全再構成であるためには，

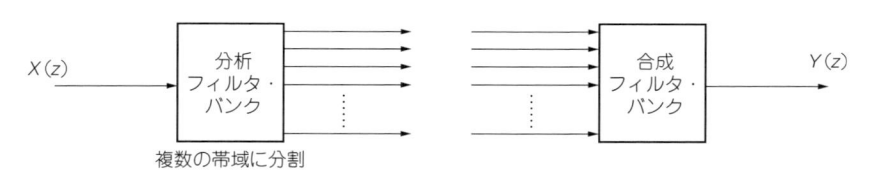

$$Y(z) = cX(z)z^{-n_0} \quad \cdots\cdots\cdots\cdots\cdots\cdots\cdots\cdots\cdots\cdots\cdots\cdots\cdots\cdots\cdots\cdots\cdots\cdots (1.80)$$

図1.40　フィルタ・バンク

（a）分析フィルタ・バンク　　（b）合成フィルタ・バンク

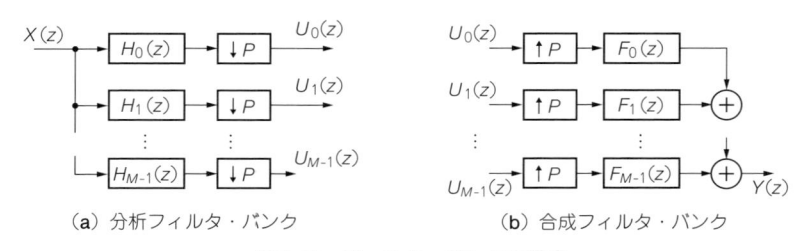

図1.41　フィルタ・バンクの構成

分析フィルタ・バンク　　合成フィルタ・バンク

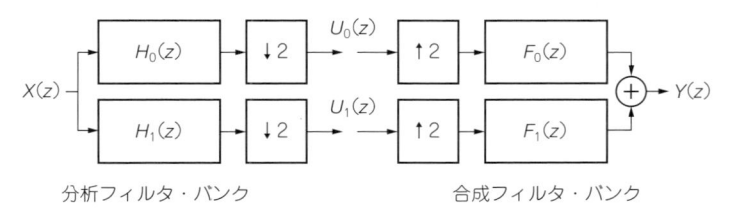

図1.42　2分割フィルタ・バンクの構成

である必要があります．従って，最初に式(1.79)の第2項を0とするための条件を求めます．式(1.79)の第2項を0とするためには，

$$F_0(z) = H_1(-z)$$
$$F_1(z) = -H_0(-z)$$
·· (1.81)

となります．この第2項はエイリアシング成分を示しているため，この条件をエイリアシング除去条件といいます．また，このエイリアシング除去条件の下フィルタ・バンクが完全再構成であるためには，

$$Y(z) = \frac{1}{2}\{H_0(z)H_1(-z) - H_1(z)H_0(-z)\}X(z) = cX(z)z^{-n_0}$$ ·················· (1.82)

となり，従って，

$$H_0(z)H_1(-z) - H_0(-z)H_1(z) = 2cz^{-n_0}$$ ·················· (1.83)

を満たす必要があります．この条件をオールパス条件といいます．

演習1.8

問題

2分割フィルタ・バンクにおいて，
$$H_0(z) = \frac{1}{\sqrt{2}}(1 + z^{-1})$$
$$H_1(z) = \frac{1}{\sqrt{2}}(1 - z^{-1})$$

のとき，$F_0(z)$，$F_1(z)$ を求めよ．

解答

$$F_0(z) = H_1(-z) = \frac{1}{\sqrt{2}}(1 + z^{-1})$$
$$F_1(z) = -H_0(-z) = -\frac{1}{\sqrt{2}}(1 - z^{-1})$$

2分割のフィルタ・バンクの分析フィルタ・バンクや合成フィルタ・バンクは，行列を用いて入出力を記述できます．

最初に分析フィルタ・バンクの入出力の関係について見てみます．入力信号を $x(n)$ とし，サブバンドの出力信号を $u_k(m)$，$k = 0, 1$ とし，それぞれのフィルタの係数を簡単化のため4タップ，($h_k(0)$，$h_k(1)$，$h_k(2)$，$h_k(3)$)，$k = 0, 1$ とすると，式(1.85)のように示されます．

> **フィルタ・バンクの行列表現**
>
> $$\begin{bmatrix} u_0(m) \\ u_1(m) \end{bmatrix} = \begin{bmatrix} h_0(0) & h_0(1) & h_0(2) & h_0(3) \\ h_1(0) & h_1(1) & h_1(2) & h_1(3) \end{bmatrix} \begin{bmatrix} x(2m) \\ x(2m-1) \\ x(2m-2) \\ x(2m-3) \end{bmatrix} \quad\quad (1.84)$$
>
> $$u(m) = Ax(2m) \quad\quad (1.85)$$

$u(m)$ は出力信号ベクトル，A は変換行列，$x(2m)$ は入力信号ベクトルを示します．フィルタのタップ数と帯域の分割数が等しいとき，A は正方となります．

● ポリフェーズ・フィルタ・バンク

図1.43（a）のデシメータなどで使用されているフィルタは，式（1.88）に示すように D 個の係数ごとに分割してまとめられます．

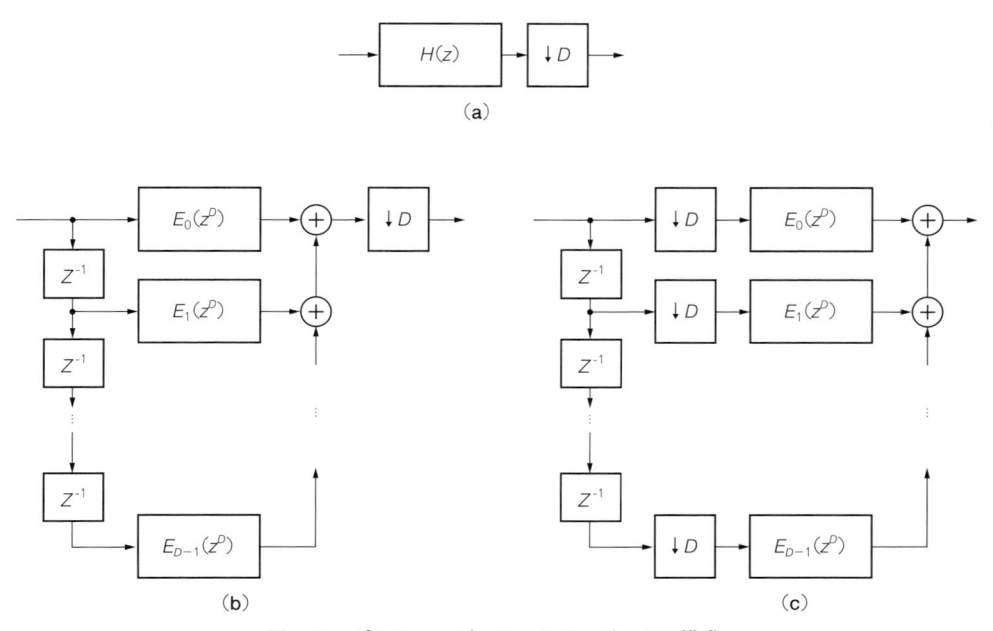

図1.43 ポリフェーズ・フィルタ・バンクの構成

フィルタのポリフェーズ表現（タイプ1）

$$H(z) = \sum_{n=0}^{N-1} h(n) z^{-n} \quad\cdots\cdots (1.86)$$

$$= \sum_{d=0}^{D-1} z^{-d} E_d(z^D) \quad\cdots\cdots (1.87)$$

$$\text{ただし，} E_d(z) = \sum_{n=0}^{N/D-1} h(Dn+d) z^{-n} \quad\cdots\cdots (1.88)$$

それぞれのまとめられたフィルタ $E_d(z)$ をフィルタ $H(z)$ のポリフェーズ（Polyphase）成分（タイプ1）といいます．

　ポリフェーズ成分を用いたデシメータの構成を図1.43（b）に示します．この構成において，ダウンサンプリングは，マルチレート・システムの性質より，フィルタの前に置き換えることができます．ダウンサンプリングを置き換えたデシメータの構成を図1.43（c）に示します．図1.43（a）は，ダウンサンプリングを行う前のサンプリング周波数でフィルタ演算が必要となり，また，ダウンサンプリングで除去されてしまうデータについても演算する必要があります．一方，図1.43（c）は，先にダウンサンプリングされるため，ダウンサンプリングされた後のサンプリング周波数でフィルタ演算を行うことが可能であり，かつ必要としないデータを演算することとがないため，演算の冗長性を省くことが可能です．

　また，タイプ2と呼ばれる分割も行われます．タイプ2のポリフェーズ成分を用いると式(1.91)のように表すことができます．

フィルタのポリフェーズ表現（タイプ2）

$$H(z) = \sum_{n=0}^{N-1} h(n) z^{-n} \quad\cdots\cdots (1.89)$$

$$= \sum_{d=0}^{D-1} z^{-(D-d-1)} R_d(z^D) \quad\cdots\cdots (1.90)$$

$$\text{ただし，} R_d(z) = \sum_{n=0}^{N/D-1} h(Dn-d-1+D) z^{-n} \quad\cdots\cdots (1.91)$$

　このタイプ2はインタポレータをポリフェーズ構成する際に使用されます．

> **演習 1.9**
>
> **問題**
> $D=2$ とした場合の以下のフィルタのポリフェーズ構成(タイプ1)を示せ.
> $$H(z) = h(0) + h(1)z^{-1} + h(2)z^{-2} + h(3)z^{-3} \quad\quad (1.92)$$
>
> **解答**
> $$H(z) = E_0(z^2) + z^{-1}E_1(z^2) \quad\quad (1.93)$$
> ただし,$E_0(z) = h(0) - h(2)z^{-1}$,$E_1(z) = h(1) - h(3)z^{-1}$ …… (1.94)

1-7 長いディジタル信号を小さくまとめる情報符号化技術

　ここでは,情報を符号化することについて考えます.最初に情報を符号化する際に必要となる平均符号長の下限について述べます.その後,情報源符号化として画像符号化などで用いられているハフマン符号化と算術符号化について,その符号の特徴や符号化,復号について簡単に説明します.

1.7.1 平均符号長の限界

　N個の記号(圧縮ではしばしば係数や量子化された係数を示す),a_0, a_1, $\cdots$, a_{N-1}がそれぞれ確率p_0, p_1, $\cdots$, p_{N-1}で発生している情報源Sを符号化する場合について考えます.この情報源Sは式(1.95)で示すことができ,ここでは,互いに独立で同一の確率分布(Independent and Identically-Distributed:i.i.d)に従うものとします.

$$S = \begin{Bmatrix} a_0 & \cdots & a_s \\ p_0 & \cdots & p_s \end{Bmatrix} \quad\quad (1.95)$$

　この場合,情報源の記号を一つずつ符号化する際の1記号当たりの平均符号長L[bit/symbol]は,式(1.96)を満たします.

> **情報源符号化定理**
> $$H(S) + 1 > L \geq H(S) \quad\quad (1.96)$$

　ここで,$H(S)$はその情報源のエントロピーを示します.

> **エントロピー**
>
> $$H(S) = -\sum_{s=0}^{N-1} p_s \log p_s \, [\text{bit} / \text{symbol}] \quad\cdots\cdots\cdots\cdots\cdots\cdots\cdots\cdots\cdots\cdots\cdots\cdots (1.97)$$

平均符号長 $L[\text{bit/symbol}]$ は，$H(S)+1$ よりは小さくすることは可能ですが，情報源のエントロピー $H(S)$ よりも小さくできないことを示しています．これを情報源符号化定理（Source Coding Theorem）といい，符号長さの限界を与える重要な定理となっています．

エントロピーは，情報源 a_s が生起した際に得られる情報量，すなわち $-\log p_s$ の平均として表されます．この情報量は，まれにしか生成されない生起確率の低い情報源の記号ほど，その記号を得ることによる情報量は大きいことを示しています．エントロピーとは，情報源の記号が得られたときに受け取ることのできる平均的な情報量を示しています．

演習1.10

問題

情報源 S を，

$$S = \begin{Bmatrix} a_0 & a_1 & a_2 & a_3 \\ 0.65 & 0.2 & 0.1 & 0.05 \end{Bmatrix} \quad\cdots\cdots\cdots\cdots\cdots\cdots\cdots\cdots\cdots\cdots\cdots\cdots (1.98)$$

としたとき，エントロピー $H(S)$ を求めよ．また，それぞれの記号に次のような符号が割り当てられた場合の平均符号長を求めよ．

(a) $C_1 =$ 00, 01, 10, 11
(b) $C_2 =$ 0, 10, 110, 1110
(c) $C_3 =$ 0, 10, 110, 111

解答

エントロピー $H(S)$ は，$1.42[\text{bit/symbol}]$ となる．また，それぞれの平均符号長は，

(a) $2[\text{bit/symbol}]$
(b) $1.55[\text{bit/symbol}]$
(c) $1.5[\text{bit/symbol}]$

1.7.2 ハフマン符号化

ハフマン符号化(Huffman Coding)は，David A. Huffman氏によって開発された符号です[23]．平均符号長を最小にするような最適な符号を構成することができます．このため，データ圧縮や画像や音声圧縮で用いられています．

ハフマン符号では，情報源を木構造として表し，その構造に符号を割り当てることで，符号語を構成します．実際の手順は以下の通りです．

①情報源を木構造の葉として割り当てます．それぞれの葉には，情報源の発生確率を割り当てておきます．このとき，確率の大きい順に並べておきます．

②確率の小さい二つの葉を結ぶように節点を作ります．葉と節点で結ばれた線を枝といい，このとき，枝の一つに符号0をもう一方に符号1を割り当てます．ここでは，確率の低い葉を持つ方に1を割り当てるものとします．

③生成された節点の枝で結ばれた二つの葉の確率の和を計算し，計算された確率の和を持つ新しい葉として節点を置き換えます．

④葉が一つになるまで，葉の確率の大きい順に並べ直して，手順②に戻ります．このとき，確率が同じ場合には，ならび順は，どちらを上にしても構いません．

演習1.10に示した情報源Sを用いて構成したハフマン符号の例を図1.44に示します．この例では，一つの記号について一つの葉を生成して符号を作成していますが，二つの記号を一つのシンボルとして考え，ハフマン符号化を行うことも可能です．このように複数の情報源をまとめた情報源を拡大情報源といいS_nで示します．

ハフマン符号では，情報源の発生確率が重要な情報ですが，画像圧縮などにおいて，圧縮ごとに圧縮の際にすべての発生確率を求めることは困難です．そこで，平均的に符号長が短くなるようにあらかじめ国際標準などで符号が決められており，圧縮を行う際にはそれに従い符号化を行います．ハフマン符号化された符号を復号する際には，ハフマン符号から記号を生成します．記号を生成する手法としては，ハフマン符号をマッチングする方法や木構造から記号を生成する方法などがあります．

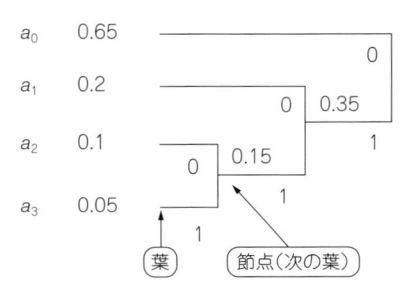

図1.44 ハフマン符号の例

演習1.11

問題

$$S = \begin{Bmatrix} a_0 & a_1 & a_2 & a_3 \\ 0.6 & 0.2 & 0.15 & 0.05 \end{Bmatrix} \quad \cdots\cdots (1.99)$$

としたときの，ハフマン符号 C を作成せよ．また，平均符号長を求めよ．

解答

図1.45のように，二つの符号化が考えられ，それぞれ，

$C = 0, 10, 110, 111$

$C = 0, 11, 100, 101$

となる．また，平均符号長は，どちらも $1.5 [\text{bit/symbol}]$．

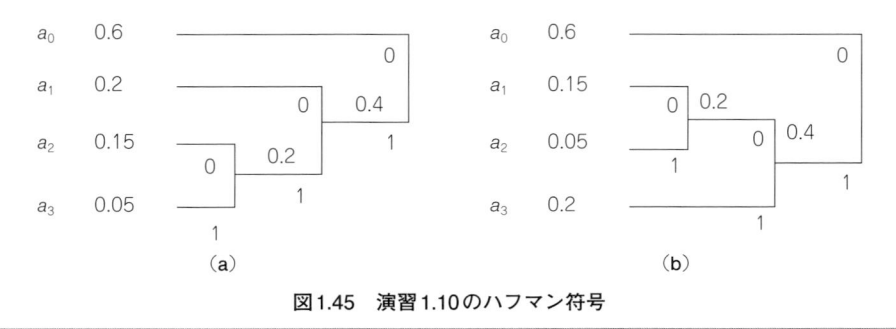

図1.45 演習1.10のハフマン符号

1.7.3 ランレングス符号化

同じ記号が $a_0 a_0 a_0 a_0 a_0 a_1 a_0 a_0 a_2$ のように複数連続して並んでいる場合，それぞれの記号を一つずつ符号化せずに，その記号がどれだけ並んでいるかをその長さをランといい，このようなランを用いて符号化することをランレングス符号化（Run-length Coding）といいます．

$a_0 a_0 a_0 a_0 a_0 a_1 a_0 a_0 a_2$ の場合，ラン5の a_0 の後に a_1，ラン2の a_0 の後に a_2 のように符号化されます．

演習1.12

問題

$a_0 a_0 a_0 a_0 a_0 a_1 a_0 a_0 a_2$ を固定長符号化とランレングス符号化を行え．

・固定長符号化の場合は記号 a_0, a_1, a_2, a_3 の符号を $C = 00, 01, 10, 11$ とする．

・ランレングス符号化の場合，a_0 のランを3ビットの符号なし2進数で表すものとして，a_0 のラン，固定長符号，a_0 のラン，固定長符号と繰り返すものとする．

解答

固定長符号化の場合，000000000001000010となる．また，ランレングス符号の場合，1010101010となる．これを見ても，ランレングス符号化の方が短い符号であることが分かる．

1.7.4 算術符号化

ハフマン符号は，複数の記号を有する情報源を符号化する際に，平均の符号長を短くする符号を生成することが可能です．ここでは，0，1の2元の情報を効率よく符号化する手法について述べます．

2元の情報を効率良く符号化する手法として算術符号化（Arithmetic Coding）が知られています．ここでは，この算術符号化のうち簡単なElias符号化について述べます．

算術符号化（Elias符号化）の原理は，符号化しようとするシンボル系列の生起確率を計算し，その生起確率を決定することのできる最小の長さの2進の小数を得ることで符号化する方法です．

具体的には，[0, 1]の数直線をシンボルの生起確率にあわせて不等長に分割していき，シンボル系列に対応する部分区間を割り当てます．これを再帰的に繰り返すことですべてのシンボルが生成される際の生起確率を含む区間が決定されます．その区間内に含まれる2進数小数のうち，短いものをそのまま符号とします．

符号化シンボル系列"110"を対象とした2値算術符号化の概念図を図1.46に示します．ここでは，'1'の生起確率を0.8とします．図1.46において，まず第1シンボルの符号化値には全区間が2値シンボル'0'と'1'にシンボル生起確率によって分割されます．

第1シンボルは，'1'であることから0.2から1の範囲の(1)が選択されます．第2シンボル以降も選択された領域を同様に分割して選択することを繰り返し符号化が行われます．最終的には，符号化シンボル系列sである"110"を特定する符号語として，sに対応する区間に含まれる値$0.375 = (0.011)$より，011が選択されます．

復号では，符号化と同様に，0から1の間の数直線を生起確率で分割し，その分割領域のどちらに(0.011)で示される0.375が含まれているかの判定を行い，シンボル列を判定します．

実際の符号化では，部分区間がある一定の幅になったときに，部分区間幅を広げて計算する方法や生起確率を更新しつつ算術符号を行うなどの工夫を行っています．

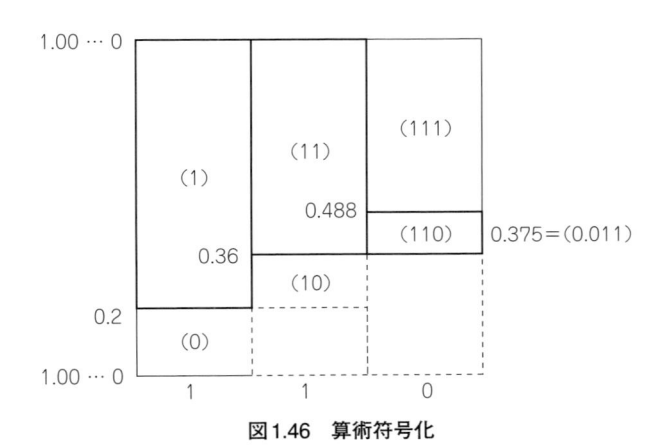

図1.46　算術符号化

演習1.13

問題

1の生起確率が$p = 0.3$のとき，(001)と(0010)の算術符号化を行え．

解答

(001)の場合，下限：0.343，上限：0.490となり，0.375 = (.011)をとる．

(0010)の場合，下限：0.343，上限：0.4459となり，0.375 = (.011)をとる．

このように，異なるシンボルでも同じ符号になることがある．そのため，復号の際にはシンボル長を知っておく必要がある．

章末問題

問題1

サイコロを20回投げると次の結果となった．

2, 4, 3, 6, 5, 5, 1, 3, 2, 1, 3, 5, 4, 4, 5, 4, 3, 6, 2, 3

クラスをサイコロの目そのものとしてヒストグラムを作成せよ．

問題2

1から6の目がある公正なサイコロがある．このサイコロを振って出る目の数を確率信号xとし，そのPDFを$p(x)$とする．すべての目の出現確率が同じであるとすると，$p(x) = C$（Cは定数）と書ける．式(1.1)の性質を用いてCの値を求めよ．

問題3

表1.1で定義される種々の確率分布に関して，指定したパラメータ値に対する外形をプロットせよ．

表1.1 さまざまな確率分布

分布関数名	定義式	平均	分散	指定値
一様分布	$p(x) = \dfrac{1}{b-a}$	$\dfrac{a+b}{2}$	$\dfrac{(b-a)^2}{12}$	$a=0, b=1$
ガウス分布	$p(x) = \dfrac{1}{\sqrt{2\pi\sigma^2}} \exp\left(-\dfrac{(x-\mu)^2}{2\sigma^2}\right)$	μ	σ^2	$\mu=0, \sigma^2=1$
レイリー分布	$p(x) = \dfrac{x}{\sigma^2} \exp\left(-\dfrac{x^2}{2\sigma^2}\right)$	$\sqrt{\dfrac{\pi\sigma^2}{2}}$	$\dfrac{(4-\pi)\sigma^2}{2}$	$\sigma^2=1$
指数分布	$p(x) = \dfrac{1}{\mu} \exp\left(-\dfrac{x}{\mu}\right)$	μ	μ^2	$\mu=1$
ガンマ分布	$p(x) = \dfrac{\lambda^k}{\Gamma(k)} x^{k-1} e^{-\lambda x}$	k/λ	k/λ^2	$k=1, l=1$ $k=2, l=1$

問題4

aからbまでの値をとる一様分布の平均は$(a+b)/2$，分散は$(b-a)^2/12$であることが知られている．さて，確率信号xが0から100までの値をとる一様分布に従うとする．xの平均と分散はいくらか？また，10万個のxの実現値を得るプログラムを作成し，ヒストグラムを表示せよ．ただし，クラスC ($C=0, 1, \cdots, 99$) に含まれる確率信号の範囲を$C \leq x < C+1$とせよ．

問題5

二つの確率信号x_1, x_2の平均値をそれぞれ$\mu_1 (=E[x_1])$，$\mu_2 (=E[x_2])$とする．x_1とx_2の共分散が0，すなわち両者が無相関ならば，$E[x_1 x_2] = E[x_1]E[x_2]$となることを示せ．

問題6

二つの確率変数x_1, x_2が互いに独立であれば無相関でもあることを示せ．

問題7

図1.47に示すx_1, x_2は無相関か否か．また，独立か否か．ただし，閉領域の出現確率はすべて等しいものとする．

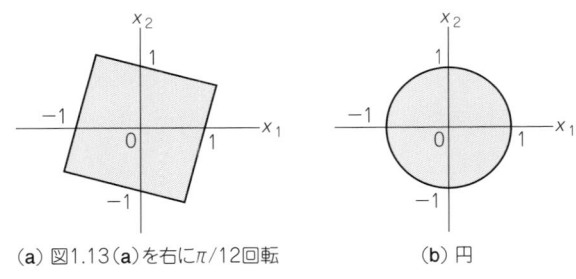

(a) 図1.13(a)を右に$\pi/12$回転　　　(b) 円

図1.47　章末問題 問題7

問題8

確率信号x_1, x_2, …が，互いに独立でそれぞれ0から100までの実現値をとる一様分布に従うとする．

(1) n個の一様分布の平均値として与えられる確率信号，
$$s_n = \frac{1}{n}\sum_{k=1}^{n} x_k$$
を$n=1, 2, 5, 10$について作成するプログラムを書け

(2) $n=1, 2, 5, 10$についてs_nの実現値10万個からヒストグラムを作成せよ．ただし，クラスCは，$C \leq x < C+1$と設定し，ヒストグラムを正規化（PDFに近似）して表示せよ．

(3) s_nに対し中心極限定理で近似されるガウス分布の平均と分散はいくらか？

(4) $n=1, 2, 5, 10$について(2)で求めた正規化されたヒストグラムと，(3)で求めたガウス分布のグラフを比較せよ．

問題9

入力信号を2点ずつ平均して出力するフィルタ（2点平均フィルタ）の周波数振幅特性を求めよ．

問題10
矩形窓，ハミング窓，ハニング窓の周波数特性をそれぞれプロットせよ．

問題11
式 (1.41) と式 (1.42) より，IDFT で元の信号 $x(n)$ が得られることを示せ．

問題12
1次元離散フーリエ変換において，$N = 4$ の場合の逆変換行列 B を求めよ．

問題13
1次元 DCT において，$N = 4$ の場合の逆変換行列 B を求めよ．

問題14
$y(n) = \sum_{l=0}^{N-1} h_l x(n-l)$ として，式 (1.35) を h_m で微分し，式 (1.37) を導出せよ．

問題15
情報源 S を，
$$s = \begin{Bmatrix} a_0 & a_1 & a_2 & a_3 \\ 0.6 & 0.2 & 0.10 & 0.05 \end{Bmatrix} \quad\quad (1.100)$$
としたとき，ある情報列をランレングス符号化したら 100111010 という符号を得た．この符号を復号し，情報列を求めよ．

問題16
符号列 (011) をシンボル系列長 3, 4, 5 として算術復号せよ．ただし，1 の生起確率 $p = 0.3$ とする．

第2章 音声圧縮技術

携帯電話や小型の音楽プレーヤの普及により，複数の音声を同時かつ高速に伝送することや，小型機器にさらに大量の音楽を保存することが望まれています．そのためには，音声や音楽をできるだけ小さいデータ量で表現しなければなりません．このような目的を達成するための技術を音声圧縮（Audio Compression）といいます．現在，表2.1に示すような音声圧縮技術が用いられています．本章では，固定電話やコンピュータのwavファイルに用いられる方式と，携帯電話やVoIP[注1]に用いられる方式について説明します．

音声圧縮が行われた後のデータを符号（Code）といいます．また，符号から元の音声波形に戻すことを復号（Decode）といいます．さらに，それぞれの操作を符号化，復号化といいます．

まず，音声波形そのものを符号化の対象とした波形符号化方式について述べ，次いで音声の発生機構を利用した分析合成方式について説明します．そして最後に聴覚特性を考慮して圧縮効率を高める方式について説明します．説明の一部として，Scilab[注2]を用いた演習も行います．

表2.1 音声圧縮技術の分類

圧縮方式	用途	関連機関
PCM	CD，DVD，BD，ほか	ITU-T (G.701)
log-PCM	固定電話	ITU-T (G.711)
ADPCM	PHS，スーパーファミコン	ITU-T (G.726)
CELP	携帯電話，VoIP (Speex)	ITU-T (G.728, 729)
ATRAC	MD，ソニー製品各種，音楽配信	ソニー
MP3	携帯音楽プレーヤ，インターネット・ラジオ，音楽配信	MPEG
AAC	地デジ放送，iTunes，iPod，ほか	MPEG
ALS	スタジオ編集，音楽配信	MPEG
AC-3	映画，DVD，BD，プレイステーション3，ほか	MPEG
DTS	映画館，DVD，BD，プレイステーション3，ほか	Dolby Laboratories社
RealAudio	RealPlayer，音楽配信，ディジタル録音	RealNetworks社
WMA	Windows Media Player，ディジタル録音	Microsoft社

注1：Voice over Internet Protocol．インターネット上で音声データを送受信する技術．インターネット電話などに利用される．
注2：Scilabの導入と使用方法については本書のwebページにある「Scilabのインストール・操作方法」を参照．

2-1 アナログ音声からディジタル音声へ〜 PCM

空気密度の変化である音声は，マイクロホンによって電圧変化に変換できます（図2.1）．電圧に変換された音声は，保存や伝送における取り扱いが容易となります．ここで音声は，時間と振幅の両方で連続値をとります．時間と振幅の両方で連続値をとるような信号は，総じてアナログ信号（Analog Signal）と呼ばれます．

現在ではほとんど姿を消しているレコード盤やテープ・レコーダは，アナログ信号である音声波形そのものをすべて記録していたため，大量の音声記録には不向きでした．これに対し，音声信号を時間と振幅の両方で，とびとびの値だけを記録して全体の容量を圧縮しようとする方法が提案されました．このような音声の圧縮方法をPCM（Pulse Code Modulation）といいます．PCMは音楽CDやDVDビデオの音声などに広く利用されています．

連続値を持つ信号からとびとびの値だけを取り出すことを離散化といいます．以下では，PCMにおける時間と振幅の離散化についてそれぞれ詳しく述べます．なお，時間と振幅の両方が離散化された信号は，より広い意味でディジタル信号[注3]（Digital Signal）と呼ばれます．

2.1.1 時間の離散化

アナログ信号に対する時間の離散化をサンプリング[注4]（Sampling）といい，得られた値をサンプル値（Sample Value），または単にサンプルといいます（図2.2）．また，サンプリングの時間間隔をサンプリング周期（Sampling Period）といい，その逆数をサンプリング周波数（Sampling Frequency）といいます．

サンプリング周波数F_s[Hz]でディジタル信号を作るとき，再現可能なアナログ信号の周波数帯

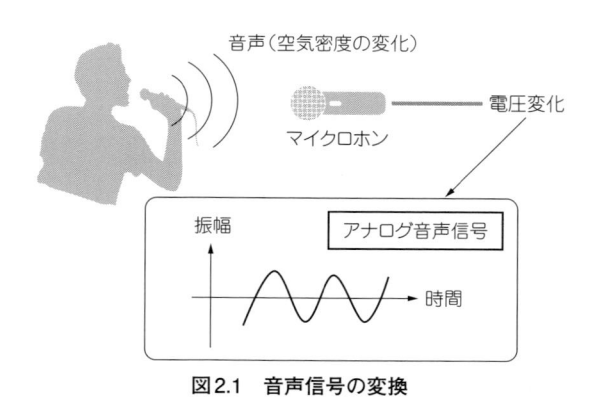

図2.1 音声信号の変換

[注3]：PCM信号はディジタル信号であるが，逆は真ではない．
[注4]：標本化とも呼ばれる．

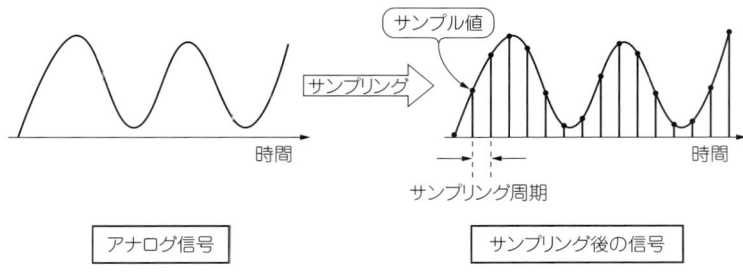

図2.2 時間の離散化

図2.3 サンプリング周波数により再生可能な周波数帯域が異なる

域は$F_s/2$[Hz]までです．これはサンプリング定理[注5]（Sampling Theorem）として知られています．例えば，電話に使用する音声では，会話内容が理解できる程度（300Hz〜3.4kHz）として$F_s=8$[kHz]，音楽CDの記録方式では人間の可聴域（20Hz〜20kHz程度）をすべて再現可能な，$F_s=44.1$[kHz][注6]が用いられています（図2.3）．

2.1.2 振幅の離散化

振幅の離散化を量子化（Quantization）といい，その間隔を量子化幅といいます．PCMでは量子化幅を一定とする一様量子化が基本となります．

量子化後の振幅値を0と1の2進数の列として表すと，電荷の有無として物理的に記録しやすく便利です．よって，通常，振幅の分割数は2進数，つまり2のべき乗で設定されます．2進数の各桁をビット（Bit）といい，分割数が2のN乗（Nは正の整数）の場合，Nビット量子化などと表現されます．このときのNをビット数といいます．アナログ信号に対する2ビット量子化（$2^2=4$段階）の様子を図2.4に示します．ただし，時間は離散化していません．

連続値を持つ音声信号の振幅を有限の値で表現すると，両者の間には必ず誤差が生じ，元の値を

注5：帯域制限されたアナログ信号に対し，その帯域の2倍以上のサンプリング周波数を用いれば，取得したサンプル値から元のアナログ信号を復元可能であるという定理．
注6：44.1kHzは，当初PCM録音に使用されたビデオ・レコーダの水平走査周波数に依存する値．

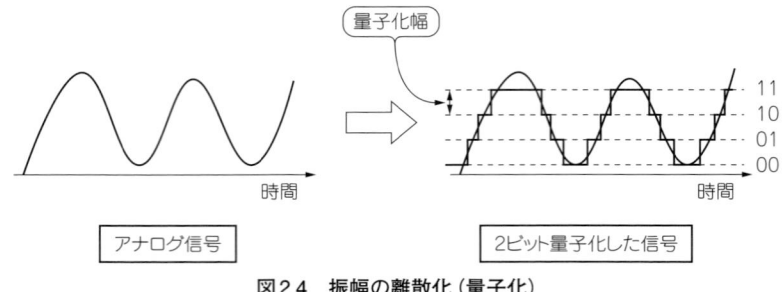

図2.4　振幅の離散化（量子化）

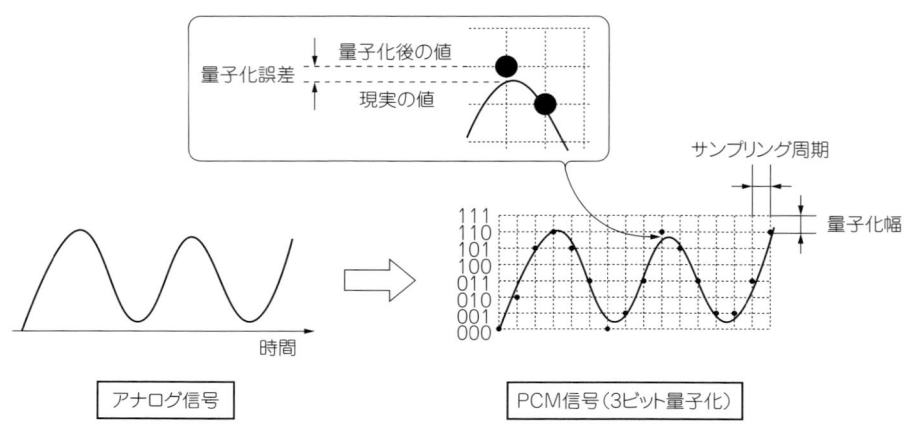

図2.5　アナログ信号とPCM信号

正確に保持することはできません．このようにして生じる誤差を量子化誤差（Quantization Error）といいます．

PCMにおける量子化誤差の例を図2.5に示します．量子化誤差はビット数を増やすことで小さくできます．例えば，3ビットであれば振幅を$2^3 = 8$段階でしか表現できませんが，16ビットであれば$2^{16} = 65536$段階で表現でき，量子化誤差を十分に小さくできます．実際，一般の音楽CDでは16ビットのPCMを採用しています．図2.6に音声入力と3ビットPCM出力の関係を示します．ここで，横軸の直線部分の幅が量子化幅です．ビット数を大きくすると量子化幅が小さくなり，より高音質となります．

本書では，図2.6のように量子化後の信号に0を含めず，入力音声の正と負の値を同じ分割数で表現する方式を採用しますが，PCMの原点の取り方には自由度があります．例えば，図2.7に示すように量子化後の信号に0を含めてPCMを実行することも可能です．16ビット程度の高音質PCMの場合では0を含める方法が採用されています．しかし，低いビット数でPCMを実行する場合には，0となる信号が少ない図2.6の方が音声情報の保持には優位となります．

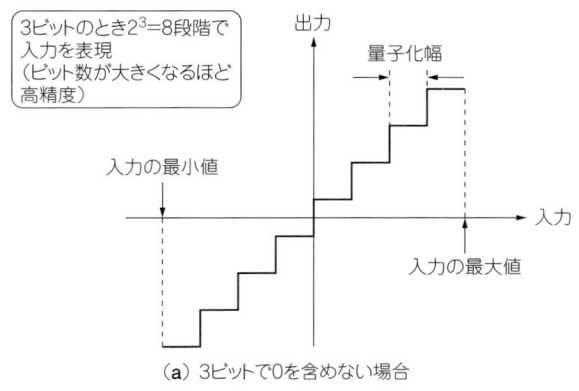

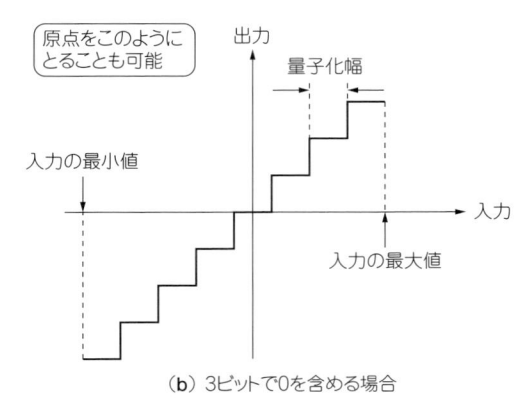

図2.6　PCMの入出力関係（3ビットで0を含めない場合）　　図2.7　PCMの入出力関係（3ビットで0を含める場合）

Scilab演習2.1

（演習プログラム：PCM_a.sce）

問題

3ビット量子化を行い，**図2.6**と**図2.7**のPCMの違いを確認せよ．ここで，0を含めないBビットの量子化は，正規化された音声$s(n)$（$|s(n)|\leq 1$）に対して，

$$\hat{s}_B(n)=\frac{s(n)}{|s(n)|}\left\lceil 2^{B-1}|s(n)|\right\rceil \quad \cdots\cdots\cdots\cdots\cdots\cdots\cdots\cdots\cdots\cdots\cdots\cdots\cdots\cdots\cdots (2.1)$$

で実行できる．ここで，「⌈・⌉」は小数点以下を切り上げる天井関数である．また，0を含める場合は天井関数の部分を四捨五入に変更すればよい．

解答

Scilabのプログラムを**リスト2.1**に，結果を**図2.8**に示す．ここで，sign(・)は各要素の符号を取り出す関数であり，ceil(・)は小数点以下を切り上げて整数化する天井関数である．また，.*は要素ごとの乗算を表す．0を含める場合は，**リスト2.2**のようにする．

0を含める場合の方が良好な波形に見えるかもしれないが，小振幅の音声変化がほとんど知覚できないため明瞭度が低い．

リスト2.1　Scilab演習2.1のプログラム

```
s = loadwave('speech.wav');
s3 = sign(s) .* ceil ( 2^2 * abs( s ) );    //整数部が PCM 信号
s3(s3==0)=1;                                //0 が存在したら1 にする
s3 = s3 / 2^2;                              //正規化
```

図 2.8　Scilab演習 2.1 の解答－図 2.6 と図 2.7 の PCM の違い

リスト 2.2　Scilab 演習 2.1 のプログラム（0 を含める場合）

```
s3 = round( s*2^2 );                // 整数部が PCM 信号
s3(s3>=3) = 2^2-1;                  // 最大値を超えないようにする
s3 = s3_0 / 2^2;                    // 正規化
```

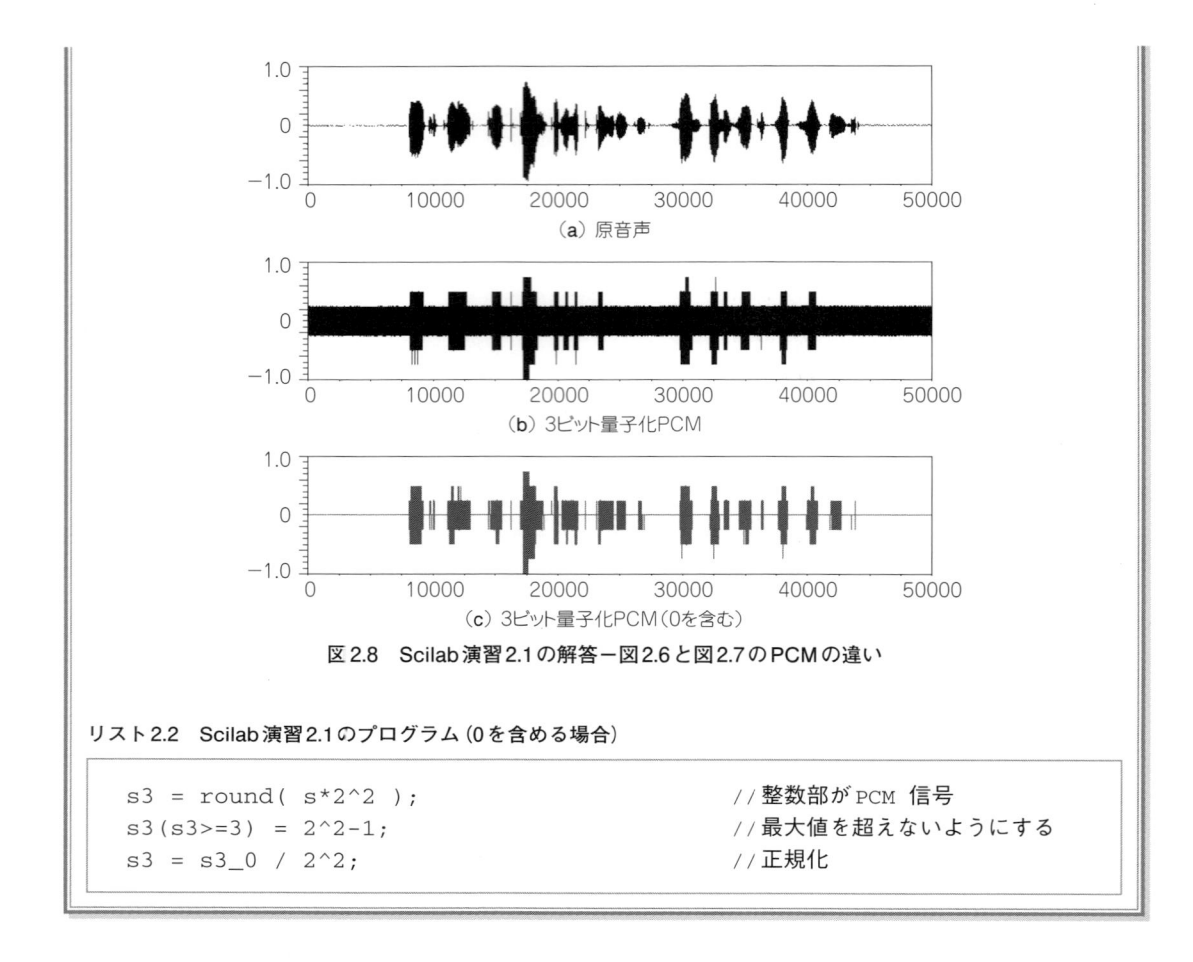

2.1.3　log-PCM

　音声には，小振幅の部分と大振幅の部分がありますが，小振幅の信号が発生する確率の方が圧倒的に高くなります．そこで，音声の小振幅部分は細かく，大振幅部分は粗く量子化すれば，少ないビット数でも音質劣化を知覚的に抑えることができます．

　このような方法として対数量子化（log-PCM：Logarithmic PCM）があります．log-PCMは主に固定電話に用いられる方式です．log-PCMでは，入力音声の振幅を対数変換し，変換後の音声に対して一様量子化を実行します．図 2.9 に音声入力と log-PCM 出力の関係を示します．

　log-PCM が音声に効果的であることをより明確にするために，音声波形の各値が何回現れたかを図 2.10 に示します．ここで，グラフの横軸は，上の音声波形の各値であり，縦軸はそれらの値の出現回数です．これは，第 1 章で説明したヒストグラム（Histogram）です．図 2.10 から，音声は 0 近辺の小振幅信号の出現回数が圧倒的に多いので，小振幅部分を詳細にとらえられる log-PCM が有効であることが分かります．

　log-PCM では，圧縮された音声を元に戻すために，圧縮と逆の手順となる復号の操作が必要です．

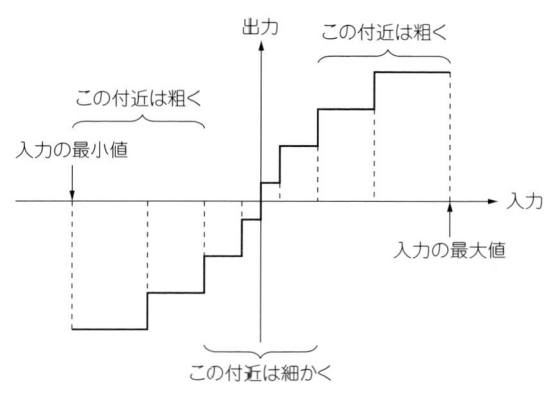

図2.9 log-PCMの入出力関係（3ビットのとき）

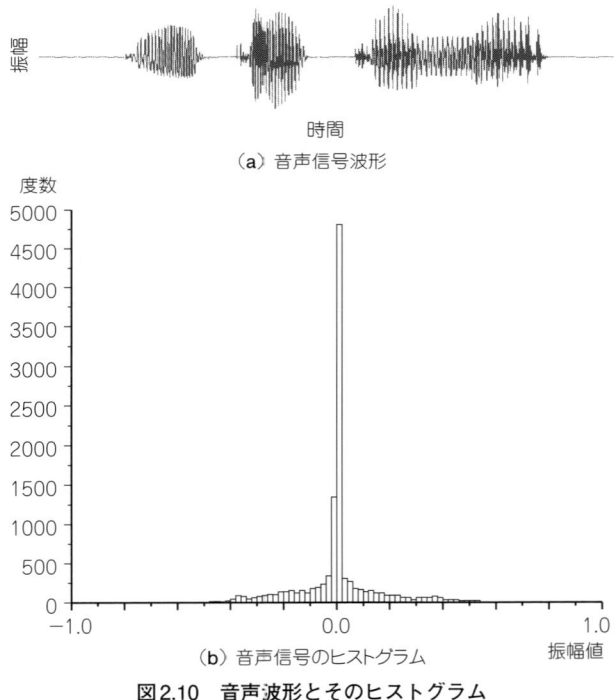

図2.10 音声波形とそのヒストグラム
(a) 音声信号波形
(b) 音声信号のヒストグラム

これを圧縮に対して伸張（Expansion）と呼ぶことがあります．ここで，log-PCMの対数特性の決め方には自由度があるので，同様に伸張の方法も各方式によって異なります．

代表的な対数特性として，A法則（A-law）とμ法則（μ-law）があります．A法則はヨーロッパを中心に電話線上で使用されています．また，μ法則は日本や米国における電話線上に広く使われています．いずれも量子化は8ビットです．それぞれの詳細を以下で説明します．

● A-law方式

A-lawによる圧縮は次式で実行されます．

$$F(s) = \begin{cases} \mathrm{sgn}(s)\dfrac{A|s|}{1+\ln A} & \left(0 \leq |s| < \dfrac{1}{A}\right) \\ \mathrm{sgn}(s)\dfrac{1+\ln A|s|}{1+\ln A} & \left(\dfrac{1}{A} \leq |s| \leq 1\right) \end{cases} \quad\quad (2.2)$$

ここで，sは$|s| \leq 1$に正規化された圧縮前の信号であり，$\mathrm{sgn}(s)$はsの符号を表します．また，定数Aはヨーロッパでは87.6あるいは87.7として設定されています．

圧縮信号を元に戻すための伸張は，圧縮の逆関数である次式が使用されます．

$$F^{-1}(y) = \begin{cases} \mathrm{sgn}(y)|y|\dfrac{1+\ln A}{A} & \left(0 < |y| \leq \dfrac{1}{1+\ln A}\right) \\ \mathrm{sgn}(y)\dfrac{\exp\{|y|(1+\ln A)-1\}}{A} & \left(\dfrac{1}{1+\ln A} \leq |y| \leq 1\right) \end{cases} \quad\quad (2.3)$$

ここでyは，$F(s)$を一様量子化した後，絶対値1以下に正規化した圧縮信号です．

● μ-law方式

μ-lawによる圧縮は次式で実行されます．

$$F(s) = \mathrm{sgn}(s)\frac{\ln(1+\mu|s|)}{\ln(1+\mu)} \quad\quad (2.4)$$

ここで，sは$|s| \leq 1$に正規化された圧縮前の信号です．また，μが大きいほど圧縮効率が高くなります．北米と日本では$\mu = 255$（8ビット）として使用しています．圧縮信号を元に戻すための伸張は，圧縮の逆関数である次式が使用されます．

$$F^{-1}(y) = \mathrm{sgn}(y)\frac{1}{\mu}\left\{(1+\mu)^{|y|}-1\right\} \quad\quad (2.5)$$

ここで，yは$|y| \leq 1$に正規化された圧縮信号です．

Scilab演習2.2

（演習プログラム：logPCM_a.sce）

問題
式(2.4)と式(2.5)で与えられるμ-lawによるlog-PCMを3ビットで実行せよ．

解答
音声信号sに対して**リスト2.3**を実行する．そして，$F(s)$を3ビットで一様量子化するとlog-PCM信号yが得られる．

リスト2.4のように，yを式(2.5)に代入すれば伸張結果が得られる．
　結果の波形を図2.11に示す．PCMよりはノイズが少ないものの，log-PCMにおいても3ビットでは音声波形の劣化は無視できない．

リスト2.3　Scilab演習2.2のプログラム（圧縮）

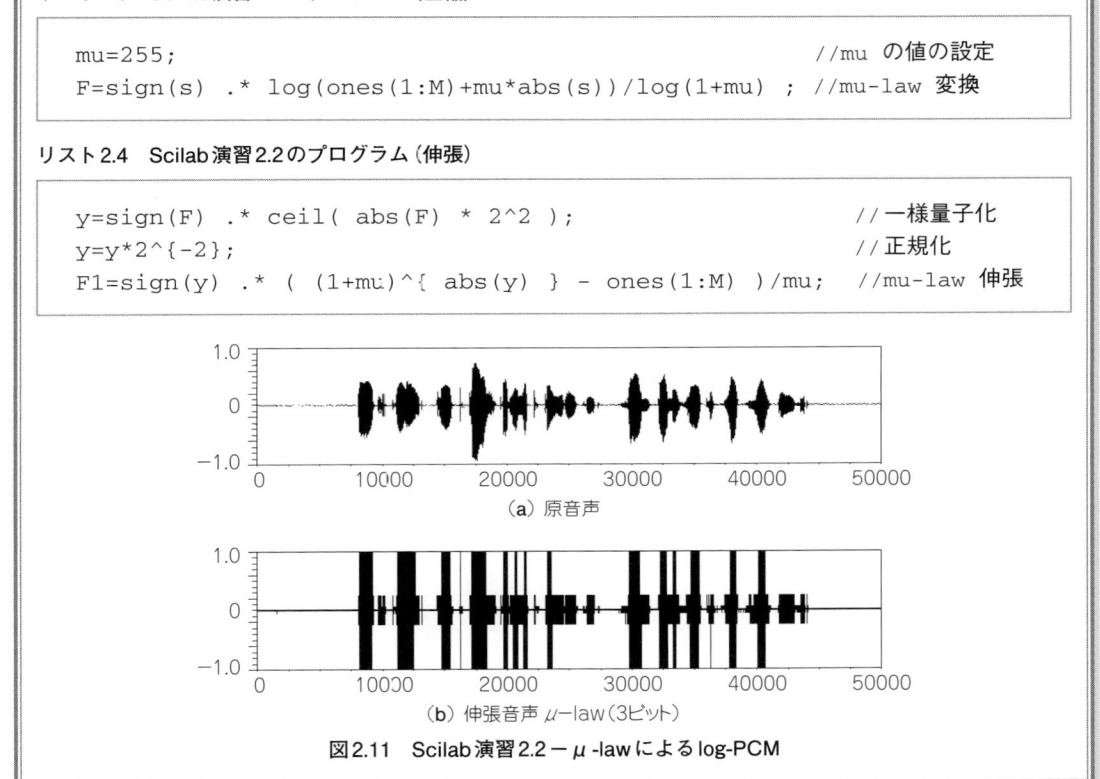

```
mu=255;                                                      //mu の値の設定
F=sign(s) .* log(ones(1:M)+mu*abs(s))/log(1+mu) ;  //mu-law 変換
```

リスト2.4　Scilab演習2.2のプログラム（伸張）

```
y=sign(F) .* ceil( abs(F) * 2^2 );                  //一様量子化
y=y*2^{-2};                                          //正規化
F1=sign(y) .* ( (1+mu)^{ abs(y) } - ones(1:M) )/mu; //mu-law 伸張
```

(a) 原音声

(b) 伸張音声 μ-law（3ビット）

図2.11　Scilab演習2.2 − μ-lawによるlog-PCM

2-2　未来の音を予測する〜 ADPCM

　圧縮効率の高いPCM方式として，ADPCMがあります．ADPCMを説明するため，まずは，DPCMという方式と適応量子化について説明します．

2.2.1　DPCM

　サンプリング周期が短い場合，音声の隣接サンプル間の変化は小さくなります．従って，隣接サンプルの差分をとれば，結果として得られる信号は，元の音声よりも信号の散らばりの程度を小さくできます．つまり，同じビット数ならば，振幅が大きく変化する元の信号よりも，差分信号を量子化する方が信号の劣化が少なくなります．

図2.12　DPCMによる量子化

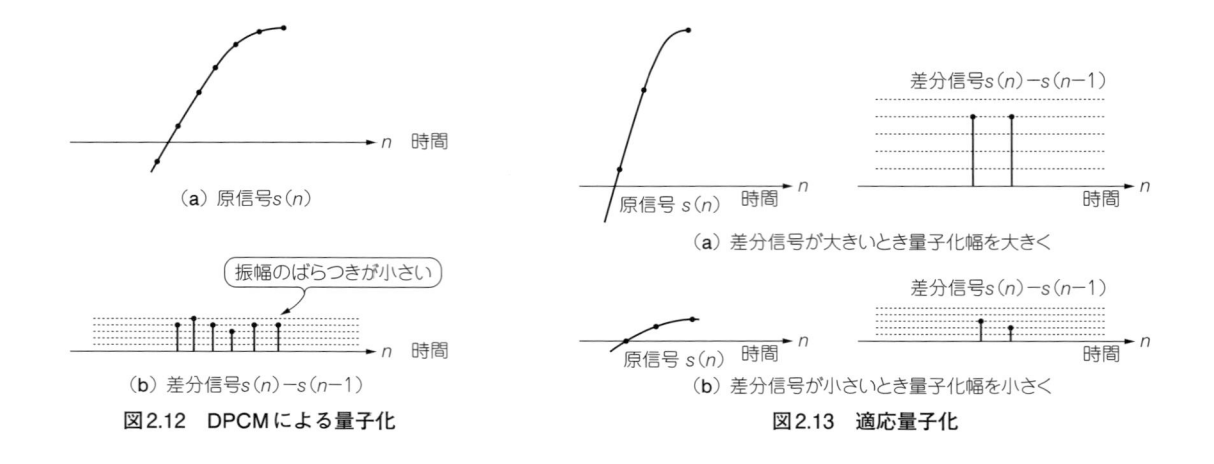

図2.13　適応量子化

このように差分信号を量子化する方法をDPCM (Differential PCM) といいます (図2.12).

2.2.2 適応量子化

音声が急激に変化する部分とゆるやかに変化する部分では，差分信号であっても両者の差が大きくなります．このような信号に対して固定の量子化幅を用いることは効率が悪くなります．

そこで，図2.13のように，信号の大きさに合わせて量子化幅を変更し，圧縮効率を改善する方法が提案されています．この方法を適応量子化 (Adaptive Quantization) といいます．

2.2.3 ADPCM

音声信号は多くの場合，過去の信号と密接に関係しているため，過去の値から現在の値をある程度予測することができます．予測値と現在の音声との差分を予測誤差 (Prediction Error) といい，DPCMのような単純な隣接サンプル間差分よりもさらに小さい分散を持ちます (図2.14).

従って，予測誤差を量子化の対象とし，さらに適応量子化を導入すれば，非常に高い圧縮効率を得ることができます．このような予測と量子化の二つの適応制御を備えた方法をADPCM (Adaptive Differential PCM；適応差分パルス変調) といいます．

ADPCMはコンピュータのwavファイルや，PHS，テレビ電話などに利用されています．ADPCMは符号化器 (エンコーダ；Encoder) と復号化器 (デコーダ；Decoder) の手順が複雑になりますが，少ないビット数でも高い音質を保持できるという特徴があります．

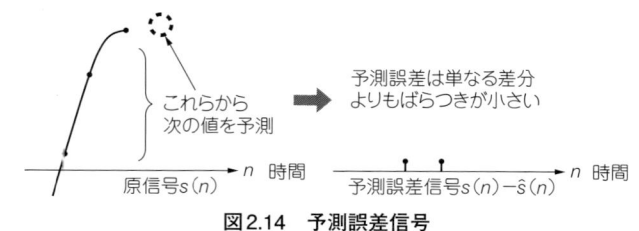

図2.14　予測誤差信号

ここでは国際電気通信連合ITU(International Telecommunication Union)で定められているG.726方式のADPCMについて，その原理を簡単に説明します．

2.2.4　ADPCMエンコーダ

G.726のADPCMエンコーダの簡略図を**図2.15**に示します．ここで，$s_l(n)$は時刻nにおける入力信号，$s_e(n)$は入力信号に対する予測値，$s_r(n)$は再合成信号，$I(n)$はADPCM信号です．また，Dは1時刻の遅延を表しています．

ADPCMにおいて，適応量子化器は，入力信号$s_l(n)$から予測信号$s_e(n)$を減算した，予測誤差を量子化します．ただし，予測信号$s_e(n)$は過去の入力信号（実際は再合成信号）を参照して作成します．量子化された予測誤差がADPCM信号$I(n)$として送信されます．

ADPCM信号生成の後処理として，逆量子化により予測誤差を復元します．そして，予測誤差と予測信号を合算することで，入力信号を再合成します．これが再合成信号$s_r(n)$となります．再合成信号$s_r(n)$を利用して，次の時刻の入力信号を予測します．予測信号$s_e(n)$は，前回の予測誤差が0に近づくように予測器の係数を更新した後に計算されます．逆量子化以降の処理は，$I(n)$だけから実行できることが特徴です．ADPCMではこの性質をそのままデコーダに生かしています．実際，破線で囲んだ部分がデコーダ側の処理に一致します．

2.2.5　ADPCMデコーダ

G.726のADPCMデコーダの簡略図を**図2.16**に示します．ADPCM信号の逆量子化以降の処理は，エンコーダと同じであることが分かります．予測器の更新結果についても，観測された予測誤差を0に近づけることを目的とするので，エンコーダと同じ更新結果が得られます．ただし，予測信号の初期値をどのように与えるかという問題は残ります．G.726では，この初期値について，ある定

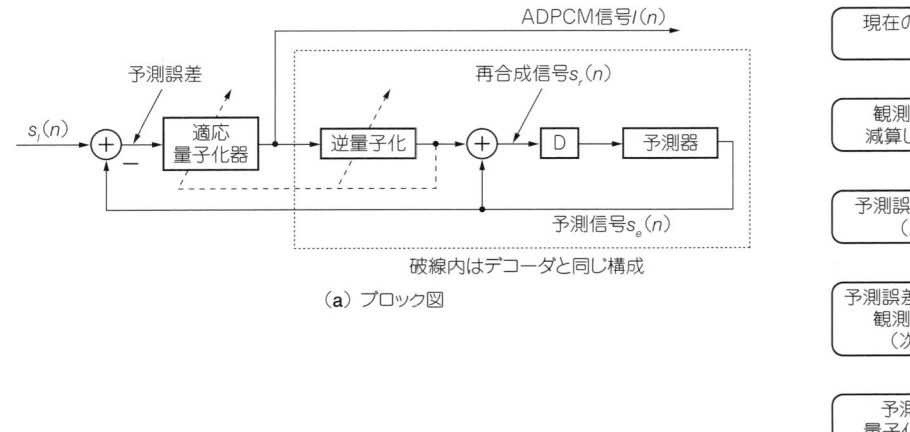

図2.15　簡略化したG.726 ADPCMのエンコーダ

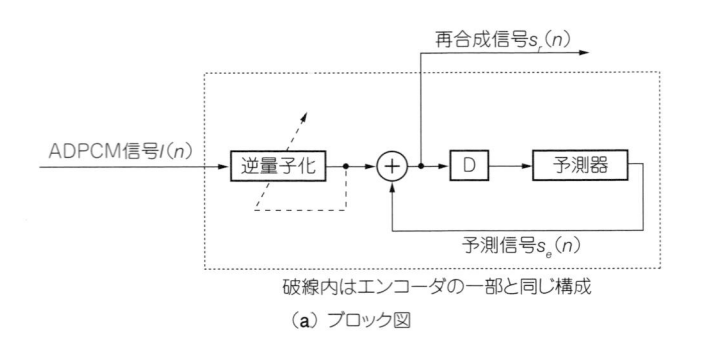

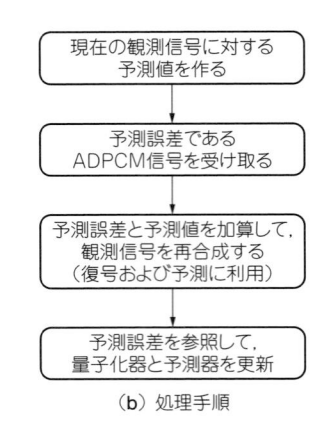

図2.16 簡略化したG.726 ADPCMのデコーダ

数を指定しています．デコーダ側の最終出力は，予測誤差と予測信号を合算した，再合成信号です．G.726 ADPCMの詳細についてはAppendix Bを参照してください．

2-3 携帯電話が人間に？〜CELP

本節では，PCMやADPCMのように，音声波形そのものを符号化する波形符号化とは異なり，観測信号から音声の発生機構を推定し，そのパラメータを符号化する分析合成方式について述べます．特に，分析合成方式の中でも，携帯電話やVoIPで用いられる，CELP[注7]（Code-Excited-Linear Prediction）と呼ばれる分析合成方式を説明します．

2.3.1 分析合成方式

音声の発声では，最初に，のどにある声帯が振動することにより，肺からの空気の流れが断続的になり，ブザーのような単調な音が生じます．これが音声の音源となります．そして，この音源が，のどから唇までの声道（Vocal Tract）を通過することで，「あ」や「い」などさまざまに特徴づけられた音声信号として発声されます．

このような声帯振動を伴う音を有声音（Voiced Speech）といいます．一方，声帯信号を伴わない「sh」などの音声を無声音（Unvoiced Speech）といいます．ここでは主に声帯振動を伴う有声音に着目して説明します．

音声の発声機構とそのモデルを図2.17に示します．実際に発声される音声は複雑な波形となりますが，その音源は比較的単純な波形としてモデル化できます．極端な例では，複雑な特性をすべて音声合成フィルタに含めるものとして，図2.17のように音源を周期的なパルスの列としてモデル化することも可能です．

注7：ITU-T（国際電気通信連合電気通信標準化部門）勧告のG.728，G.729がCELP方式を採用したものである．また，G.722.2のAMR（Adaptive Muti-Rate）方式もCELPを基礎とした方式である．

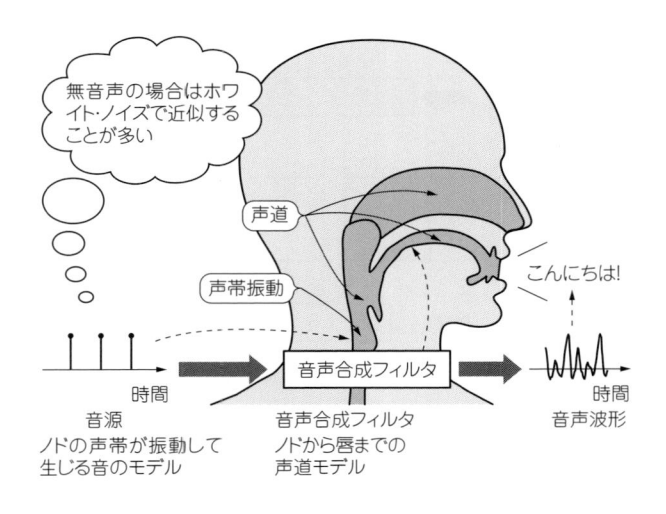

図2.17 音声の発声機構のモデル化

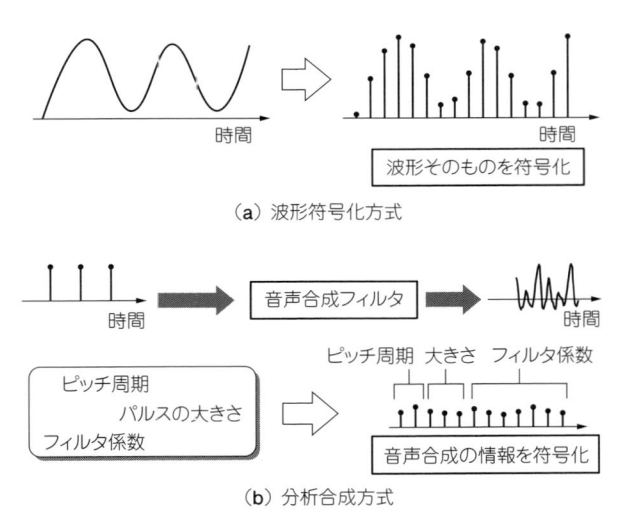

図2.18 波形符号化方式と分析合成方式の違い

　この単純なモデル化においては，音源となるパルスの間隔（ピッチ周期[注8]），パルスの振幅，音声再合成フィルタのフィルタ係数だけで音声を表現できるので，これら三つのパラメータだけを符号化して送信すればよいことになります．さらに，音声は10ms～30ms程度の短時間であれば，性質がほとんど変化しないことが知られています．よって，これらのパラメータを一定時間ごとに1回だけ送信すればよく，高い圧縮率を実現することができます．波形符号化方式と分析合成方式

注8：Pitch Period. 声帯の開閉周期に等しい．音声の基本周期（Fundamental Period）とも呼ばれる．

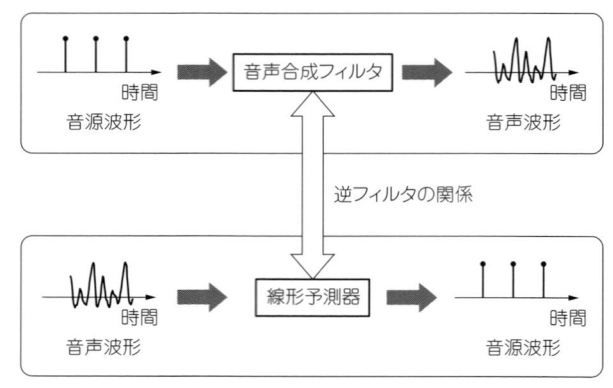

図2.19　音声合成フィルタと線形予測器との関係

の違いを図2.18に示します．

さて，分析合成方式のエンコーダ側では，これらのパラメータを実際の音声から抽出しなければなりません．一般的には，音声を通過させるとその出力が音源波形となる線形予測器[注9]（Linear Predictor）と呼ばれる適応フィルタが用いられます．線形予測器のフィルタ係数は，LPC（Linear Prediction Coding）係数と呼ばれ，音声合成フィルタを構成するために用いられます．なお，LPC係数を求めることを線形予測分析[注10]（Linear Prediction Analysis）といいます．

音源を出力する線形予測器と，音声を出力する音声合成フィルタは互いに逆フィルタの関係にあります（図2.19）．従って，LPC係数が得られれば，その逆フィルタである音声合成フィルタを構成できます．

LPC係数を h_m ($m = 1, \cdots, M$) とし，線形予測器への入力音声を $s(n)$ とすると，その出力 $w(n)$ は，

$$w(n) = s(n) + \sum_{m=1}^{M} h_m s(n-m) \quad \cdots \cdots \cdots (2.6)$$

で与えられます．ここで $w(n)$ は音声の音源に相当します．逆に，$w(n)$ を入力とする音声合成フィルタ出力 $s(n)$ は，

$$s(n) = w(n) - \sum_{m=1}^{M} h_m s(n-m) \quad \cdots \cdots \cdots (2.7)$$

として計算されます．また，線形予測器の出力は音源 $w(n)$ ですから，ピッチ周期とパルスの大きさも線形予測器の出力から求めることができます．

式(2.6)と式(2.7)に対応する線形予測器と音声合成フィルタの構成を，図2.20にそれぞれ示します．また，それらの伝達関数[注11]（Transfer Function）は，

$$H_{LP}(z) = 1 + \sum_{m=1}^{M} h_m z^{-m} \quad \cdots \cdots \cdots (2.8)$$

注9：通常，過去の入力信号の線形結合により，現在の入力信号に対する予測値を出力するフィルタを指すが，ここではその予測誤差を出力するフィルタとして線形予測器という名称を用いる．
注10：線形予測分析を行うアルゴリズムとして，レビンソン・ダービン（Levinson-Durbin）のアルゴリズムが知られている．
注11：フィルタのインパルス応答を z 変換したもの．$z = e^{j\omega}$ とおくと周波数特性が得られる．

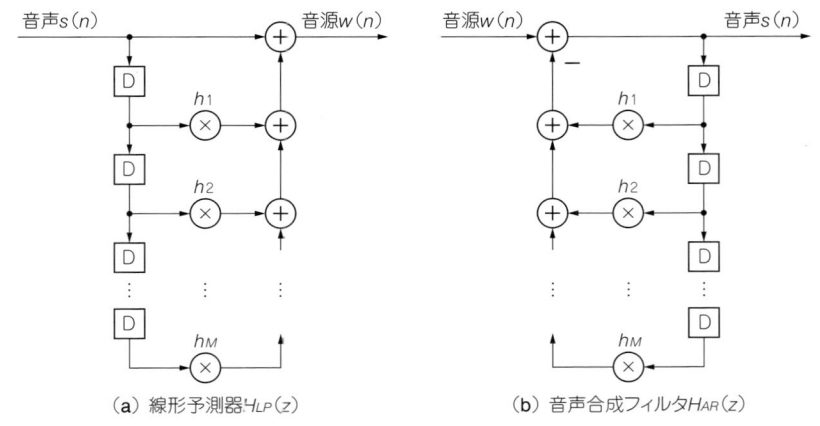

　　　　（a）線形予測器 $H_{LP}(z)$　　　　　　　　　　（b）音声合成フィルタ $H_{AR}(z)$

図2.20　線形予測器と音声合成フィルタの構成

$$H_{AR}(z) = \frac{1}{1 + \sum_{m=1}^{M} h_m z^{-m}} \quad \cdots \quad (2.9)$$

で与えられます．図2.20との対比からも分かるように，伝達関数とフィルタ構成には簡単な対応関係があり，いずれか一方から他方を導出できます．

　分析合成方式の音声圧縮では，このように音声の分析を行い，LPC係数と音源の情報（ピッチ周期，パルスの大きさなど）を符号化することで，波形符号化方式よりも高い圧縮率を実現しています．線形予測分析を用いて音声の符号化を実現するものを全般にLPCボコーダ[注12]（Linear Predictive Coding Vocoder）と呼ぶことがあります．

　LPC係数は，線形予測器 $H_{LP}(z)$ の出力である式(2.6)の2乗平均値，

$$J = E\left[w^2(n)\right]$$

を最小化することで得られます．ここで，J は，m 番目の係数 h_m に対して，下に凸な2次関数となっていますから，J を h_m で微分した値が0になるように h_m を決定します．つまり，$1 \leq m \leq M$ について，

$$\frac{\partial J}{\partial h_m} = 2\sum_{k=1}^{M} h_k E\left[s(n-k)s(n-m)\right] + 2E\left[s(n)s(n-m)\right] = 0 \quad \cdots \quad (2.10)$$

で与えられる連立方程式を解くことで，LPC係数が得られます．音声の自己相関関数，

$$r(m) = E\left[s(n)s(n-m)\right]$$

を定義すると，レビンソン・ダービンのアルゴリズム[21]からLPC係数を求めることができます．このアルゴリズムは `lev` 関数としてScilabに標準搭載されています．

注12：「ボコーダ」は，音声符号器，つまりボイス・コーダ（Voice Coder）の略語．

Scilab演習2.3

（演習ファイル名：LPC.sce）

問題

レビンソン・ダービンのアルゴリズムを用いて音声$s(n)$に対するLPC分析・合成を実行せよ．ただし，lev関数の引き数として，以下の自己相関関数が必要となる．

$$r(j) = \sum_{n=0}^{L-1} s(n)s(n+j) \quad\quad\quad\quad\quad\quad\quad\quad\quad\quad\quad\quad (2.11)$$
$$(j = 0, \cdots, M-1)$$

ここで，Lは平均をとるためのサンプル数，Mは自己相関の数である．

解答

まず，式(2.11)の自己相関関数$r(j)$ $(0 \leq j \leq M-1)$を計算する．ここでは，$L=128$，$M=14$と設定する．自己相関$r(j)$が計算された状態で，

```
[ar,sigma2]=lev(r);//arはLPC係数，sigma2はゲイン係数
```

のコマンドを実行すると線形予測分析が行われ，13個（最初のLPC係数は常に1）のLPC係数がベクトルarに格納される．また，sigma2には信号のパワーが格納されている．さらに自己相関関数のピーク位置からパルスの間隔を決定した．

式(2.7)に基づいて合成された音声波形を図2.21に示す．すべて声帯振動を伴う有声音として合成しているため，音声の自然性は損なわれているものの，人間が認識できる程度の性質は保持されていることが分かる．

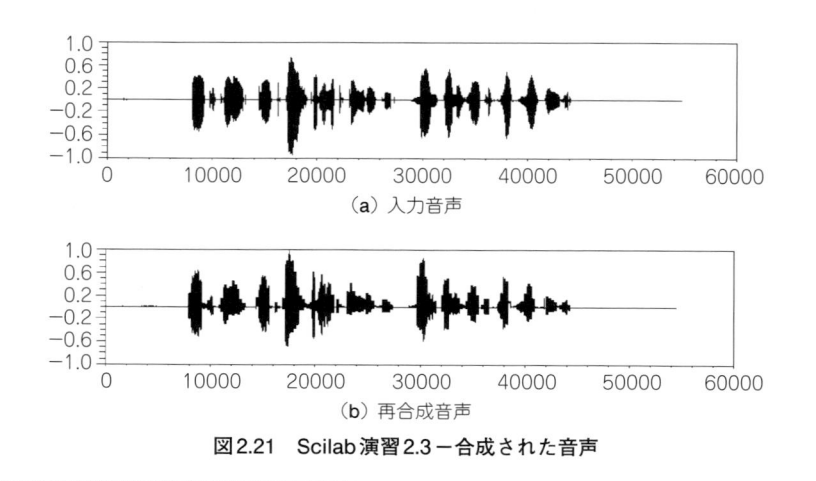

図2.21　Scilab演習2.3－合成された音声

2.3.2 CELP方式

携帯電話やVoIPで用いられる音声圧縮方式の多くは，CELP[注13] (Code-Excited-Linear Prediction)と呼ばれる分析合成方式に基づいています．ここでは標準符号化方式の一つとしてITU-Tが勧告しているG.729のCS-ACELP (Coding of Speech at 8kbit/s using Conjugate-Structure Algebraic-CELP)方式の概要について説明します．

CS-ACELP方式では，個人差のある声をできるだけ忠実に合成するため，前節で用いたような単純なパルス音源ではなく，データベースとして用意した複数の固定音源と，過去に用いた音源を適応的に変化させる適応音源の二つを組み合わせて音源を作成しています．また，音声の分析合成を10msの短時間フレームごとに実行することで，より忠実度を高めています．図2.22に，CS-ACELPで採用している音声合成部，すなわちデコーダの概略を示します．

ここで，固定音源と適応音源に，それぞれ個別にゲインを乗じて音源の振幅を調整しています．よって，デコーダを動作させるために，音声合成フィルタ用LPC係数，ピッチ周期，固定音源，ゲインの四つの情報が必要です．エンコーダでは，この四つの情報を入力音声から抽出して符号化します．

CS-ACELPのエンコーダは図2.23に示すような流れで実行されます．最初に線形予測分析を行いLPC係数を得ます．そして，LPC係数を，LPC係数よりも粗い量子化に対して頑健なLSP[注14] (Line Spectral Pairs)と呼ばれる量に変換します．LPC係数とLSPは1対1対応しています．

CS-ACELPでは，LSPを18ビットで表現します．次に，音声の自己相関関数を利用してピッチ周期を推定します．得られたピッチ周期を14ビットで表現します．さらにピッチ周期と過去の入力音源から適応音源を作成し，その振幅調整用のゲイン1を計算します．

ここまでで，音声再合成フィルタと適応音源が得られました．さらに原音声との近似誤差を小さくするため，音源をもう一つ用います．この音源はデータベースにあらかじめ用意されたものから選択するので，固定音源と呼ばれます．原音声と再合成音声との誤差が最小になるように選択され

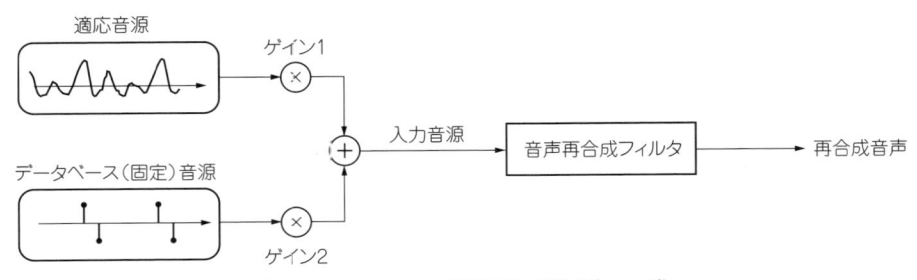

図2.22　CS-ACELPの音声合成部（デコーダ）

注13：ITU-T（国際電気通信連合電気通信標準化部門）勧告のG.728，G.729がCELP方式を採用したものである．また，G.722.2のAMR (Adaptive Muti-Rate)方式もCELPを基礎とした方式である．

注14：線スペクトル対．音声スペクトルの形状を表すパラメータの一つ．比較的粗い量子化に対してLPC係数よりもひずみを抑えることができる．

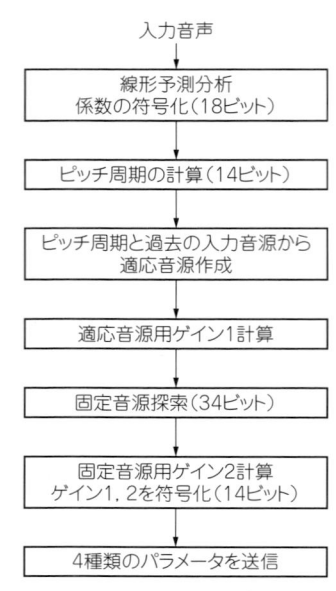

```
                入力音声
                  ↓
        ┌─────────────────────┐
        │   線形予測分析       │
        │  係数の符号化(18ビット)│
        └─────────────────────┘
                  ↓
        ┌─────────────────────┐
        │ ピッチ周期の計算(14ビット)│
        └─────────────────────┘
                  ↓
        ┌─────────────────────┐
        │ ピッチ周期と過去の入力音源から│
        │    適応音源作成      │
        └─────────────────────┘
                  ↓
        ┌─────────────────────┐
        │  適応音源用ゲイン1計算 │
        └─────────────────────┘
                  ↓
        ┌─────────────────────┐
        │  固定音源探索(34ビット)│
        └─────────────────────┘
                  ↓
        ┌─────────────────────┐
        │  固定音源用ゲイン2計算 │
        │ ゲイン1,2を符号化(14ビット)│
        └─────────────────────┘
                  ↓
        ┌─────────────────────┐
        │ 4種類のパラメータを送信│
        └─────────────────────┘
```

図2.23　CS-ACELPの音声分析部（エンコーダ）の概要

た固定音源のインデックスを34ビットで表現します．最後に，固定音源の振幅調整用のゲイン2を計算し，ゲイン1と合わせて量子化し，14ビットで表現します．結果として，LSP，ピッチ周期，固定音源，ゲインをすべて合わせて80ビットとなります．

CS-ACELPでは，これを音声が定常とみなせる10msごとに送信します．従って，全体のビット・レート[注15]（Bit Rate）は8kbpsと非常に小さくなります．

エンコーダとデコーダの詳細は煩雑になるため，本書では省略します．G.729のドキュメントはITU-TのWebページ（http://www.itu.int/rec/T-REC-G.729/e）から自由に閲覧できるので，興味ある方は，読んでみられることをお勧めします．

2-4　小さいけれども高音質！〜音楽音響圧縮技術MP3

近年，携帯ディジタル・オーディオ・プレーヤの普及に伴い，オーディオ信号である音響メディアを手軽に楽しむことが可能になってきています．44.1kHzのサンプリング・レートで1サンプル16ビットの2チャネルの音響メディアの場合，1秒間で1.41Mbps（176kバイト/s）となります．従って，4分間の音響メディアの場合，40Mバイト程度となります．そこで携帯オーディオ・プレーヤでは，音響メディア信号を直接格納しているわけでなく，信号を圧縮して格納しています．そのため，限られた容量に数千曲から数万曲もの音楽を格納することが可能です．

注15：データの転送率を表す指標．1秒間に何ビット送信するかを表したもの．

本節では，音響メディア信号の圧縮について焦点を当てます．音響メディア信号の圧縮では，波形の予測だけでなく，人間の聴覚特性を用いることで，効率的に情報量を削減しています．そこで，最初に聴覚特性を実感してもらうために，知覚特性を用いた圧縮手法について説明します．その後，MP3を代表とする音響メディアの圧縮で用いられている圧縮規格であるMPEG Audioについて説明します．

2.4.1 人の知覚特性を用いた音響圧縮

音響メディア信号の圧縮でも音声信号の周波数的な特徴を利用して圧縮を行いますが，人間の聴覚特性に合わせて情報量の制御を行うことで，より効率的な圧縮が可能です．

人間の聴覚は，音圧レベルと知覚する音の大きさは，線形な関係ではありません．また，周波数によっても異なる音の大きさとして知覚されます．特に人は，図2.24に示すように知覚可能な最小レベルである絶対可聴しきい値(Absolute Threshold)が存在します．このような聴覚の性質より，絶対可聴しきい値以下のレベルの信号は，削除しても問題ありません．

また，ある時間やある周波数の大きな音が存在すると，その近く(時間や周波数)にある音が知覚できなくなるような効果があります．これをマスキング効果といいます．図2.25に示すように，大きな音に近い周波数の音や，大きな音が出力された直前や直後に小さい音があるとこの小さい音は知覚されにくい性質があります．MP3などの音響圧縮では，このような知覚できない音響信号を破棄することで，情報量の削減を行っています．

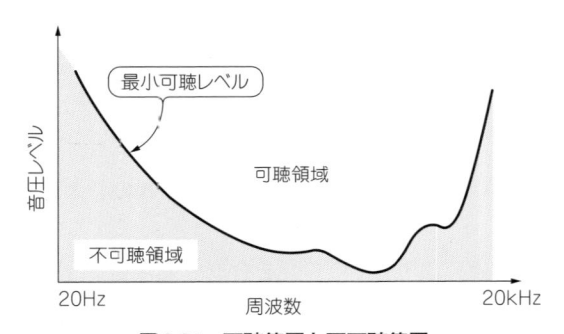

図2.24 可聴範囲と不可聴範囲

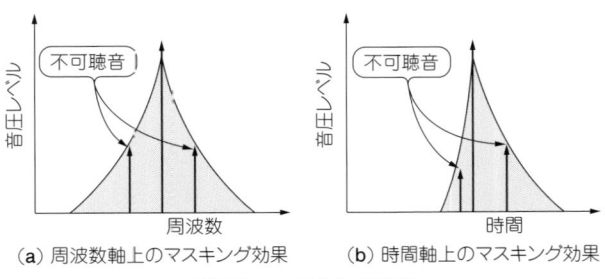

(a) 周波数軸上のマスキング効果 　　(b) 時間軸上のマスキング効果

図2.25 マスキング効果

これらのビットの割り当てなどについては，圧縮手法の実装にまかされているため，それぞれの圧縮ソフトウェアや圧縮装置によって同じ圧縮率でも異なる音となります．

Scilab演習2.4

（演習プログラム：Sound_1k10k）

問題
1kHzと10kHzの周波数を持ち，同振幅（1/2）の音を作成し，それぞれの音を聞き比べ，音の大きさが知覚的に異なることを確認せよ．

解答
プログラム内のFcを変化させて聞き比べることにより，10kHzの音の大きさより，1kHzの音の大きさのほうが大きく聞こえることが確認される．

Scilab演習2.5

（演習プログラム：Masking）

問題1
以下の三つの音を作成せよ．
(a) 1000Hzの周波数を持つ振幅1/2の信号
(b) 1001Hzの周波数を持つ振幅1/200の信号
(c) 2000Hzの周波数を持つ振幅1/200の信号

問題2
(a)，(b)，(c) それぞれの音を聞き比べよ．

問題3
(a)＋(b)，(a)＋(c) のように二つの音を混合し，それぞれの音と聞き比べよ．

解答
音を作成し，聞き比べることにより，二つの音を合成した場合，(a)＋(b) では一つの音に，(a)＋(c) では二つの音に聞こえることが確認される．

2.4.2 MPEG Audioの概要

MP3を代表とするMPEG Audio（Moving Picture Expert Group Audio）における音声圧縮手法について説明します．

MPEG Audioは，マルチメディアの国際標準であるMPEG-1，MPEG-2，MPEG-4それぞれにおいて規定されています[注16]．

注16：それぞれの動画像圧縮に関する規格については後述する

MPEG-1 Audioは，国際標準化機構（International Organization for Standardization：ISO），国際電気標準会議（International Electrotechnical Commmission：IEC）において，ISO/IEC 11172-3,「Information technology-Coding of moving pictures and associated audio for digital strage media at upto about1.5Mbit/s-Part3:Audio」という名称で標準化されています[24]．

一方，日本においても，日本工業標準調査会（Japanese Industrial Standards Committee：JISC）によって制定されている日本工業規格（Japanese Industrial Standards：JIS）においてJIS X 4323-1996「ディジタル記録媒体のための動画信号および付随する音響信号の1.5Mbit/s符号化-第3部音響」という名称でJIS規格化されています[25]．

MPEG-1 Audioは，使用する技術により，**表2.2**に示すように，MPEG-1 AudioレイヤⅠ～レイヤⅢが定義されています．このうち，MPEG-1 AudioレイヤⅢは，現在，MP3として広く用いられています．

MPEG Audioでは，**図2.26**で示すような構成で符号化されます．入力された音声信号は，周波数において必要なデータ量の制御を行うため，写像により周波数帯域を分割します．ここで，帯域分割には，ポリフェーズ・フィルタ・バンク（Polyphase Filter Bank）やMDCT（Modified DCT；修正離散コサイン変換）を用います．その後,聴覚心理モデル（Psychoacoustic Model）に基づくビット割り当てに従い量子化（Quantization）および符号化を行います．フレーム生成では，ヘッダなどの付加情報（アンシラリ・データ）を付けることによりMPEG Audioのビット列を生成します．

表2.2　MPEG-1 Audioのレイヤによる違い

レイヤ	Layer Ⅰ	Layer Ⅱ	Layer Ⅲ
符号化単位	ブロックごと	ブロックごと	ブロックごと
フィルタ・バンク	32バンドのポリフェーズ・フィルタ・バンク	32バンドのポリフェーズ・フィルタ・バンク	32バンドのポリフェーズ・フィルタ・バンク
サンプル化	スケール・ファクタとビット割り当てをした後，可変精度で符号化	スケール・ファクタとビット割り当てをした後，可変精度で符号化	スケール・ファクタとビット割り当てをした後，可変精度で符号化
1ブロックの長さ	384	1152	1152
1ブロックの中身	1セグメント	3セグメント	2グラニュール※
1セグメントの中身	32サブバンド×12サンプル	32サブバンド×12サンプル	32サブバンド×18個のMDCT係数

※グラニュール：32サブバンド×18個のMDCT係数＝576サンプルの集まり．

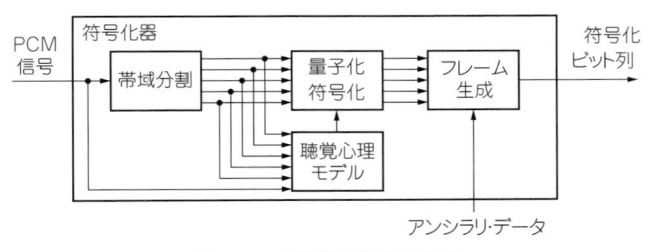

図2.26　音響符号化器の構成

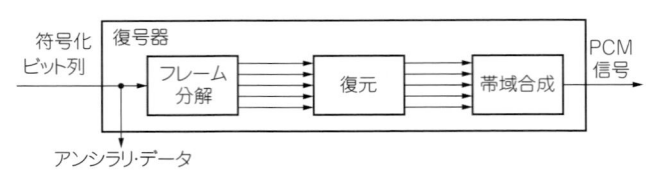

図2.27　音響復号器の構成

一方復号側では，図2.27に示すように，データのフレームより必要な符号を取り出し，逆量子化などの復元処理を施し，IMDCTやポリフェーズ・フィルタ・バンクを用いて帯域を合成することにより，最終的な音響データを取り出します．

以下では，主な処理についてMPEG-1 AudioレイヤIを基に説明します．

2.4.3　フィルタ・バンクを用いた帯域分割と帯域合成

MPEG AudioレイヤI, IIでは，図2.28に示すように，音声信号を時間的に切り出し，それらを周波数に分割して解析します．分割する帯域数は32としています．帯域分割は，ポリフェーズ・フィルタを用いたフィルタ・バンクで行われます．

入力信号を $V = V_i$, $i = 0, 1, \cdots, 63$, 出力のサブバンドの信号を $S = S_k$, $k = 0, 1, \cdots, 31$ とすると帯域分割側のフィルタ・バンクの入出力や帯域合成側の入出力は以下のように表されます．

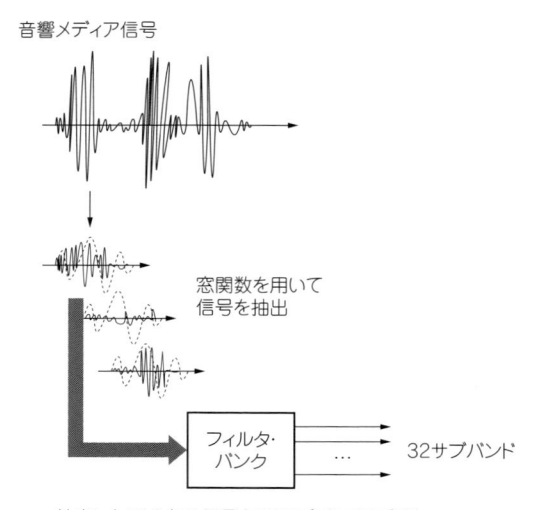

図2.28　フィルタ・バンクを用いた帯域分割

帯域分割における分析側のポリフェーズ・フィルタ

$$S_i = \sum_{k=0}^{31} M_{i,k} V_k \quad \cdots\cdots\cdots\cdots\cdots\cdots\cdots\cdots\cdots\cdots\cdots\cdots\cdots\cdots\cdots\cdots\cdots (2.12)$$

$$M_{i,k} = \cos\left\{(2i+1)(k-16)\frac{\pi}{64}\right\} \quad \cdots\cdots\cdots\cdots\cdots\cdots\cdots\cdots\cdots (2.13)$$
$(i = 0,\ 1,\ \cdots,\ 31)$
$(k = 0,\ 1,\ \cdots,\ 63)$

帯域合成における合成側のポリフェーズ・フィルタ

$$V_i = \sum_{k=0}^{31} N_{i,k} S_k \quad \cdots\cdots\cdots\cdots\cdots\cdots\cdots\cdots\cdots\cdots\cdots\cdots\cdots\cdots\cdots\cdots\cdots (2.14)$$

$$N_{i,k} = \cos\left\{(16+i)(2k+1)\frac{\pi}{64}\right\} \quad \cdots\cdots\cdots\cdots\cdots\cdots\cdots\cdots\cdots (2.15)$$
$(i = 0,\ 1,\ \cdots,\ 63)$
$(k = 0,\ 1,\ \cdots,\ 31)$

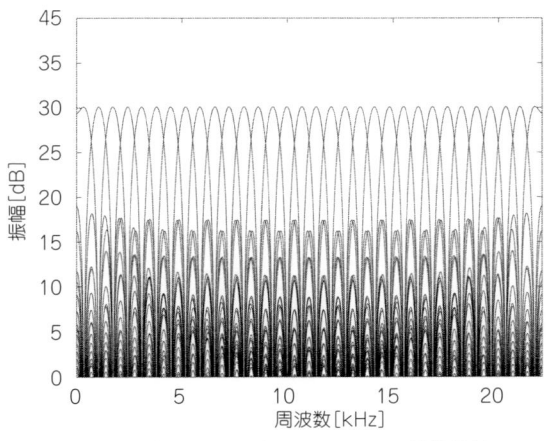

帯域分割における分析側のポリフェーズ・フィルタの周波数特性を図2.29に示します．一つ一つが分析側のポリフェーズ・フィルタそれぞれの周波数特性を示しています．この図より帯域が全体にわたって32に分割されていることが確認できます．

合成側のフィルタ・バンクを含むMPEG-1 AudioレイヤIでの帯域合成全体の処理を図2.30に示

図2.29 ポリフェーズ・フィルタの周波数特性

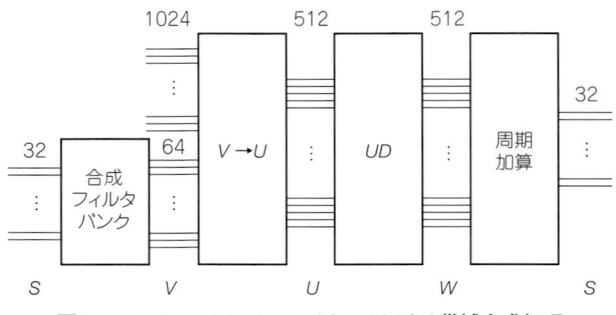

図2.30 MPEG-1 AudioレイヤIにおける帯域合成処理

します．これらは，以下のような処理で行われます．最終段で32点を1周期とした16周期分のデータでの平均化を行うために途中のデータ点数を大きくしています．
- 合成側のフィルタ・バンク処理
- Vを64個シフトし，空いたところにフィルタ・バンク処理した信号を格納
- 1024の信号から512点を抽出する．抽出はVの0～31, 96～127をUの0～64に格納する．この処理を8回繰り返すことで512点のUを作成している．
- Uに対して窓関数D_iを掛ける．窓掛けを行うための窓係数は，国際標準を参照のこと．
- 窓関数を掛けられた後の信号Wの信号0～31を1周期とみなし，16周期分の加算平均を行う．

これらの処理により，最終的に32点の入力信号から32点の出力信号を作成しています．

Scilab演習2.6

問題
帯域分割における分析側のポリフェーズ・フィルタの周波数特性を求めよ．

解答
図2.29を参照．

2.4.4 聴覚心理モデルを用いたビット割り当て

MPEG AudioレイヤI，レイヤIIで利用される聴覚心理モデル1を基に聴覚心理モデルの演算手法を説明します．この聴覚心理モデルは，レイヤIIIでも適用可能です．

レイヤIでは，384標本値ごとに，レイヤIIでは，1152標本値ごとにビット割り当てを行います．MPEG AudioレイヤI，レイヤIIでは，32分割の帯域分割するため，それぞれの帯域に対して信号対マスク比を基にビットを割り当てます．そのため，各帯域に対して最小のマスキング値を決定する必要があります．マスキングの決定や信号対マスク比の計算は，以下の手順により実行されます．
① FFTによる周波数変換

② 各帯域における音圧レベルの決定
③ 最小可聴値の決定
④ 音響信号の純音と非純音の抽出
⑤ 必要なマスキングの決定
⑥ 個別のマスキングのしきい値の計算
⑦ 全体のマスキングのしきい値の計算
⑧ 個々の帯域の最小マスキングのしきい値の決定
⑨ 信号対マスク比の決定

①手順1：FFTによる周波数変換

ハン窓関数を掛けた入力信号に対してFFTを行います．レイヤIでは512点，レイヤIIでは1024点のFFTを行います．サブバンド分割とFFT分割との遅延差を考慮して，サブバンド・フィルタの遅延（256点）に合わせて，256点の窓のシフトを行います．また，出力のタイミングを合わせるために，レイヤIでは64点，レイヤIIでは−64点の窓シフトを行います．

ハン窓フィルタとして以下のインパルス応答のフィルタを利用します．

ハン窓関数のインパルス応答

$$h(i) = \sqrt{8/3} \times 0.5 \times \{1 - \cos(2\pi i / N)\} \quad \cdots \cdots (2.16)$$

---

②手順2：各帯域における音圧レベル $L_{sb}(n)$ の決定

帯域 n における音圧レベル $L_{sb}(n)$ は以下の式で決定されます．

各帯域における音圧レベル

$$L_{sb}(n) = \mathrm{MAX}\{X(k), 20\log_{10}(scf_{max}(n) \times 32768) - 10\}[\mathrm{dB}] \quad \cdots \cdots (2.17)$$

$X(n)$ は帯域 n における周波数成分
MAX$\{a, b\}$ は，a, b のうち大きい値をとることを示す．

ここで，$scf_{max}(\cdot)$ は，レイヤIでは倍率を，レイヤIIでは1フレーム内の三つの倍率の最大値を示します．−10の項は，ピーク値とRMS値の差の補正を意味します．

③手順3：最小可聴値の決定

最小可聴値を決定します．最小可聴値はレイヤごとサンプリング周波数ごとに規定されています．ビット・レートによって補正を行います．補正量は，ビット・レートが96kbps以上の場合は−12dB，96kbps未満の場合は0dBとします．最小可聴値の例を図2.31に示します．

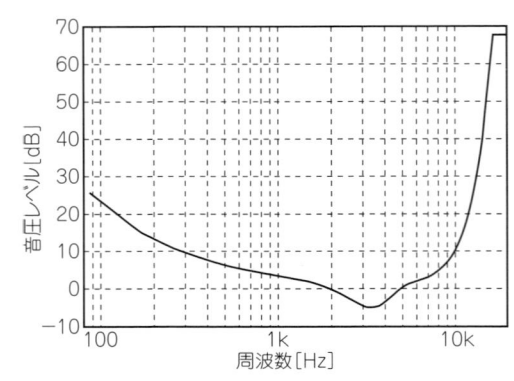

図2.31　サンプリング周波数44.1kHzの際の最小可聴値（レイヤIの場合）

④手順４：音響信号の純音と非純音の抽出

　一定の周波数，音の大きさを持つ音は，人に知覚されやすいものです．このような音を純音といい，このような音かそれともほかの周波数も持っている音なのかを分けてマスク処理を行います．

　純音成分は，音圧の極大値を求め，その極大値と周りの周波数の音圧差が大きいものを純音成分とします．また，非純音成分は，純音成分以外のスペクトルから求めます．具体的な手順は以下のようになります．

（a）極大値の決定

　スペクトルを $X(k)$ とすると，$X(k) > X(k-1)$ かつ $X(k) \geq X(k+1)$ となる $X(k)$ を極大値とします．

（b）純音の決定と音圧の計算

　以下の式が成立する場合，$X(k)$ がほかの帯域よりも大きな音になるので，1音が強調されている純音成分と考えます．

$$X(k) - X(k+j) \geq 7\,[\text{dB}]$$

ここで，j は，レイヤI，レイヤIIでは，帯域によって以下の値を用います．

- レイヤI

$j = -2, +2$　　　　　　　$(2 < k < 63)$
$j = -3, -2, +2, +3$　　　$(63 \leq k < 127)$
$j = -6, \cdots, -2, +2, \cdots, +6$　$(127 \leq k \leq 250)$

- レイヤII

$j = -2, +2$　　　　　　　$(2 < k < 63)$
$j = -3, -2, +2, +3$　　　$(63 \leq k < 127)$
$j = -6, \cdots, -2, +2, \cdots, +6$　$(127 \leq k < 255)$
$j = -12, \cdots, -2, +2, \cdots, +12$　$(256 \leq k \leq 500)$

また，音圧 $X_{tm}(k)\,[\text{dB}]$ は以下の式で計算されます．

$$X_{tm}(k) = 10\log_{10}\left\{10^{\frac{X(k-1)}{10}} + 10^{\frac{X(k)}{10}} + 10^{\frac{X(k+1)}{10}}\right\} \text{[dB]}$$

(c) 非純音の決定と音圧の計算

非純音は純音成分を除いた残りのスペクトルより計算します．残りのスペクトルよりスペクトルの電力を用いて非純音の電力 $X_{nm}(k)$ を計算します．

⑤手順5：必要なマスキングの決定

マスキングの数を減らすために，必要なマスキングを決定します．純音成分 $X_{tm}(k)$ と非純音成分 $X_{nm}(k)$ に対して，最小可聴値よりも大きい場合，マスキングの計算の候補とします．ただし，近い周波数に成分に純音成分が二つ以上ある場合，電力の最大のものを残します．

⑥手順6：個別のマスキングのしきい値の計算

j 番目の周波数マスキングの i 番目の周波数への影響 $LT_{tm}(z(j), z(i))$ と $LT_{nm}(z(j), z(i))$ を計算します．$z(i)$ は i 番目の周波数の臨界帯域尺度を示します．これは，聴覚の周波数分解能に対応した指標であり，それぞれの周波数において定義されている値です．

$$LT_{tm}(z(j),z(i)) = X_{tm}(z(j)) + av_{tm}(z(j)) + vf(z(j),z(i))$$
$$LT_{nm}(z(j),z(i)) = X_{nm}(z(j)) + av_{nm}(z(j)) + vf(z(j),z(i))$$

ここで，$av_{tm}(z(j))$，$av_{nm}(z(j))$ は以下の式で与えられます．

$$av_{tm}(z(j)) = -1.524 - 0.275 \times z(j) - 4.5 \text{ [dB]}$$
$$av_{nm}(z(j)) = -1.524 - 0.175 \times z(j) - 0.5 \text{ [dB]}$$

また，$vf(z(j), z(i))$ は，$d_z = z(i) - z(j)$ とした場合，以下の式で与えられます．

$$\begin{aligned}
vf(z(j),z(i)) &= 1\ (dz+1)\ (0.4X(z(j))+6) & (-3 \leq dz < -1) \\
vf(z(j),z(i)) &= (0.4X(z(j))+6)dz & (-1 \leq dz < 0) \\
vf(z(j),z(i)) &= -17dz & (0 \leq dz < 1) \\
vf(z(j),z(i)) &= -(dz-1)(17-0.15X(z(j))-176) & (1 \leq dz < 8)
\end{aligned} \quad \cdots\cdots (2.18)$$

⑦手順7：全体のマスキングのしきい値の計算

それぞれのマスキングのしきい値から，i 番目の周波数のマスキングを計算します．

$$LT_g(i) = 10\log_{10}\left\{10^{\frac{LT_g(i)}{10}} + \sum_{j=1}^{m} 10^{\frac{LT_{tm}(z(j),z(i))}{10}} + \sum_{j=1}^{m} 10^{\frac{LT_{nm}(z(j),z(i))}{10}}\right\}$$

⑧手順8：個々の帯域内の最小マスキングのしきい値の決定

サブバンド分割した各帯域に対応する聴覚心理モデルで計算している周波数でのマスキングはい

くつか存在するため，そのうち，最小のエネルギーのマスキングを決定し，各帯域のマスキングとします．

$$LT_{\min}(n) = \min\left(LT_g(i)\right)$$

⑨（手順9）信号対マスク比の決定

最終的に信号対マスク比は次の式で決定されます．

$$SMR(n) = L_{sb}(n) - LT_{\min}(n) \ [\text{dB}]$$

各帯域に割り当てられるビットを計算する前に，設定されたビット・レートより，ヘッダ，CRCなど必要なビット数を計算し，残りのビットを割り当てます．割り当てには，先に計算したSMRから，マスク対ノイズ比$MNR = SNR - SMR$を計算し，これに基づきビットを与えます．

各帯域のビット数の初期値を0とし，MNRを計算しつつ適切なビット・レートになるようビットを繰り返し当てます．このように繰り返して処理することで，適正なビット割り当てを行います．ここでSNRは，量子化のステップ数に合わせて表2.3の値を用います．

2.4.5　量子化

量子化は，聴覚心理モデルによる各帯域のビット割り当てにより決定されたビット数を用いて，演算されます．聴覚心理モデルを用いる際には，入力信号にFFTを施し，周波数スペクトルにして，

表2.3　MPEG AudioレイヤIでの量子化ステップ数とSNR

量子化ステップ数	SNR [dB]
0	0.00
3	7.00
7	16.00
15	25.28
31	31.59
63	37.75
127	43.84
255	49.89
511	55.93
1023	61.96
2047	67.98
4097	74.01
8191	80.03
16383	86.05
32767	92.01

解析を行います．このように，周波数スペクトルを用いてビット割り当てを行うことによりより精度のよい圧縮を行っています．

S'''を量子化が施されている係数，nbを割り当てられたビット数とする，MPEG-1 AudioレイヤIの逆量子化の式は以下のように示されます．

逆量子化（レイヤI）

$$S'' = \frac{2^{nb}}{2^{nb}-1}\left(S''' + 2^{-nb+1}\right) \quad \cdots\cdots\cdots\cdots\cdots\cdots\cdots\cdots\cdots\cdots\cdots\cdots\cdots\cdots (2.19)$$

ここで，S'''は量子化が施されている係数，S''は逆量子化後の係数，nbは割り当てられたビット数を示します．

また，逆倍率変換用の係数が設定されている場合は，その係数$factor$を用いて，以下の計算を行うことで，逆倍率変換値S'を得ることができます．

逆倍率変換

$$S' = factor \times S'' \quad \cdots\cdots\cdots\cdots\cdots\cdots\cdots\cdots\cdots\cdots\cdots\cdots\cdots\cdots\cdots\cdots\cdots\cdots\cdots\cdots (2.20)$$

ここで，S'は逆倍率変換値，S''は逆量子化後の係数，$factor$は逆倍率を示します．

2.4.6　ビット列構成

MPEG Audioでは，図2.32に示すような構成のビット列で構成されています．ヘッダ，CRC，パリティ，ビット割当数，倍率，符号データで構成されています．

ヘッダには，ビット・レートやサンプリング周波数などの必要な情報を格納します．また，ヘッダでCRC誤りチェックが行われるフラグが立っていると，CRC用のパリティが格納されます．ビット・レートは，32kbps〜448kbps（レイヤI），384kbps（レイヤII），320kbps（レイヤIII）のそれぞれ15パターンをIDとして規定しています．ただし，レイヤIまたはIIは可変ビット・レートに対応していません．レイヤIIIでは，ビット・レートIDを変更することで可変ビット・レートに対応しています．

| ヘッダ | CRC | オーディオ・データ | 付加情報 |

| ビット数 | 倍数 | 符号データ |

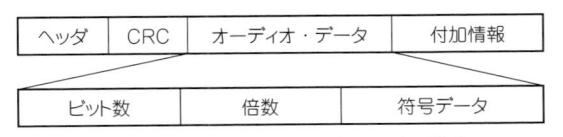

図2.32　MPEG Audioのビット列の構成

ビット割り当てでは，分割された帯域番号に合わせたビット数を格納します．その後，それぞれの倍率が格納された後，格納されたビット数に合わせた符号語が格納されます．MPEG AudioレイヤIでは，ビット数の格納と倍率は，固定長（それぞれ4ビット，6ビット）で行われ，符号語の格納は，2〜15ビットの可変長で行われます．

Scilab演習2.7

（演習プログラム：Simple_Compress）

問題

量子化ビット数をすべての帯域において，
・8ビットで量子化
・4ビットで量子化
・2ビットで量子化

に変更し，音の違いを確認せよ．また，ファイルの容量を確認せよ．

本プログラムは，ビット数の違いにより音やファイル・サイズの違いを見るためにMDCTを行い，その係数を量子化している．また，ファイル・サイズを確認するための圧縮についても，簡易的なものとしている．MPEG Audioを完全に実装するためには，心理聴覚モデルに基づくビット数の割り当てや，ハフマン符号化を行う必要がある．

解答

ビット数を減らすことにより，音声が劣化していることが確認できる．また，量子化ビット数を削減することにより，サイズが減少していることが確認できる．

2.4.7　MPEG-1 AudioレイヤIII（MP3）

MPEG-1 AudioレイヤIII（MP3）の符号化と復号の構成図を**図2.33**と**図2.34**に示します．レイヤIおよびレイヤIIと同様にフィルタ・バンクを用いた帯域分割，心理聴覚モデルを用いたビット割り当て，および符号化で処理が行われます．レイヤI，IIとレイヤIIIとの大きな違いは，帯域を分割する際にフィルタ・バンクを使用するだけでなく，ブロック長さの変更に対応したMDCT（Modified DCT；修正離散コサイン変換）を併せて使用する点，およびより細かくビット制御できる点にあります．また，レイヤIIIでの聴覚心理モデルでは，広がり関数を用いてモデルを拡張し，より細かく予測を行うことで，効率的な圧縮を可能としています．

ここでは，MDCTを用いた帯域分割であるハイブリッド・フィルタ・バンクについて説明します．

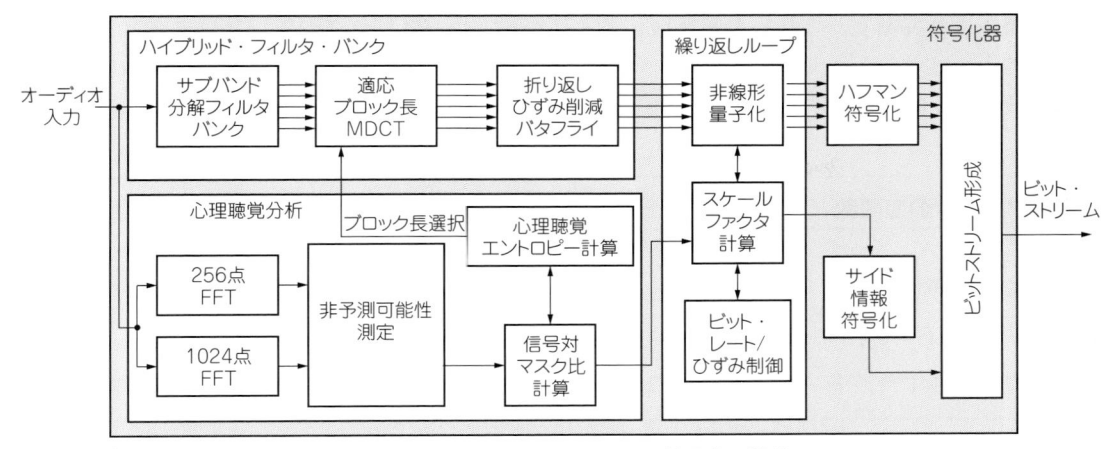

図2.33 MPEG-1 AudioレイヤIIIの符号化の構成

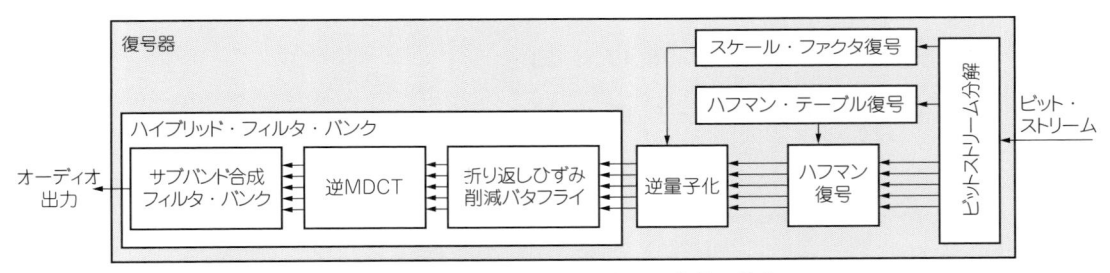

図2.34 MPEG-1 AudioレイヤIIIの復号の構成

2.4.8 ハイブリッド・フィルタ・バンク

　MP3では，フィルタ・バンクを用いたサブバンド分割およびMDCTを用いた周波数分割の二つを併せて行います．このようなフィルタ・バンク処理をハイブリッド・フィルタ・バンク（Hybrid Filter Bank）といいます．MDCTはサブバンド分割された信号に対して行われるため，周波数分割した信号をさらに細かな単位で周波数分割することとなります．そのため，レイヤIやIIに比べ，より細かな解像度で，周波数の分割が可能です．

　また，このMDCTは，フィルタ・バンクの出力信号を時間ごとにブロックとして抽出して実行されます．MP3ではこのブロック長さを変更することが可能です．そのため，音響信号内に急激に信号が変化するような時間がある場合，短い長さのブロックでMDCTを行うことで，時間分解能を向上させて，より効果的にビットの割り当てが可能となります．

　MDCTに入力する長いブロック長の信号や短いブロック長の信号を取り出す場合，信号に窓関数を掛けて取り出すこととなります．しかしながら，エリアジングが発生してしまうため，長いブロックと短いブロックを隣接させることができません．そこで，MP3では，長いブロックから短いブロックへ移行するための窓関数，短いブロックから長いブロックへ移行するための窓関数がそ

れぞれ用意されており，これらを適宜切り替えながら，長いブロックや短いブロックを使用してMDCTを行います．

窓関数の乗算は入力信号 x_i，出力信号 z_i とすると，下の式で求めることができます．

長いブロックの窓関数

$$z_i = x_i \sin\left\{\frac{\pi}{36}\left(i+\frac{1}{2}\right)\right\} \quad (i = 0, 1, \cdots, 35) \tag{2.21}$$

開始ブロックの窓関数（長い分割域→短い分割域）

$$z_i = \begin{cases} x_i \sin\left\{\dfrac{\pi}{36}\left(i+\dfrac{1}{2}\right)\right\} & (i = 0, 1, \cdots, 17) \\ x_i & (i = 18, 19, \cdots, 23) \\ x_i \sin\left\{\dfrac{\pi}{12}\left(i-18+\dfrac{1}{2}\right)\right\} & (i = 24, 25, \cdots, 29) \\ 0 & (i = 30, 31, \cdots, 35) \end{cases} \tag{2.22}$$

停止ブロックの窓関数（短い分割域→長い分割域）

$$z_i = \begin{cases} 0 & (i = 0, 1, \cdots, 5) \\ x_i \sin\left\{\dfrac{\pi}{12}\left(i-6+\dfrac{1}{2}\right)\right\} & (i = 6, 7, \cdots, 11) \\ x_i & (i = 12, 13, \cdots, 17) \\ x_i \sin\left\{\dfrac{\pi}{36}\left(i+\dfrac{1}{2}\right)\right\} & (i = 18, 19, \cdots, 35) \end{cases} \tag{2.23}$$

短いブロックの窓関数

短いブロックはオーバラップされた三つのブロックに分割し，これらのブロックはそれぞれに窓関数が掛けられる．

$$y_i^{(0)} = x_{i+6} \quad (i = 0, 1, \cdots, 11)$$
$$y_i^{(1)} = x_{i+12} \quad (i = 0, 1, \cdots, 11)$$
$$y_i^{(2)} = x_{i+18} \quad (i = 0, 1, \cdots, 11) \quad \cdots\cdots (2.24)$$
$$z_i^k = y_i^k \sin\left(\frac{\pi}{12}\left(i + \frac{1}{2}\right)\right)$$

これらの窓関数が掛けられたフィルタ・バンクからの出力に対してMDCTを施します．MDCTの入力をz_k，出力をx_iとし，nを窓掛けされたデータの数とすると，MDCTは，以下の式で表すことができます．ただし，ここで，短い窓の場合は，$n = 12$，長い窓の場合は，$n = 36$とします．

修正離散コサイン変換（MDCT）

$$x_i = \sum_{k=0}^{n-1} z_k \cos\left\{\frac{\pi}{2n}\left(2k+1+\frac{n}{2}\right)(2i+1)\right\} \quad \cdots\cdots (2.25)$$
$$\left(i = 0, 1, \cdots, \frac{n}{2}-1\right)$$

MDCTより出力された信号は，エリアジングを削減するためにバタフライ演算が施されます．

一方復号側は，エリアジングを削減するためのバタフライ演算が施された後にIMDCTに入力されます．バタフライ演算が施された後の信号をX_k，IMDCTの出力をx_iとすると，IMDCTは以下の式で計算できます．ただし，ここでも短い窓の場合は，$n = 12$，長い窓の場合は，$n = 36$とします．

逆修正離散コサイン変換（IMDCT）

$$x_i = \sum_{k=0}^{\frac{n}{2}-1} X_k \cos\left\{\frac{\pi}{2n}\left(2i+1+\frac{n}{2}\right)(2k+1)\right\} \quad \cdots\cdots (2.26)$$
$$(i = 0, 1, \cdots, n-1)$$

その後，窓関数が掛けられ，合成側のフィルタ・バンクに入力されます．短いブロック以外は，符号化器で使用した演算をそのまま用います．短いブロックについては，以下のように計算されます．

> **短いブロックの窓関数**
>
> 　短いブロックは三つのブロックに対して別々に窓関数を掛けて，その後重ね合わせを行い，データを連結する．
>
> $$y_i^{(j)} = x_i^{(j)} \sin\left\{\frac{\pi}{12}\left(i + \frac{1}{2}\right)\right\} \quad \cdots\cdots\cdots\cdots\cdots\cdots\cdots\cdots\cdots\cdots\cdots\cdots\cdots\cdots (2.27)$$
> $i = 0, 1, \cdots, 11$
> $j = 0, 1, 2$
>
> $$z_i = \begin{cases} 0 & (i = 0, 1, \cdots, 5) \\ y_{i-6}^{(1)} & (i = 6, 7, \cdots, 11) \\ y_{i-6}^{(2)} + y_{i-12}^{(2)} & (i = 12, 13, \cdots, 17) \\ y_{i-12}^{(2)} + y_{i-18}^{(3)} & (i = 18, 19, \cdots, 23) \\ y_{i-18}^{(3)} & (i = 24, 25, \cdots, 29) \\ 0 & (i = 30, 31, \cdots, 35) \end{cases} \quad \cdots\cdots\cdots\cdots\cdots (2.28)$$

2.4.9　AAC

　地上デジタル放送には，MPEG-2 AAC（Advanced Audio Coding）が用いられています[26]．AACは，MPEGがMP3を超える高音質，高圧縮を目指して標準化した音声圧縮方式です．MPEG-2 AACと若干仕様が異なる方式にMPEG-4 AAC[27]がありますが，両者を区別して使用することはほとんどないと思います．AACの利用先としては，地デジ音声のほか，iPod，iPad，YouTube，BSディジタル，iTunes，Blu-ray Disk（BD）などがあります．

　さて，AACの圧縮方式は**図2.35**に示すように，MP3と似ているのですが，以下のような相違点があります．まず，MP3では，音声信号を帯域分割した後にMDCTを用いて周波数領域へ変換していましたが，AACでは，音声信号に直接MDCTを適用し，周波数領域に変換します．また，MDCTを適用するブロック長についても変更があります．AACでは，長いブロックはMP3よりも長くして周波数分解能を改善し，短いブロックはMP3よりも短くして時間分解能を改善しています．さらに，MP3から追加された処理として，TNS（Temporal Noise Shaping）があります．TNSは，MDCT係数を時間領域の信号とみなし，線形予測を行います．この処理は，量子化の際に生じる雑音を目立たなくさせる効果があります．TNSは，特に，男性の声など低い音声の品質改善に有効です．聴覚心理モデルによる不要信号の除去，周波数パワーに基づく非線形量子化，ハフマン符号化といった手順はMP3と同じですが，それぞれ細かい修正が加えられています．また，最大で98kHzサンプリング，48チャネルまでをサポートしています．

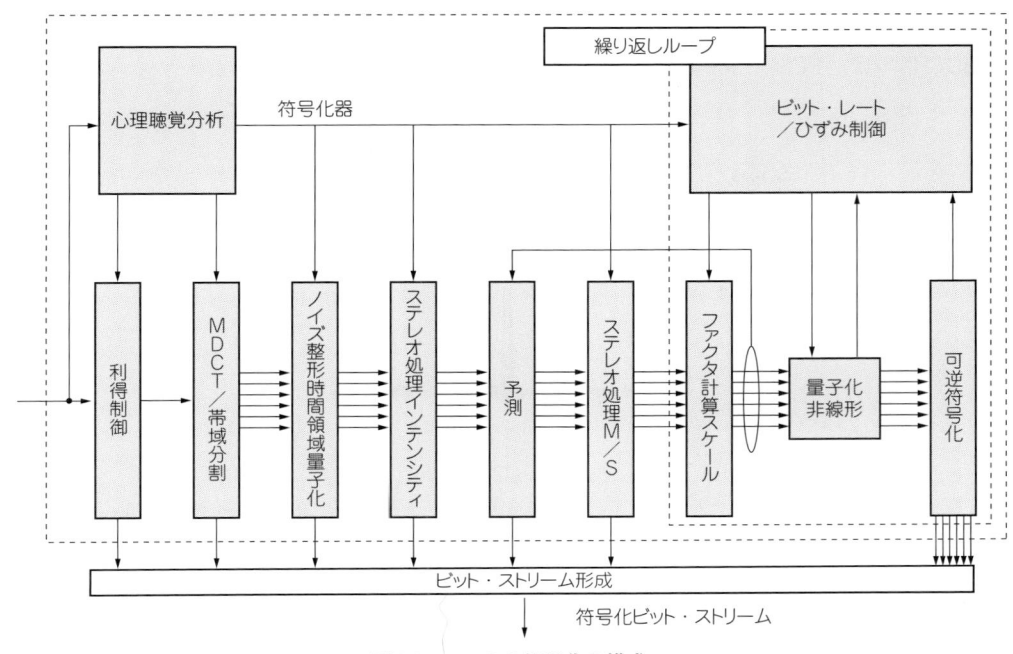

図2.35 AACの符号化の構成

章末問題

問題1
一般の音楽CDは，44.1kHzサンプリング，16ビット量子化のPCM記録方式を採用している．音楽CDで理論的に再現可能な周波数は0Hzから何Hzまでか．また，各時刻において音楽信号の振幅値を何段階に分割して記録しているか．

問題2
Scilab演習2.1のプログラム（PCM_a.sce）を修正して，BビットのPCMを実行せよ．ただし，B = 16，8，4，2の4種類とし，出力に0を含まない形で量子化すること．また，作成したPCM音声を試聴して比較せよ．

問題3
式(2.2)から式(2.3)を導出せよ．
（ヒント）$F(x) = y$を式(2.2)に代入して式変形を行う．

問題4
式(2.4)から式(2.5)を導出せよ．
（ヒント）$F(x) = y$を式(2.4)に代入して式変形を行う．

問題5

図2.36の信号は，PCMとlog-PCMのどちらで圧縮する方が効率が良いか．

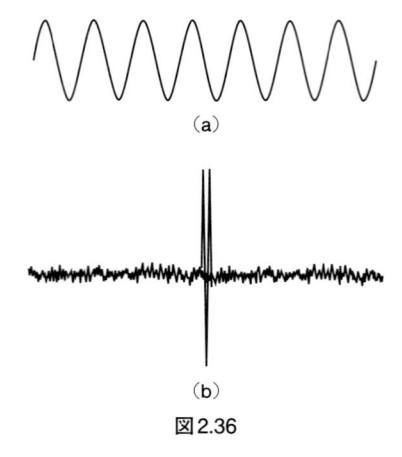

(a)

(b)

図2.36

問題6

Scilab演習2.2のプログラム（logPCM_a.sce）を修正して，Bビットのlog-PCMを実行せよ．ここで，$B = 16, 8, 4, 2$とし，伸張した音声を試聴して比較すること．また，対数圧縮方式はμ-lawとせよ．

問題7

Appendix Bを参照し，G.726のADPCMをビット数2, 3, 4で実行せよ．ただし，$s_r(n-1), s_r(n-2)$の初期値を32とし，そのほかの変数（予測係数など）の初期値はすべて0とする．

問題8

一般の音楽CDと同じ条件でコンピュータに保存した音声を，ADPCMに形式を変更して保存したところ容量が約1/4になった．このコンピュータは何ビットのADPCMを採用していると考えられるか．

問題9

Scilab演習2.3のプログラム（LPC.sce）を修正し，音声分析区間の長さと分析フィルタの次数をいくつか変更して実行せよ．いずれのパラメータが結果に影響しやすいか．

問題10

入力信号，

$$V(k) = \cos\left(2\pi \frac{1}{32} k\right)$$
$k = 0, 1, 2, \cdots, 63$

としたときのサブバンド出力Sを求めよ．

問題11

入力信号，
$$z(k) = \cos\left(2\pi \frac{1}{36} k\right)$$
$k = 0, 1, 2, \cdots, 35$

としたときのMDCTの出力 x を求めよ．

問題12

Scilab 演習2.6 のプログラム (Simple_Compress) を修正し，帯域ごとに異なる量子化ビットを設定し，音の違いやファイルの容量の違いを確認せよ．高周波領域，低周波領域のどちらが重要か述べよ．

問題13

MPEG-1 Audioが利用されているところを調べよ．

問題14

ここで取り上げた圧縮規格以外の音響メディア圧縮はどのようなものがあるか調べよ．

第3章
ノイズ除去技術

　第2章において説明した音声圧縮は，音声波形そのものをできるだけ小さい容量で表現するための技術でした．ここでは，音声波形の保存ではなく，音声とノイズが混在する波形を加工して音声波形だけを取り出す技術について説明します．

3-1　適応ノッチ・フィルタで正弦波を除去してみよう

　回転体から生じるノイズやハウリング[注1]は，極めて狭い周波数帯域に大きなパワーを持ちます．このようなノイズを狭帯域ノイズ（Narrow-band Noise）と呼びます．狭帯域ノイズを除去するためには，ある特定の周波数だけを除去し，ほかの周波数はすべて通過させるようなフィルタが有用です．このような特性を保持したまま，自動的に狭帯域ノイズを検出して除去する適応フィルタとして，適応ノッチ・フィルタ（Adaptive Notch Filter）があります．

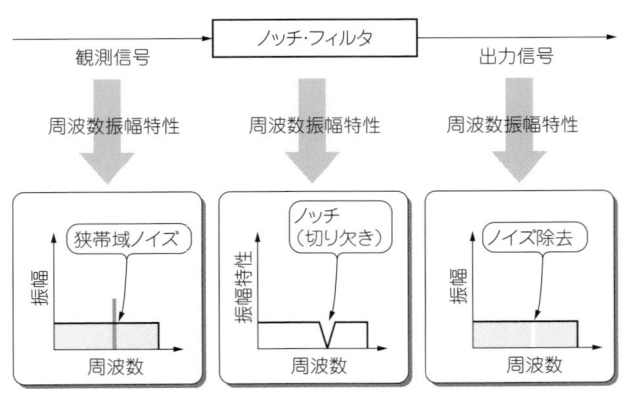

　適応ノッチ・フィルタによるノイズ除去のイメージを図3.1に示します．また，図3.2に適応ノッチ・フィルタの応用例を示します．

図3.1　適応ノッチ・フィルタによるノイズ除去

注1：スピーカとマイクロホンの間に閉ループが形成されたとき，ある条件において単一の周波数振幅が急激に増大する共振現象のこと．カラオケなどでしばしば生じる．

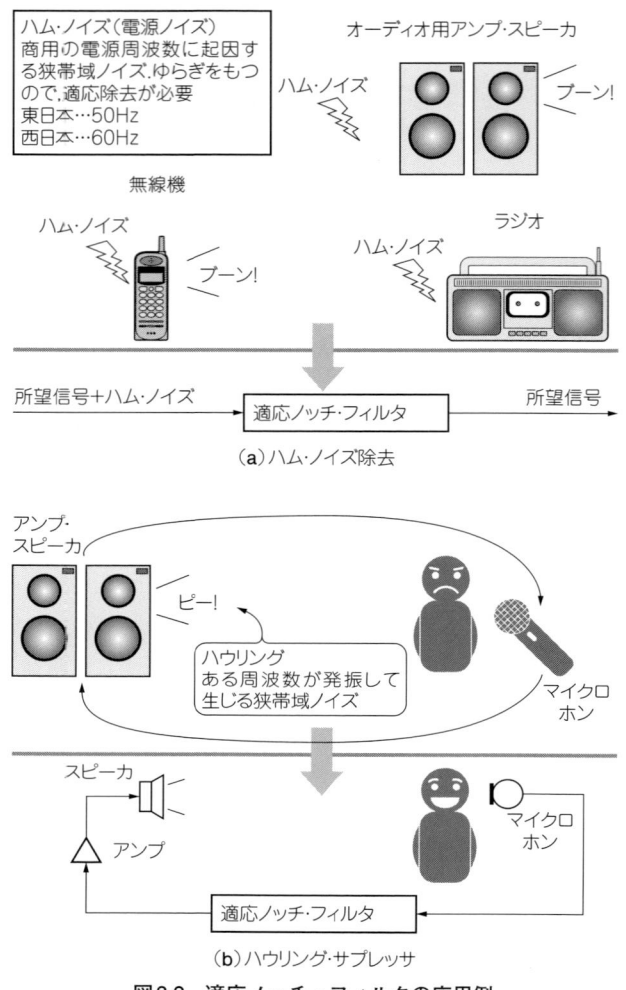

図3.2 適応ノッチ・フィルタの応用例

　図3.2 (a) はハム・ノイズの除去の様子です．ハム・ノイズは，東日本では50Hz，西日本では60Hzの電源周波数に起因する狭帯域ノイズであり，ラジオ，オーディオ機器のアンプやスピーカ，無線機などに混入します．ハム・ノイズはゆらぎを持つため，適応的に周波数を推定しなければ除去が困難です．そこで適応ノッチ・フィルタが有用となります．

　図3.2 (b) は，スピーカからマイクロホンへの音の回り込みによって生じるハウリングの除去に適応ノッチ・フィルタを応用した例です．ハウリングとは，ある周波数が急激に増幅する共振現象です．ハウリングでは一つの周波数が支配的となるので，狭帯域ノイズとみなせます．これより，適応ノッチ・フィルタによる除去が可能となります．適応ノッチ・フィルタに基づくハウリング・サプレッサは，製品化されているものもありますが，実用に十分な性能が得られていないため，性能改善に関する研究が現在も続けられています．

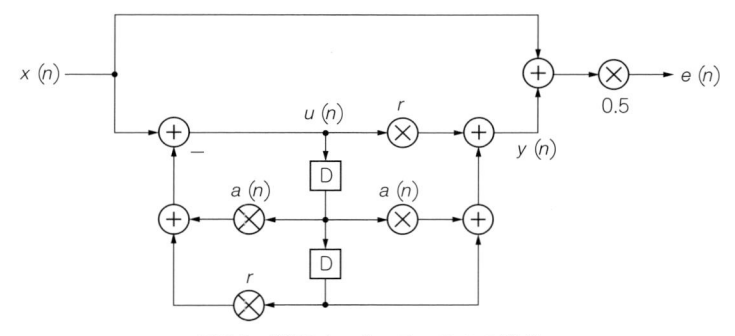

図3.3 適応ノッチ・フィルタの構成

　適応ノッチ・フィルタはいくつかの構成法が知られています．その中の一つとして，次の伝達関数を持つものがあります．

$$H(z) = \frac{1}{2}\left(1 + \frac{r + a(n)z^{-1} + z^{-2}}{1 + a(n)z^{-1} + rz^{-2}}\right) \quad \cdots\cdots\cdots (3.1)$$

この伝達関数と対応するノッチ・フィルタの構成を**図3.3**に示します．ここで，

$$e(n) = \frac{1}{2}\{x(n) + y(n)\} \quad \cdots\cdots\cdots (3.2)$$

$$y(n) = ru(n) + a(n)u(n-1) + u(n-2) \quad \cdots\cdots\cdots (3.3)$$

$$u(n) = x(n) - a(n)u(n-1) - ru(n-2) \quad \cdots\cdots\cdots (3.4)$$

であり，$x(n)$は入力信号，$e(n)$は適応ノッチ・フィルタの出力です．また，$r\,(0 < r < 1)$は除去する周波数帯域の幅（除去帯域幅[注2]；Elimination Bandwidth）を決定するパラメータです．rが1に近いほど除去帯域幅を狭くできます．さらに，$a(n)$は応答が0になる周波数（除去周波数；Elimination Frequency, Null）を決定するパラメータであり，除去周波数をω_Nとすると次のような関係があります．

$$a(n) = -(1 + r)\cos(\omega_N) \quad \cdots\cdots\cdots (3.5)$$

注2：フィルタの周波数振幅特性の最大値に対して－3dB以下の応答となる周波数の帯域幅

Scilab演習3.1

問題
いくつかのaとrについて，式(3.1)のノッチ・フィルタの周波数振幅特性を示せ．

解答
パラメータの値に対する周波数振幅特性の違いを図3.4に示す．aによって除去周波数を設定できることと，rによって除去帯域幅を設定できることが分かる．

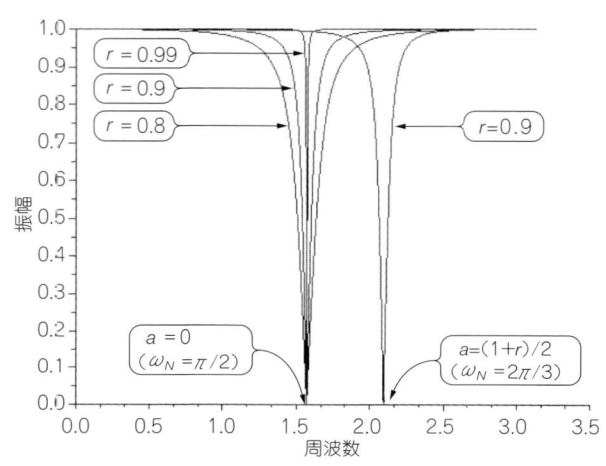

図3.4 Scilab演習3.1－適応ノッチ・フィルタの周波数振幅特性の違い

次の適応アルゴリズムによって$a(n)$を更新するとき，$E[e^2(n)]$を最小化するように$E[a(n)]$が収束することが示されています[1]．

$$a(n+1) = a(n) - \mu u(n-1) e(n) \quad (3.6)$$

適応ノッチ・フィルタは，除去周波数ω_Nに対する周波数応答が0で，そのほかの周波数に対する振幅特性がほぼ1となる状態を保持したまま，除去周波数を探索します．

演習3.1

問題

$H(z) = 0$ を与える z を零点と呼ぶ．零点が単位円上に存在するとき，その偏角に対応する角周波数がフィルタにより除去される．式(3.1)のノッチ・フィルタにおいて，$a(n) = 0$ のときの零点を求めよ．

解答

$a(n) = 0$ を式(3.1)に代入すると，

$$H(z) = \frac{1}{2}\left(1 + \frac{r + z^{-2}}{1 + rz^{-2}}\right) = \frac{(1+r)(1+z^{-2})}{2(1+rz^{-2})} = 0$$

より，

$$(1 + z^{-2}) = 0$$

を得る．よって，零点は，

$$z = \pm j = \exp\left(\pm j\frac{\pi}{2}\right)$$

となる．このときの偏角は $\pm \pi/2$ となる．

Scilab演習3.2

（演習プログラム：ANF.sce）

問題

任意の正弦波を発生させ，式(3.6)で更新する適応ノッチ・フィルタが自動的に正弦波を除去することを確認せよ．

解答

例として，正弦波を以下のように作成する．

$$x(n) = 0.1\cos(\pi/8 n)$$

式(3.4)，式(3.3)，式(3.2)の順に各出力を計算し，式(3.6)で係数更新を行った．ここで，$r = 0.9$，$\mu = 0.1$と設定した．出力結果と最終的に得られた適応ノッチ・フィルタの周波数振幅特性を図3.5に示す．適応ノッチ・フィルタが正弦波に自動的に追従して除去している様子が確認できる．

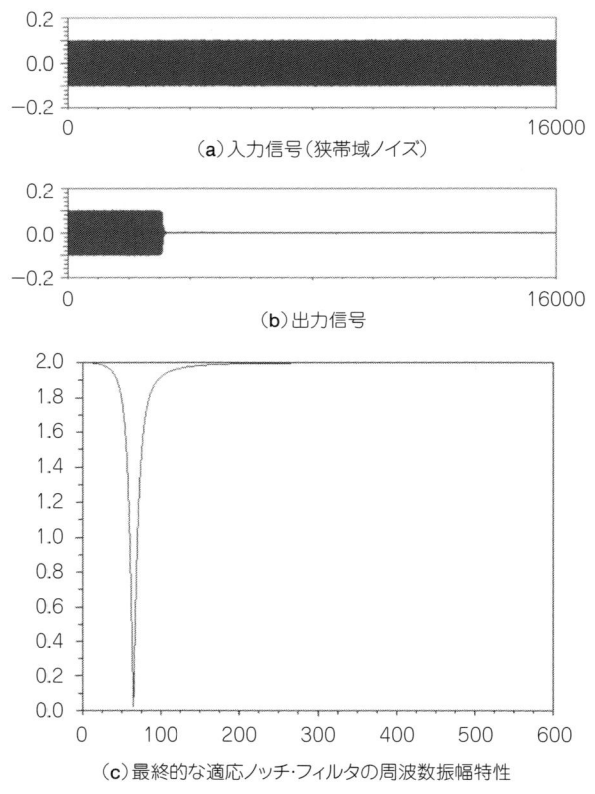

図3.5　Scilab演習3.2－適応ノッチ・フィルタによる正弦波の除去

3-2　ヘッドホンでも活躍する適応ノイズ・キャンセラ

　ノイズが存在する環境で音声を収録する場面を図3.6に示します．マイクロホンで観測されるノイズは，ノイズ源から直接到来する音のほかに，壁や物体に反射して到来する音が含まれます．よって，ノイズ源から放射された$w_s(n)$は，時間遅延と振幅減衰を各到来経路ごとに与えられ，それらをすべて加算した信号が観測ノイズ$w(n)$となります．各経路の時間遅延と振幅減衰の特性は，ほとんどの場合で未知なので，これをまとめて未知経路と呼ぶことにします．また，ノイズ源やマイクロホンの位置，物体の移動により，未知経路は変動するので，$w(n)$の特性もこれに合わせて変動することに注意が必要です．なお，音声についても話者からマイクロホンまでの経路特性が存在しますが，マイクロホンで観測された時点の音声を$s(n)$として扱います．

　さて，特性が刻々と変化するようなノイズ$w(n)$を除去することは容易ではないので，ここでは図3.7(a)のように，もう一つのマイクロホンをノイズ源の近くに設置できるものとします．この場合，$w_s(n)$が入手できるので，未知経路を推定することで，$w(n)$を作り出すことができます．これを観測信号$x(n)$から減算すればノイズを除去できます．

　図3.7(b)にノイズ除去システムのブロック図を示します．ここで，未知経路をより一般的に，未知システム(Unknown System)と表現しています．また，経路推定には，未知システムの特性を自動的に同定できる適応フィルタ(Adaptive Filter)を用います．適応フィルタは，$w_s(n)$と$s(n)$の統計的性質がそれぞれ無相関[注3]であるとき，適応フィルタ出力$\hat{w}(n)$が所望の信号$w(n)$に近づくように刻々と自身の特性を変化させるフィルタです．そして，$\hat{w}(n)=w(n)$が満たされるとき，適応フィルタと未知システムの特性は一致します．このようにして未知システムを同定する方法を，システム同定(System Identification)といいます．

　実際にシステム同定に基づいてノイズ除去を実現するためには，まず未知経路をモデル化し，未

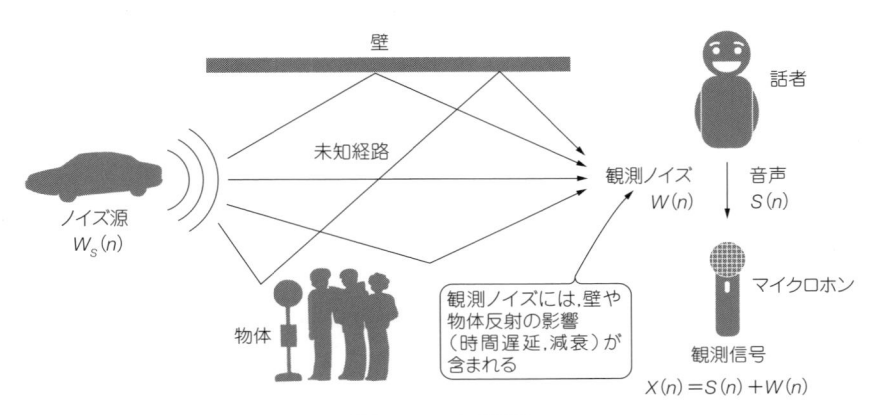

図3.6　ノイズ環境

注3：$E[w_s(n)s(n)] = E[w_s(n)]E[s(n)]$となること．詳細は第1章を参照．

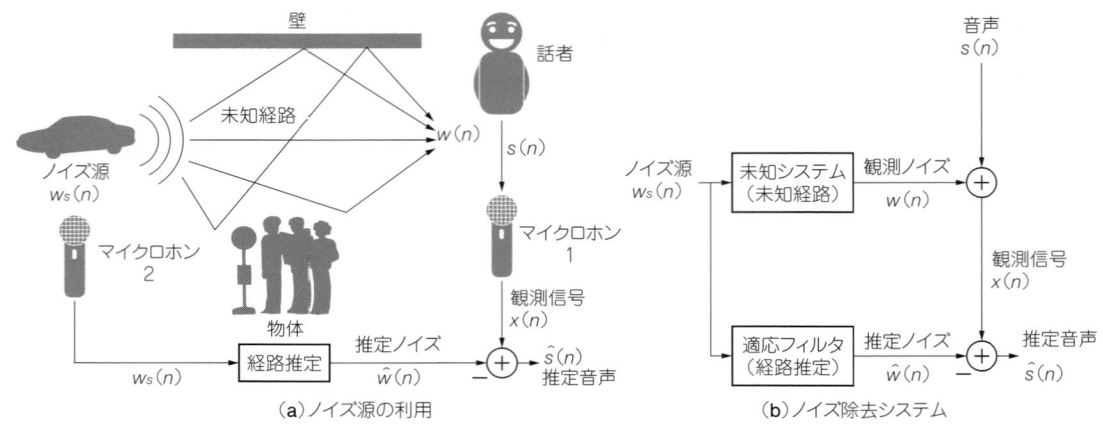

知システムの構成（信号の流れ）を決定します．そして，未知システムと同じ構成を持つ適応フィルタで同定を行います．今回の場合，未知システムの特性は，ノイズ源から放射された音がマイクロホンに到来するまでの時間遅延と振幅減衰だけなので，未知システムは，例えば**図3.8 (a)**のように書くことができます．ここで，−5，−7，−10，−20は各経路で生じる音の遅れ（遅延時間）であり，0.9，0.8，0.7，0.5はそれぞれの経路において生じる振幅減衰を表す定数です．観測ノイズ$w(n)$は各経路から到来する信号の和となります．

演習3.2

問題

サンプリング周波数16kHzのとき，20サンプルの遅延は何秒に相当するか．また，音速が340m/sのとき，20サンプル分の時間で進む距離は何mか．

解答

サンプリング周波数16kHzのとき，20サンプルの遅延は，

$$\frac{1}{16000} \times 20 = 0.00125 \ [s]$$

となる．また，その間に音波が進む距離は，音速340m/sのときに，

$$340 \times 0.00125 = 0.425 [m]$$

となる．

もちろん実際の経路は，**図3.8 (a)**に示した四つだけではなく多数存在すします．そこで，経路における最大の遅延時間をMと仮定すると，観測ノイズは，

$$w(n) = \sum_{m=0}^{M-1} h_m w_s(n-m) \quad\quad\quad\quad\quad\quad\quad\quad\quad\quad\quad\quad\quad\quad (3.7)$$

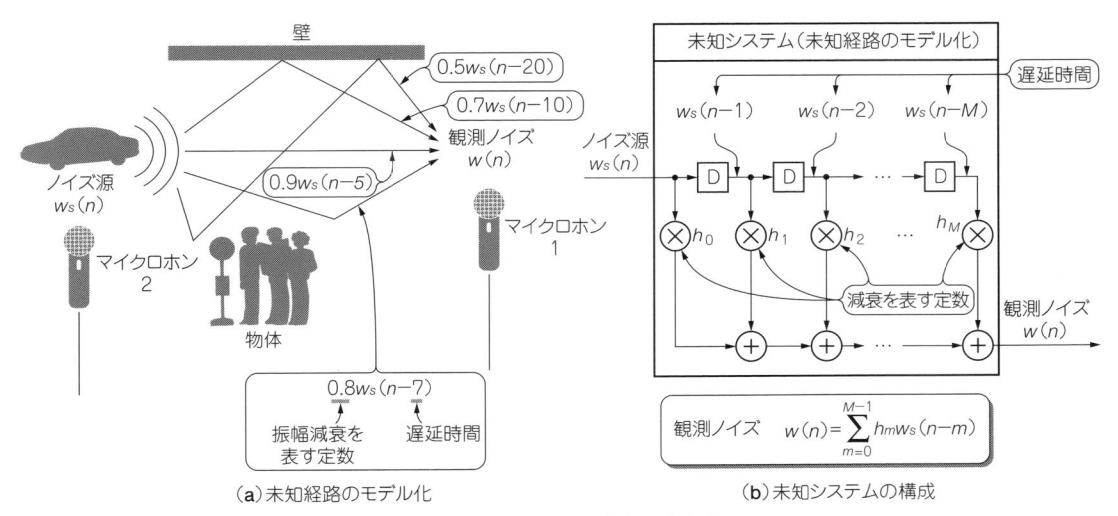

(a)未知経路のモデル化　　　　　　　　　**(b)未知システムの構成**

図3.8　未知システムの構成を決定する

のように書けます．式(3.7)をフィルタで表現すると，**図3.8(b)** のようになります．未知システムの構成が決定できたので，次に適応フィルタの設計を行います．明らかに，

$$\hat{w}(n) = \sum_{m=0}^{N-1} \hat{h}_m(n) w_s(n-m) \quad \cdots \cdots (3.8)$$

のように設計することが妥当です．ここで，$\hat{h}_m(n)$ は時刻 n のフィルタ係数であり，N はフィルタ次数です．なお，経路の最大の遅延時間 M が既知の場合には $N = M$ とすればよいのですが，未知のときは N を十分に大きく設定しておく必要があります．

一般的な適応フィルタでは，推定誤差 $(\hat{s}(n) = x(n) - \hat{w}(n))$ を常に監視して，その2乗の期待値 $E[\hat{s}^2(n)]$ が最小となるようにフィルタ係数 $\hat{h}_m(n)$ を更新します．更新の手順は，適応アルゴリズム（Adaptive Algorithm）と呼ばれ，設計者が与えることになります．有用な適応アルゴリズムとして，次式で与えられるLMSアルゴリズム（Least Mean Square Algorithm），

$$h_m(n+1) = h_m(n) + \mu \hat{s}(n) w_s(n-m) \quad \cdots \cdots (3.9)$$

や，NLMSアルゴリズム（Normalized LMS Algorithm），

$$h_m(n+1) = h_m(n) + \mu \frac{\hat{s}(n) w_s(n-m)}{\sum_{l=0}^{M-1} w_s^2(l)} \quad \cdots \cdots (3.10)$$

が知られています．ここで，μ はステップ・サイズと呼ばれる正の小さな値です．

Scilab演習3.3

（演習プログラム：ANC.sce）

問題

二つの音源を$w_s(n)$, $s(n)$として用意し，未知システムの係数h_mを乱数で与える．式(3.9)を用いてシステム同定に基づくノイズ除去を実行せよ．

解答

適応フィルタと未知システムは，それぞれ次数をN_aとN_uとする．$N_a = N_u = 50$，$\mu = 0.1$として適応ノイズ・キャンセラを実行した結果を図3.9に示す．結果から，適応フィルタによる未知システムの同定が徐々に行われていく様子が確認できる．

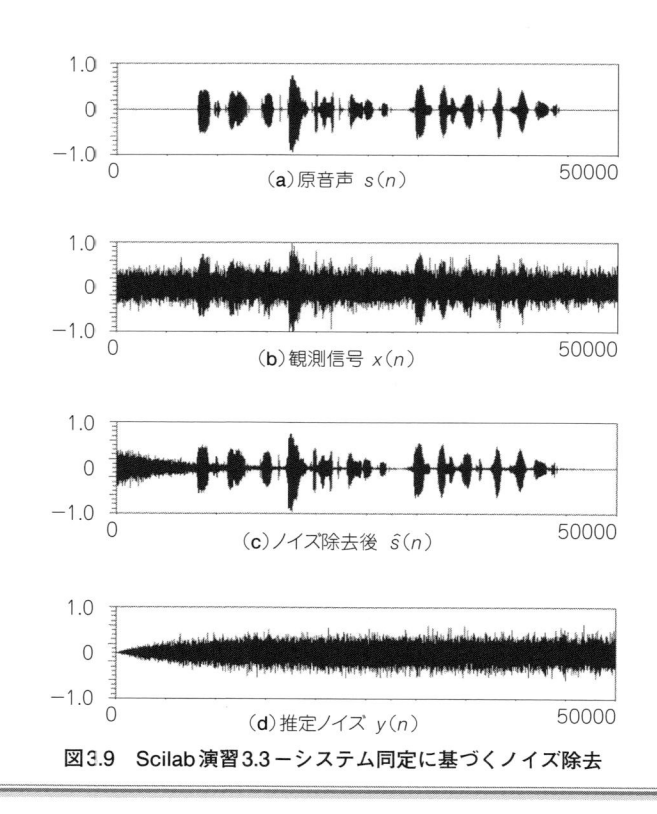

図3.9　Scilab演習3.3 ― システム同定に基づくノイズ除去

3.2.1　システム同定に基づくノイズ除去の実用例

ここではシステム同定に基づくノイズ除去の実用例について紹介します．

携帯電話や固定電話でのハンズフリー通話では，スピーカからマイクロホンへの音声の回り込みのためエコーが生じ，通話品質が劣化します．そこで，音声の回り込みの経路を未知経路としてシステム同定を実行すると，エコーを除去することができます．これは，エコー・キャンセラ (Echo Canceler) として知られており，固定電話や携帯電話で利用されています．エコー・キャンセラの

(a) エコー・キャンセラ

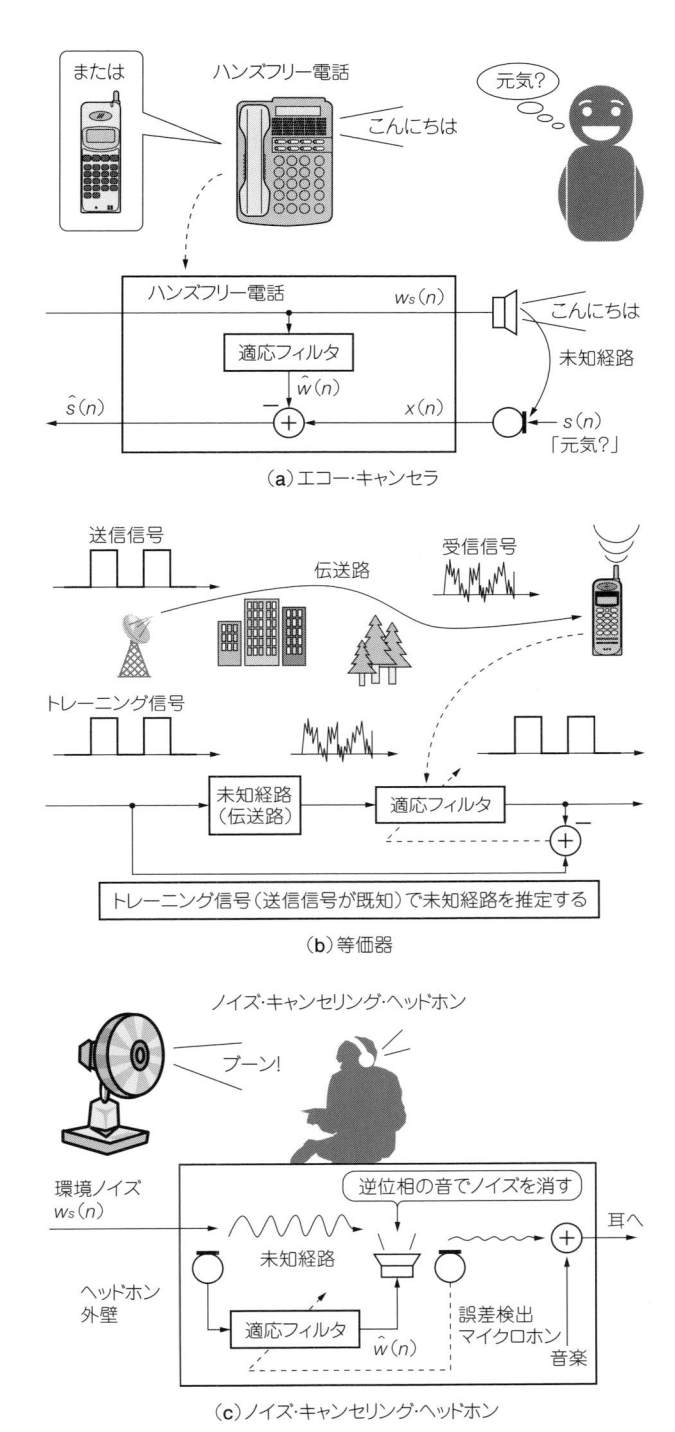

(b) 等価器

(c) ノイズ・キャンセリング・ヘッドホン

図3.10 システム同定に基づくノイズ除去の実用例

概要を図3.10 (a) に示します．

　また，無線機器において送信される電波は，伝送路の影響でひずみを受けることがよくあります．この場合，受信信号から正確に送信信号を取り出すことは困難となります．そこで，トレーニング信号として既知の信号を送信し，受信信号から元の送信信号を復元することを考えます．信号復元には適応フィルタが用いられ，適応フィルタは未知経路である伝送路の特性を打ち消すように働きます．すなわち，適応フィルタは，未知経路の逆の特性を同定します．このような目的に用いられる適応フィルタは等化器（Equalizer）と呼ばれ，各種無線機器に内蔵されています．等化器の概要を図3.10 (b) に示します．

　音楽などをヘッドホンで聞く場合，環境ノイズがヘッドホンの内部に入り込むことがあります．そこで，ヘッドホン外壁から耳の近くまでを未知経路として，システム同定を実行します．すると，適応フィルタは，環境ノイズの逆位相音をスピーカから放射するように動作します．結果として，環境ノイズを耳に到達する前に除去することができます．この種類のシステム同定では，能動的に音を放射して，別の音を制御することになるので，アクティブ・ノイズ・コントロール（Active Noise Control）と呼ばれています．アクティブ・ノイズ・コントロールを搭載したヘッドホンは，ノイズ・キャンセリング・ヘッドホンと呼ばれ，各社で製品化されています．ノイズ・キャンセリング・ヘッドホンの概要を図3.10 (c) に示します．

3-3　携帯電話に搭載される周波数領域のノイズ除去技術

　3-1節において，適応ノッチ・フィルタでは，観測信号の中で，最も大きな振幅を持つ周波数を推定しました．また，3-2節の適応ノイズ・キャンセラでは，未知経路の応答を推定しました．これに対し，本節で説明する周波数領域におけるノイズ除去の推定対象は，音声あるいはノイズそのものです．

　音声やノイズの生成過程では，多くの場合確率的な要素を含みます．従って，各時刻におけるノイズの振幅の大きさを正確に推定することはできません．しかし，ある一定時間間隔ごとに，観測信号を分析し，ノイズの統計的な特性を推定して取り除くことは可能です．このような処理は，周波数領域のノイズ除去で一般的に用いられています．

　ここでは携帯電話にも使用されている，いろいろの周波数領域のノイズ除去技術について説明します（図3.11）．

3.3.1　ノイズ除去システムの基本構成

　周波数領域のノイズ除去システムに共通する基本事項について説明します．本節で扱うノイズ除去のいくつかの条件を明確にするため，図3.12にノイズ除去のブロック図を示します．使用するマイクロホンは一つとし，観測信号が次のように音声とノイズの和で与えられると仮定します．

$$x(n) = s(n) + d(n) \tag{3.11}$$

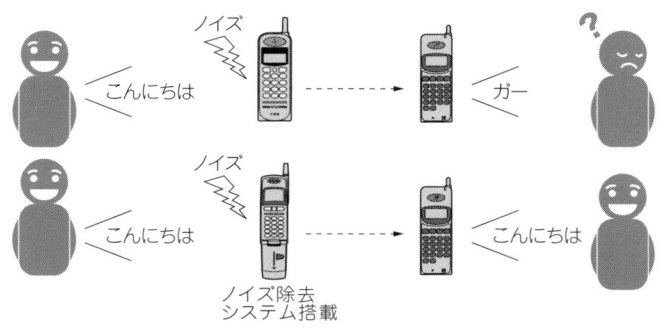

図3.11　周波数領域のノイズ除去技術

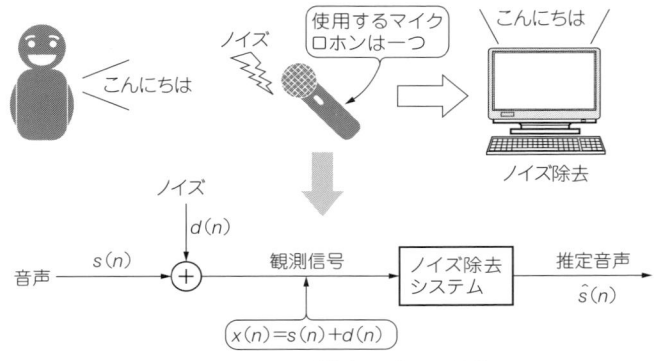

図3.12　ノイズ除去のブロック図

　ここで，$x(n)$ は時刻 n における観測信号であり，$s(n)$ と $d(n)$ はそれぞれ音声とノイズを表します．ただし，音声とノイズは無相関[注4]であると仮定しておきます．

　さて，周波数領域においてノイズ除去を実行するためには，観測信号の周波数分析を行う必要があります．ただし，音声は長時間では性質が変化するため，ほぼ性質が一定とみなせる短時間分析が基本となります．分析区間を N サンプルとするとき，分析区間をフレーム (Frame)，N をフレーム長 (Frame Length) と呼びます．

　N サンプルの $x(n)$ を周波数領域に変換するには，離散フーリエ変換[注5]（DFT：Discrete Fourier Transform）を実行します．第 l フレームにおける k 番目のスペクトル $X(l, k)$ は，次式で与えられます．

$$\begin{aligned} X(l,k) &= \sum_{n=0}^{N-1} x(lQ+n) \exp\left(-j \frac{2\pi k}{N} n\right) \\ &= S(l,k) + D(l,k) \end{aligned} \quad (3.12)$$

注4：第1章参照．
注5：計算機でフーリエ変換を計算するための手法の一つ．分析区間以外では逆変換の結果が元の信号に一致しないという制約がある．DFTの高速算法としてFFTが知られている．

図3.13 時間領域と周波数領域

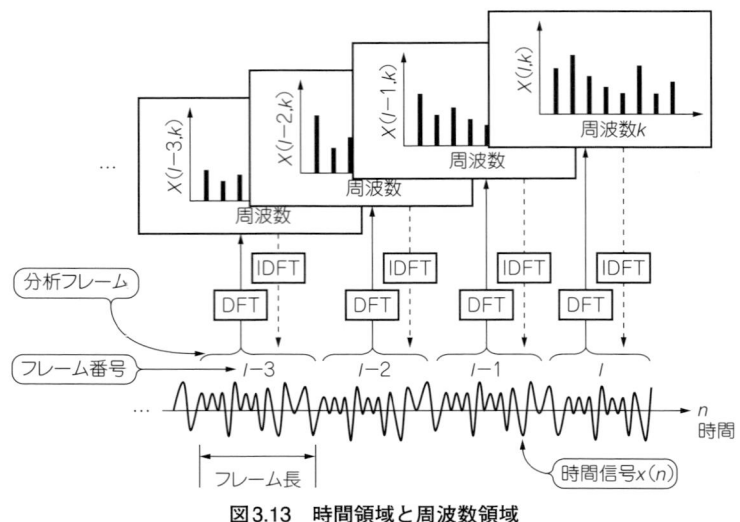

Q は分析区間を移動させる量です．第1章で説明した窓関数を考慮して，標準的には $Q = N/2$ が選択されます．また，$S(l, k)$，$D(l, k)$ はそれぞれ音声とノイズのスペクトルです．

図3.13に時間領域と周波数領域の違いを示します．時間領域では，一つの信号系列を逐次的に処理しますが[注6]，周波数領域では，一定時間ごとにDFTにより得られる複数の周波数成分を個別に処理します．処理後は逆離散フーリエ変換（IDFT：Inverse DFT）により再び時間領域信号に戻します．一般に周波数領域では，時間領域よりも繊細な信号処理が可能となりますが，1フレーム分の処理遅延は避けられないという制約があります．

さて，観測信号スペクトル $X(l, k)$ から，以下のように音声スペクトルの推定値 $\hat{S}(l, k)$ を求めることができます．

$$\hat{S}(l,k) = G(l,k)X(l,k) \tag{3.13}$$

ここで，$G(l, k)$ はスペクトル・ゲイン（Spectral Gain）と呼ばれます．すなわち，観測信号スペクトル $X(l, k)$ に適当なスペクトル・ゲイン $G(l, k)$ を乗じるという方法で，推定音声スペクトルを得ます．

式 (3.13) によるノイズ除去システムを**図3.14**に示します．以降で説明するノイズ除去法は，すべて**図3.14**の形で統一的に表現でき，スペクトル・ゲイン $G(l, k)$ の決定方法のみが異なっています．式 (3.12) より，完全に音声を推定できた場合，

$$\hat{S}(l,k) = X(l,k) - D(L,k)$$

ですから，式 (3.13) に代入すると，理想的なスペクトル・ゲインとして，

注6：一定時間ごとに処理する時間領域のノイズ除去法も存在する．

```
x(n) → DFT → X(l,k) → ⊗ → Ŝ(l,k) → IDFT → ŝ(n)
                       ↑
                      G(l,k)
                       │
              スペクトル・ゲイン推定
```

スペクトル・サブトラクション
ウィーナー・フィルタ   }などで計算
MAP推定

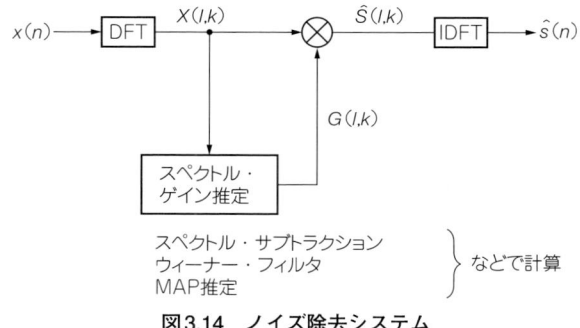

図3.14 ノイズ除去システム

$$G_{opt}(l,k) = \frac{X(l,k) - D(l,k)}{X(l,k)}$$

$$= 1 - \frac{D(l,k)}{X(l,k)} \quad \cdots \cdots \cdots (3.14)$$

が得られます．このとき，音声スペクトルを完全に取り出すことができます．しかし，$X(l, k)$ の情報だけから複素スペクトル $D(l, k)$ を正確に知る方法が明らかにされていないため，近似的に $G(l, k)$ を決定しなければなりません．

以下では，いくつかの代表的なスペクトル・ゲイン $G(l, k)$ の決定法について解説します．

3.3.2 スペクトル・サブトラクション

1979年にS. F. Bollによって提案されたスペクトル・サブトラクション法[2]は，最も単純かつ有用な周波数領域のノイズ除去手法です．スペクトル・サブトラクション法では，その名が示す通り，観測信号の振幅スペクトル $|X(l, k)|$ から，ノイズの振幅スペクトルの推定値 $|\hat{D}(l, k)|$ を減算します．

スペクトル・サブトラクション法によるノイズ除去の様子を**図3.15**に示します．スペクトル・サブトラクション法によるノイズ除去は，

$$\hat{S}(l,k) = \left(|X(l,k)| - |\hat{D}(l,k)|\right) e^{j\angle X(l,k)} \quad \cdots \cdots (3.15)$$

として実行されます．ここで，$\angle\{\cdot\}$ は位相スペクトルを表します．

スペクトル・ゲインの式 (3.13) に合わせて式 (3.15) を変形すると，

$$\hat{S}(l,k) = \left(\frac{|X(l,k)| - |\hat{D}(l,k)|}{|X(l,k)|}\right) |X(l,k)| e^{j\angle X(l,k)}$$

$$= \left(1 - \frac{|\hat{D}(l,k)|}{|X(l,k)|}\right) X(l,k) \quad \cdots \cdots (3.16)$$

を得ます．よって，スペクトル・サブトラクション法におけるスペクトル・ゲインは，

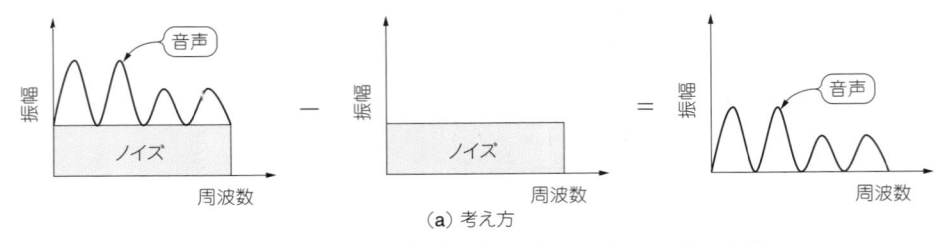

図3.15　スペクトル・サブトラクション法によるノイズ除去の様子

$$G_{ss}(l,k) = 1 - \frac{|\hat{D}(l,k)|}{|X(l,k)|} \quad \text{(3.17)}$$

となります．スペクトル・サブトラクション法では，振幅スペクトルだけを処理し，位相スペクトルには処理を加えません．これは，聴覚による音声知覚において，振幅スペクトルよりも，位相スペクトルが重要でないことを考慮したものです[6]．

3.3.3　ミュージカル・ノイズ

さて，問題は$|\hat{D}(l,k)|$の求め方です．通常，観測信号の最初の数フレームが，音声の存在しない非音声区間であることを仮定して，そこから得られた振幅スペクトルの平均値を用いることが多くなります．しかし当然ながら，このようにして求めた推定ノイズ・スペクトルと，各フレームにおける実際のノイズ・スペクトルは，完全に一致するわけではありません．このため，推定ノイズ・スペクトルを観測信号スペクトルから減算すると，スペクトルの引き過ぎや引き残しによる推定誤差が生じます．この推定誤差は，ミュージカル・ノイズ（Musical Noise）と呼ばれる新たなノイズとして知覚されます．

ミュージカル・ノイズは，フレームごとに異なり，どの周波数で生じるかは予想できません．このため，人工的で非常に耳ざわりな音となります．ミュージカル・ノイズを抑圧するには，高精度なノイズ推定法を導入することが有用です．しかしノイズ推定法は現在も研究段階にあり，標準的な方法は確立されていません．そこで本書では，ノイズ推定よりも音声のスペクトル・ゲイン推定に焦点を当てます．

Scilab演習3.4

（演習プログラム：SS.sce）

問題

式(3.17)で与えられるスペクトル・サブトラクション法を実装し，ノイズ除去を実行せよ．ただし，分析フレーム長は音声が定常とみなせる30ms前後で設定し，ノイズ推定は観測信号の最初の数フレームの平均振幅スペクトルとして推定せよ．

解答

ノイズが加算された音声信号(8kHzサンプリング)に対して，式(3.17)で与えられるスペクトル・サブトラクション法を実行した．ここで，分析フレーム長は32msに相当する256サンプルとした．信号の切り出しにはハニング窓を用い，ハーフ・オーバラップにより出力信号を得た．また，ノイズ・スペクトルの推定値$|\hat{D}(l, k)|$は最初の4フレームの平均振幅スペクトルとして求めた．スペクトル・サブトラクション法の結果を図3.16に示す．結果からノイズ除去効果が確認できる．ただし，試聴すれば確認できるように，ミュージカル・ノイズが発生している．

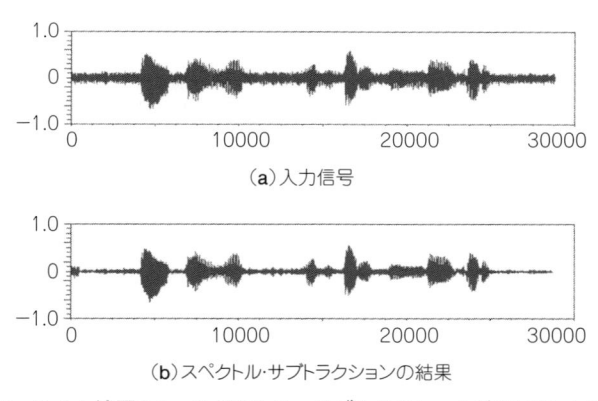

図3.16 Scilab演習3.4－スペクトル・サブトラクション法によるノイズ除去

3.3.4 ウィーナ・フィルタ

本節では，原音声と推定音声スペクトルの平均2乗誤差の最小化により導出されるウィーナ・フィルタ(Wiener Filter)[4]について述べます．以降では表記を簡単にするため，必要な場合以外はフレーム番号lとスペクトル番号kを省略します．

観測信号スペクトルXはすでに生じたものですから，これを条件として推定音声スペクトル$\hat{S}$をSに近づけることを考えます．そこで，最小化すべき評価関数(Cost Function)を，次の条件付き期待値(Conditional Expectation Value)で与えます．

$$J = E\left[\left|S - \hat{S}\right|^2 \middle| X\right] \quad \cdots\cdots\cdots\cdots\cdots\cdots\cdots\cdots\cdots\cdots\cdots\cdots\cdots\cdots\cdots\cdots\cdots\cdots\cdots\cdots\cdots\cdots\cdots\cdots\cdots\cdots\cdots\cdots\cdots\cdots\cdots\cdots\cdots\cdots \quad (3.18)$$

これは，ノイズが付加された観測信号スペクトルXが生じた状態における，音声信号スペクトルSとその推定値$\hat{S}$との平均2乗誤差を表しています．目的は，評価関数Jを最小化する$\hat{S}$を求めることです．

ウィーナー・フィルタの導出には，いくつかの方法があります．まず，

$$\hat{S} = \hat{S}_R + j\hat{S}_I$$

と表現し，Jを$\hat{S}$の実部$\hat{S}_R$と虚部$\hat{S}_I$の二つの変数の関数であると考えます．するとJは，$\hat{S}_R$，$\hat{S}_I$それぞれについての下に凸な2次関数になります．従って，Jを$\hat{S}_R$，$\hat{S}_I$で偏微分し，その結果を0とすれば，Jを最小化する$\hat{S}_R$，$\hat{S}_I$が得られます．

表記のさらなる簡単化のため，ここでは式(3.18)における条件を省略し，

$$J = E\left[\left|S - \hat{S}\right|^2\right]$$

と表記します．このとき，評価関数は，

$$\begin{aligned}
J &= E\left[\left|S - \hat{S}\right|^2\right] \\
&= E\left[|S|^2\right] + \left|\hat{S}\right|^2 - E[S]\hat{S}^* - E[S^*]\hat{S} \\
&= E\left[|S|^2\right] + \hat{S}_R^2 + \hat{S}_I^2 - E[S]\left(\hat{S}_R - j\hat{S}_I\right) - E[S^*]\left(\hat{S}_R + j\hat{S}_I\right) \cdots (3.19)
\end{aligned}$$

と書けます．ここで，$\hat{S}$は定数としており，期待値の外に出しています．また，$\{\cdot\}^*$は複素共役を表します．

式(3.19)を$\hat{S}_R$，$\hat{S}_I$でそれぞれ偏微分し，その結果を0とおくと，結果として，

$$\begin{aligned}
\hat{S}_R &= E[S_R] \\
\hat{S}_I &= E[S_I] \quad \cdots\cdots\cdots\cdots\cdots\cdots\cdots\cdots\cdots\cdots\cdots\cdots\cdots\cdots\cdots\cdots\cdots\cdots\cdots\cdots\cdots\cdots\cdots\cdots\cdots \quad (3.20)
\end{aligned}$$

を得ます．ここで，S_R，S_Iは，それぞれSの実部と虚部です．結局，

$$\hat{S}_R + j\hat{S}_I = E[S_R + jS_I] = E[S]$$

となり，再び条件付き期待値として結果を表記すると，

$$\hat{S} = E[S|X] \quad \cdots\cdots\cdots\cdots\cdots\cdots\cdots\cdots\cdots\cdots\cdots\cdots\cdots\cdots\cdots\cdots\cdots\cdots\cdots\cdots\cdots\cdots\cdots\cdots\cdots\cdots\cdots\cdots\cdots\cdots\cdots \quad (3.21)$$

となります．つまり，Xが生じたときにSがとりうる値の平均値がウィーナー・フィルタで得られる音声の推定値です．この様子を図3.17に示します．

さらに具体的な条件を課し，ウィーナー・フィルタにより得られるスペクトル・ゲインを導出してみます．音声スペクトルSとノイズ・スペクトルDが無相関であると仮定し，SとDの分散をそれぞれσ_s^2，σ_d^2とします．そして，$\hat{S} = GX$として，スペクトル・ゲインGを求めます．Gを定数とすると，評価関数は次のように書けます．

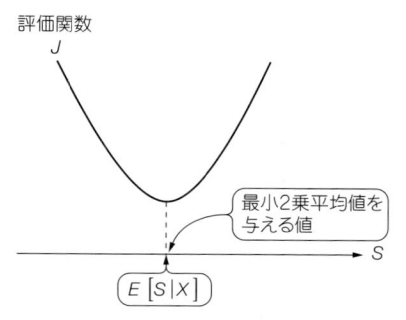

図3.17 評価関数Jの最小化

$$\begin{aligned}
J &= E\left[|S - GX|^2\right] \\
&= E\left[|S|^2\right] + |G|^2 E\left[|X|^2\right] - G^* E\left[SX^*\right] - GE\left[S^*X\right] \\
&= \sigma_s^2 + |G|^2\left(\sigma_s^2 + \sigma_d^2\right) - G^*\sigma_s^2 - G\sigma_s^2
\end{aligned} \quad (3.22)$$

先ほどと同様に，Gの実部をG_R，虚部をG_Iで表し，JをG_R，G_Iで偏微分します．そして偏微分の結果を0とおけば，以下のスペクトル・ゲインが得られます．

$$G = \frac{\sigma_s^2}{\sigma_s^2 + \sigma_d^2} \quad \cdots\cdots\cdots (3.23)$$

これがよく知られるウィーナー・フィルタのスペクトル・ゲインです．もちろん，推定音声スペクトルは，$\hat{S} = E[S \mid X] = GX$です．

また，最初から位相には手を加えないという方針でスペクトル・ゲインを求める場合，Gが実数になるので，

$$\frac{\partial J}{\partial G} = 2G\left(\sigma_s^2 + \sigma_d^2\right) - 2\sigma_s^2 = 0$$

$$G = \frac{\sigma_s^2}{\sigma_s^2 + \sigma_d^2}$$

としても同じスペクトル・ゲインが得られます．

推定音声スペクトルが$\hat{S} = E[S \mid X]$のように期待値で与えられる場合，期待値の定義から事後確率密度関数[注7]（A Posteriori Probability Density Function）$p(S \mid X)$とSとの積を無限の範囲で積分することで計算するのが一般的です[7]．

例えば，スペクトルS，Dが共にガウス分布に従う確率信号ならば，無限の範囲の積分計算を経て，式(3.23)のスペクトル・ゲインを導出できます．しかし，$E[S \mid X]$の直接計算は通常，容易ではありません．これに対して，MAP推定（Maximum a Posteriori Probability Estimation）のアプローチから式(3.23)を導出することが有用な場合があります．ここでは，いろいろのスペクトル・ゲイン導出で多用されるMAP推定を用いて，ウィーナー・フィルタを導出してみます．

注7：指定した条件の下で値が生じる確率．第1章を参照．

3.3.5　MAP推定によるウィーナー・フィルタの導出

MAP推定では次式により音声スペクトルの推定値を得ます．

$$\hat{S} = \arg\max_S \left[p(X|S) \right] = \arg\max_S \left[\frac{p(S|X)p(S)}{p(X)} \right] \quad \cdots\cdots (3.24)$$

ここで，$p(S)$は音声のPDF[注8]であり，事後確率密度関数$p(X|S)$はSが生じた状態における$X = S + D$のPDFを表しています．また，$\arg\max[f(x)]$は，最大の$f(x)$を与える引き数xの値という意味です．式(3.24)の変形はベイズの定理（Bayes' Theorem）として知られています[22]．一般的には右辺最後の分母$p(X)$をSと独立な定数とみなし，次のように$\hat{S}$を求めます．

$$\hat{S} = \arg\max_S \left[p(X|S)p(S) \right] \quad \cdots\cdots (3.25)$$

MAP推定のイメージを図3.18に示します．このMAP推定値を得るためには，ノイズと音声のPDFを仮定する必要があります．

ウィーナー・フィルタのMAP推定値を得るために，音声スペクトルSとノイズ・スペクトルDのPDFが，いずれも次のガウス分布で与えられると仮定します．

$$p(S) = \frac{1}{\sqrt{2\pi\sigma_s^2}} \exp\left(-\frac{|S|^2}{2\sigma_s^2} \right) \quad \cdots\cdots (3.26)$$

$$p(D) = \frac{1}{\sqrt{2\pi\sigma_s^2}} \exp\left(-\frac{|D|^2}{2\sigma_d^2} \right) \quad \cdots\cdots (3.27)$$

ここで，σ_s^2，σ_d^2はそれぞれSとDの分散です．また，平均はいずれも0としています．式(3.26)の分布形状を図3.19に示します．

さて，式(3.25)を見ると，事後確率密度関数$p(X|S)$が含まれています．これは，Sがすでに生じたとする条件なので，この状態を$X =$（定数）$+ D$と考えることができます．ノイズDの発生確率がSに無関係であるとすると，

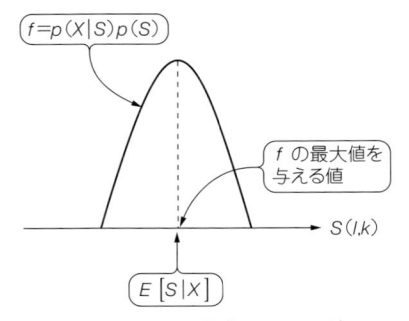

図3.18　MAP推定のイメージ

注8：確率密度関数．第1章を参照．

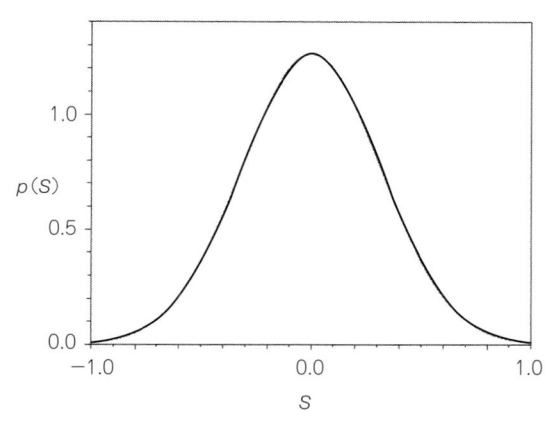

図3.19 式(3.26)のガウス分布（$\sigma_s = 0.1$）

Xの平均値 $\mu_x = E[X] = S$ （定数）
分散 $\sigma_x^2 = E\left[|X - \mu_x|^2\right] = \sigma_d^2$

と書けます．よって，$p(X|S)$を平均S，分散σ_d^2のガウス分布であると仮定すれば，

$$p(X|S) = \frac{1}{\sqrt{2\pi\sigma_d^2}} \exp\left(-\frac{|X-S|^2}{2\sigma_d^2}\right) \quad \cdots (3.28)$$

を得ます．さらに，$p(X|S)p(S)$を最大にするSと，その対数$\ln p(X|S)p(S)$を最大にするSは同じですから，

$$\varepsilon = \ln p(X|S)p(S) \quad \cdots (3.29)$$

を最大にするSを求めても構いません．ここで，

$$S = |S|e^{j\angle S}$$

と書いて，振幅$|S|$と位相$\angle S$が統計的に独立[注9]（Independent）であると仮定します．このとき，

$$\frac{\partial \varepsilon}{\partial \angle S} = 0, \quad \frac{\partial \varepsilon}{\partial |S|} = 0 \quad \cdots (3.30)$$

をそれぞれ解くことで，音声スペクトルの推定値を，

$$\hat{S} = |\hat{S}|e^{j\angle \hat{S}}$$

として得ることができます．式(3.28)と(3.26)を式(3.29)に代入して，式(3.30)を解くと，

$$\angle \hat{S} = \angle X \quad \cdots (3.31)$$

注9：独立の定義については第1章を参照．

$$|\hat{S}| = \frac{\sigma_s^2}{\sigma_s^2 + \sigma_d^2}|X| \quad \cdots\cdots\cdots\cdots\cdots\cdots\cdots\cdots\cdots\cdots\cdots\cdots\cdots\cdots\cdots\cdots\cdots\cdots\cdots\cdots\cdots\cdots\cdots (3.32)$$

を得ます．この結果は，位相スペクトルのMAP推定値が，観測信号の位相スペクトルに一致することを示しています．実際は，∠Xにはノイズの位相特性も含まれているので，∠$\hat{S}$ = ∠Xとすることに不安が残りますが，人間の聴覚は位相に対してあまり敏感ではないので，実用上大きな問題にはなりません．また，

$$\begin{aligned}\hat{S} = |\hat{S}|e^{j\angle\hat{S}} &= \frac{\sigma_s^2}{\sigma_s^2 + \sigma_d^2}|X|e^{\angle X} \\ &= \frac{\sigma_s^2}{\sigma_s^2 + \sigma_d^2}X \quad \cdots\cdots\cdots\cdots\cdots\cdots\cdots\cdots\cdots\cdots\cdots\cdots\cdots\cdots (3.33)\end{aligned}$$

より，ウィーナー・フィルタのスペクトル・ゲイン，

$$G_{Wiener} = \frac{\sigma_s^2}{\sigma_s^2 + \sigma_d^2} \quad \cdots\cdots\cdots\cdots\cdots\cdots\cdots\cdots\cdots\cdots\cdots\cdots\cdots\cdots\cdots\cdots\cdots\cdots (3.34)$$

を得ます．

ここでさらに以下の二つの量を導入します．

$$\gamma = \frac{|X|^2}{\sigma_d^2}$$

$$\xi = \frac{\sigma_s^2}{\sigma_d^2} \quad \cdots\cdots\cdots\cdots\cdots\cdots\cdots\cdots\cdots\cdots\cdots\cdots\cdots\cdots\cdots\cdots\cdots\cdots\cdots\cdots\cdots\cdots\cdots (3.35)$$

γは事後SNR（Aposteriori SNR），ξは事前SNR（Apriori SNR）と呼ばれます．ウィーナー・フィルタのスペクトル・ゲインは，$\xi(l, k)$を用いて次のようにも書けます．

$$G_{Wiener} = \frac{\xi}{1+\xi} \quad \cdots\cdots\cdots\cdots\cdots\cdots\cdots\cdots\cdots\cdots\cdots\cdots\cdots\cdots\cdots\cdots\cdots\cdots\cdots\cdots\cdots (3.36)$$

以降で説明するノイズ除去法はすべてγ，ξを用いて表記することができます．また，ξの効果的な推定法として，次のDecision-Directed（DD）法[3]が知られています．

3.3.6 Decision-Directed法

Decision-Directed法（以下，DD法）は，第lフレームの事前SNR$\xi(l)$を現在の推定音声スペクトル$\hat{S}(l)$と過去の推定音声スペクトル$\hat{S}(l-1)$を利用して推定する方法です．DD法は以下のような近似を経て導出されます．ただし，スペクトル番号kは省略して表記しています．

$$\begin{aligned}\xi(l) = \frac{\sigma_s^2(l)}{\sigma_d^2} &\approx \beta\frac{S^2(l-1)}{\sigma_d^2} + (1-\beta)\frac{S^2(l)}{\sigma_d^2} \\ &\approx \beta\frac{G^2(l-1)X^2(l-1)}{\sigma_d^2} + (1-\beta)\frac{X^2(l)-\sigma_d^2}{\sigma_d^2} \\ &= \beta\gamma(l-1)G^2(l-1) + (1-\beta)\{\gamma(l)-1\}\end{aligned}$$

ここでβは平均をとる割合を決める定数であり，標準的には0.98が用いられます．また，右辺最

後の $|\gamma(l)-1|$ が負とならないよう，実際には次式を用います．

> **Decision-Directed法**
>
> $$\xi(l) = \beta \gamma(l-1)G^2(l-1) + (1-\beta) \cdot \max[\gamma(l)-1, 0] \quad \cdots\cdots\cdots (3.37)$$
>
> ここで，max[・]は最大値を選択する演算子．

> **Scilab演習3.5**
>
> （演習プログラム:Wiener.sce）
>
> **問題**
> DD法の式(3.37)を利用して，ウィーナー・フィルタの式(3.36)を実行せよ．ただし，ノイズの分散 $|\hat{D}(l, k)|$ は観測信号の最初の数フレームを用いて推定せよ．
>
> **解答**
> フレーム長 $N = 256$，ノイズ推定のための初期フレーム数 $L = 4$，Decision-Directed法のパラメータ $\beta = 0.98$ として，ウィーナー・フィルタを実行した．結果を図3.20に示す．結果から，スペクトル・サブトラクション法よりもノイズ除去性能が優れていることが確認できる．また，試聴するとミュージカル・ノイズがやや抑えられていることも確認できる．
>
> 図3.20　Scilab演習3.5－ウィーナー・フィルタによるノイズ除去

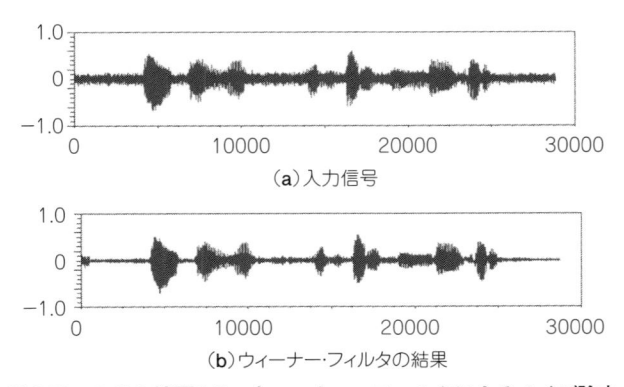

3.3.7 MAP推定法

最近の研究では，音声スペクトルのPDFを振幅と位相に分離して用いることが増えています．このとき，位相スペクトルのPDFに関しては一様分布を仮定することが一般的です．一方，振幅

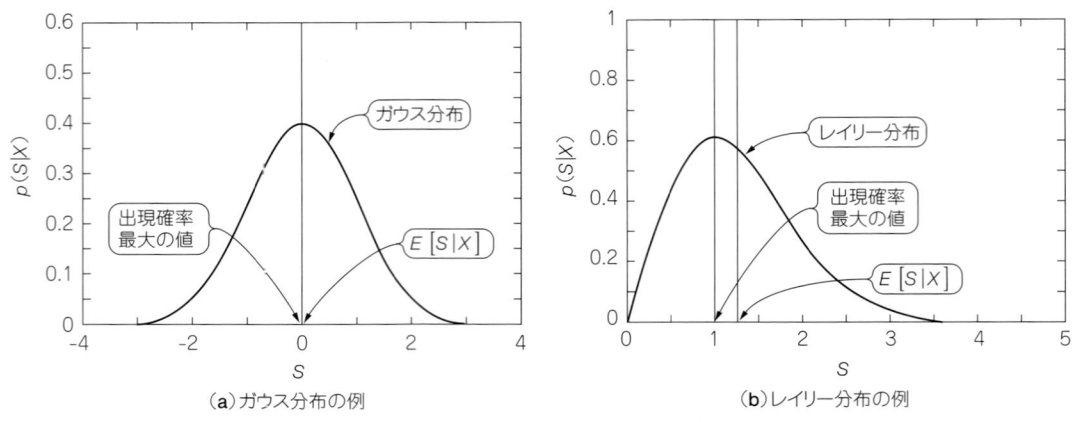

図3.21　分布関数の最大値と平均値

(a) ガウス分布の例
(b) レイリー分布の例

スペクトルのPDFについては，研究者間で合意に達しているものはありませんが，多くの場合，左右対称でない関数が用いられます．

さて，ウィーナー・フィルタでは，式(3.18)の評価関数Jの最小化を目的とし，その最適値として条件付き期待値$E[S\mid X]$が選択されました．$E[S\mid X]$は，ガウス分布のような平均値が最大となる左右対称のPDFを考える場合には最適な選択といえます．また，前節で求めたMAP推定の最適解とも一致します．しかし，例えばPDFが，レイリー分布（Rayleigh Distribution）のような非対称関数である場合には，$E[S\mid X]$とMAP推定の解は一致しません．

$E[S\mid X]$とMAP推定の違いをより明確にするため，具体的なPDFを例にして説明します．図3.21に，$p(S\mid X)$をガウス分布およびレイリー分布としてそれぞれ示します．ここで，横軸は音声スペクトルS，縦軸は$p(S\mid X)$です．また，$E[S\mid X]$と，出現確率が最大となるSにそれぞれ垂直線を引いています．後者がMAP推定の最適解に対応します．

図3.21 (a) に示すガウス分布は平均値が最大の値をとる対称関数なので，平均値$E[S\mid X]$と，関数の最大値を与えるMAP推定の解は一致します．これに対して，図3.21 (b) に示すレイリー分布は，非対称関数であるため，両者の推定値は異なります．非対称のPDFを考える場合には，$E[S\mid X]$よりも，出現確率が最大となるMAP推定の最適解を選択する方が，音声スペクトルの推定値としては妥当です．

さて，実際にノイズ除去においてMAP推定の解を得るために，事後確率密度関数$p(X\mid Y)$の最大化を考えます．音声スペクトルの実部と虚部が，それぞれ互いに無相関なガウス分布に従うと仮定すると，その振幅スペクトルの分布はレイリー分布となります．つまり，

$$p(|S|) = \frac{2|S|}{\sigma_s^2} \exp\left(-\frac{|S|^2}{\sigma_s^2}\right) \quad \cdots \quad (3.38)$$

です．そして音声の位相スペクトル$\angle S$が$-\pi \sim \pi$に等しい確率で発生する一様分布に従うとすると，

$$p(\angle S) = \frac{1}{2\pi} \quad \cdots \quad (3.39)$$

となります．さらに，ノイズについては実部と虚部が無相関でそれぞれ半分ずつの分散を持つガウス分布に従うと仮定すると，

$$p(X|S) = \frac{1}{\pi \sigma_d^2} \exp\left(-\frac{|X-S|^2}{\sigma_d^2}\right) \quad \cdots \cdots (3.40)$$

となります．音声の振幅および位相スペクトルに対して式（3.29）〜式（3.34）の手順でMAP推定を実行すると，次のスペクトル・ゲインが得られます．

$$G_{MAP}(l,k) = \frac{\xi(l,k) + \sqrt{\xi^2(l,k) + 2(1+\xi(l,k))(\xi(l,k)/\gamma(l,k))}}{2(1+\xi(l,k))} \quad \cdots \cdots (3.41)$$

ここで，l，kは，それぞれフレーム番号，スペクトル番号です．

Scilab演習3.6

（演習プログラム：MAP_RLy.sce）

問題

音声の振幅スペクトルをレイリー分布と仮定した場合のMAP推定によるノイズ除去を実行せよ．ただし，ξの推定にはDD法の式（3.37）を用いよ．

解答

フレーム長$N = 256$，ノイズ推定のための初期フレーム数$L = 4$，Decision-Directed法のパラメータ$\beta = 0.98$として，レイリー分布を仮定したMAP推定法を実行した．結果を図3.22に示す．結果から，ウィーナー・フィルタよりもノイズ除去性能がやや劣ることが確認できる．これは，仮定した音声振幅スペクトルのPDFが実際のものと異なることが原因であると考えられる．

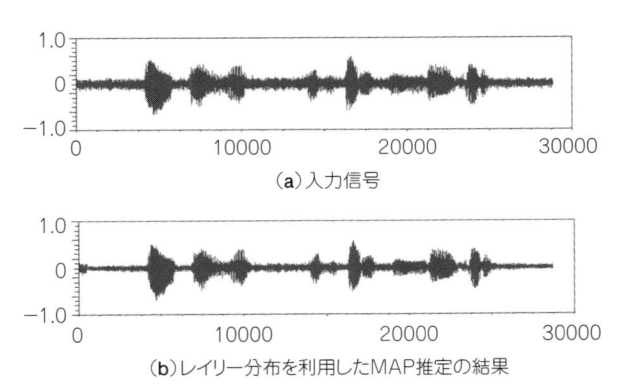

(a) 入力信号

(b) レイリー分布を利用したMAP推定の結果

図3.22 Scilab演習3.6－レイリー分布を仮定したMAP推定によるノイズ除去

3.3.8 T. LotterとP. Varyの音声スペクトル分布

これまでに音声スペクトルのPDFとして，さまざまな関数が提案されてきました[14],[15],[16],[17]．その中でも，T. LotterとP. Varyによって提案された音声スペクトルのPDFは有用なものの一つです[17]．彼らは，実際の音声の振幅スペクトルと位相スペクトルを大量に取得してヒストグラムを作成し，そのヒストグラムを表現できる関数を導出しました（図3.23）．その結果，位相スペクトルは一様分布，振幅スペクトルは次の関数で近似表現できることを示しました．

$$p(|S|) = \frac{\mu^{\nu+1}}{\Gamma(\nu+1)} \frac{|S|^{\nu}}{\sigma_s^{\nu+1}} \exp\left(-\mu \frac{|S|}{\sigma_s}\right) \quad\quad (3.42)$$

ここで，$\Gamma(\cdot)$はガンマ関数であり，μ，νは分布の形状を決めるパラメータです．文献[17]では，$\mu=1.74$，$\nu=0.126$が実際の音声スペクトル分布を最も良く近似する値であることが報告されています．式(3.42)で与えられるPDFを図3.24に示します．

Lotterらの分布を用い，式(3.29)～式(3.34)の手順に従ってMAP推定値を求めれば，次のスペクトル・ゲインが得られます．

$$G_{L.MAP}(l,k) = u + \sqrt{u^2(l,k) + \frac{\nu(l,k)}{2\gamma(l,k)}} \quad\quad (3.43)$$

ただし，

$$u(l,k) = \frac{1}{2} - \frac{\mu(l,k)}{4}\sqrt{\frac{1}{\gamma\xi(l,k)}} \quad\quad (3.44)$$

です．また，l，kはそれぞれフレーム番号，スペクトル番号です．本方式においても，位相スペクトルのMAP推定値は，観測信号の位相スペクトルに一致することが示されています．

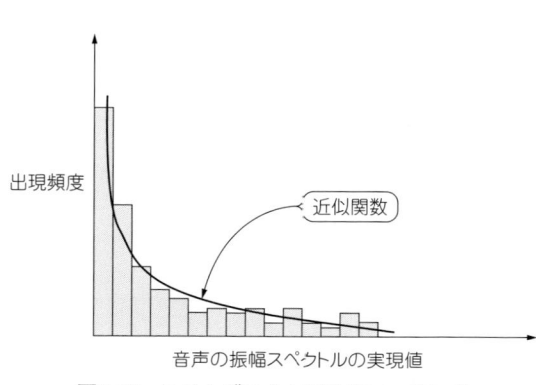

図3.23　ヒストグラムと関数のマッチング

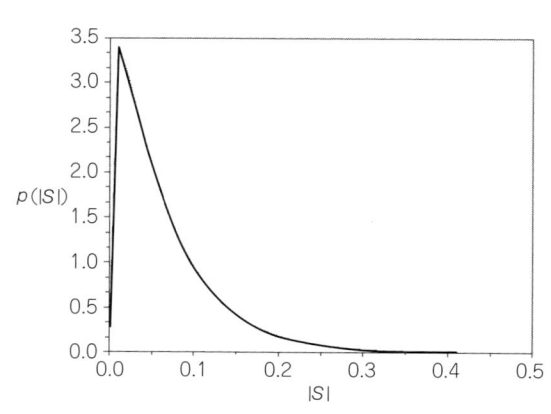

図3.24　式(3.42)のPDF（$\mu=1.74$，$\nu=0.126$，$\sigma_s=0.1$）

Scilab演習3.7

（演習プログラム：MAP_Lotter.sce）

問題

式(3.43)で与えられるスペクトル・ゲインを用いてノイズ除去を実行せよ．ただし，パラメータの値は，Lotterらの提案した$\mu=1.74$，$\nu=0.126$を利用せよ．

解答

音声PDFのパラメータを$\mu=1.74$，$\nu=0.126$と設定し，フレーム長$N=256$，ノイズ推定のための初期フレーム数$L=4$，DD法パラメータ$\beta=0.98$としてノイズ除去を実行した．結果を図3.25に示す．結果から，レイリー分布を音声PDFとした演習3.6の方法よりも，残留ノイズの量が減っていることが確認できる．このことから，Lotterらの音声PDFが，レイリー分布よりも現実の音声PDFに近いのではないかと考えられる．もちろん，音声PDFの形状を決定するパラメータμ，νによってノイズ除去結果は変化する．

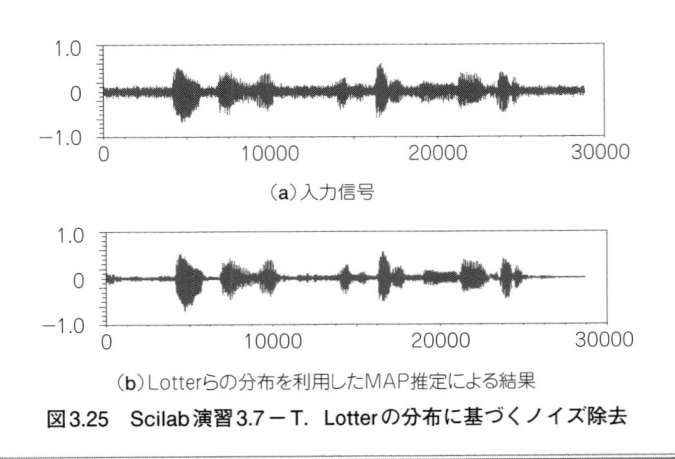

（a）入力信号

（b）Lotterらの分布を利用したMAP推定による結果

図3.25　Scilab演習3.7 － T. Lotterの分布に基づくノイズ除去

3.3.9　可変音声分布

Lotterらによって提案された分布関数は，パラメータを固定値としているため，そのPDFの形状は常に一定です．しかし，実際の音声には，休止区間や，音声の始まりや終わり付近に見られる小さいレベルの音声成分も多く含まれています．そして，これらの区間においては，音声振幅スペクトルのPDFは，0だけが出現するデルタ関数(Delta Function)か，または指数分布(Exponential Distribution)に近い形となるはずです．一方，音声が存在する区間だけに注目すると，音声振幅スペクトルのPDFは，レイリー分布に近い形状となることが確認されています[18]．音声PDFが変化する様子を図3.26に示します．

これらの事実から，文献[18]では，音声スペクトル分布の形状を，音声区間(Speech Segment)と非音声区間(Non-speech Segment)で適応的に変化させる方法が提案されました．これを本書で

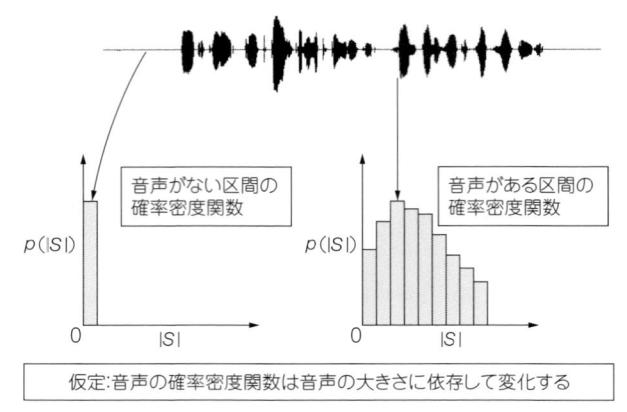

図3.26　音声PDFの仮定

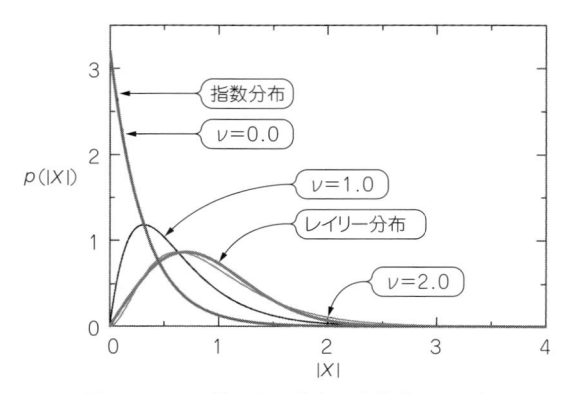

図3.27　νの値による分布の変化（$\mu = 3.2$）

は，可変音声分布（Variable Speech PDF）方式と呼びます．

　実は，Lotterらによって導かれた式(3.42)は，パラメータνのとり方によって，指数分布からレイリー分布までを近似できます．この様子を確認するため，νを変化させた場合に式(3.42)が与える分布曲線を図3.27に示します．ただし，$\mu = 3.2$に固定しています．

　図3.27から分かるように，式(3.42)は，$\nu = 0.0$のときに指数分布に一致し，$\nu = 2.0$のときはレイリー分布を近似します．つまり，非音声区間では$\nu \to 0.0$とし，音声が存在する区間では$\nu \to 2.0$とすれば実際の音声PDFの変化を近似できると考えられます．

　文献[18]で提案された可変音声分布に基づくスペクトル・ゲインは，Lotterらのスペクトル・ゲインのパラメータを可変にすることで得られます．

$$G_{V.MAP}(l,k) = u(l,k) + \sqrt{u^2(l,k) + \frac{v(l,k)}{2\gamma(l,k)}} \quad \cdots\cdots (3.45)$$

　ここで，可変音声分布を実現する$v(l, k)$は各フレームの音声の大きさをSNRで評価して決定します．$v(l, k)$を決定するためのアルゴリズムは次式で与えられます[18]．

$$v(l,k) = \begin{cases} 2.0 & (\tilde{v}(l,k) > 2.0) \\ \tilde{v}(l,k) & (0.0 \leq \tilde{v}(l,k) \leq 2.0) \\ 0.0 & (\tilde{v}(l,k) < 0.0) \end{cases} \quad\quad\quad (3.46)$$

$$\tilde{v}(l,k) = \alpha \left(10 \log_{10} \frac{\sum_{k=0}^{N-1} |X(l,k)|^2}{\sum_{k=0}^{N-1} |D(l,k)|^2} \right) \quad\quad\quad (3.47)$$

ここで，NはFFTスペクトルの数(フレーム長と同じ)であり，aは$\hat{v}(l, k)$の大きさを調整するパラメータです．式(3.46)と式(3.47)から分かるように，$\hat{v}(l, k)$は，観測信号スペクトル全体の事後SNRに基づいて適応的に変化します．

Scilab演習3.8

(演習プログラム：MAP_Tsuka.sce)

問題

式(3.45)で与えられる可変音声分布に基づくスペクトル・ゲインを用いてノイズ除去を実行せよ．ただし，可変パラメータの式(3.47)で必要とされるaにより，ノイズ除去結果が変化する．幾つかのaについてノイズ除去結果を確認せよ．

解答

フレーム長$N = 256$，ノイズ推定のための初期フレーム数$L = 4$，DD法のパラメータ$\beta = 0.98$と設定した．また，式(3.47)における$a = 0.05$と設定してノイズ除去を実行した．結果を図3.28に示す．結果から，演習3.7のLotterらの結果よりも，ノイズ除去性能が改善されていることが分かる．これより，音声PDFを可変とすることが有効であることが確認できた．

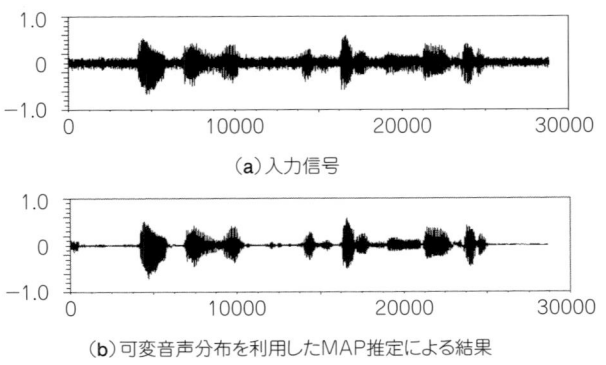

図3.28　Scilab演習3.8－可変音声分布に基づくノイズ除去

3.3.10 各手法の比較

最後に各ノイズ除去法の比較結果を図3.29に示します．これらの中で可変音声分布方式が最もノイズ除去性能が高いことが分かります．

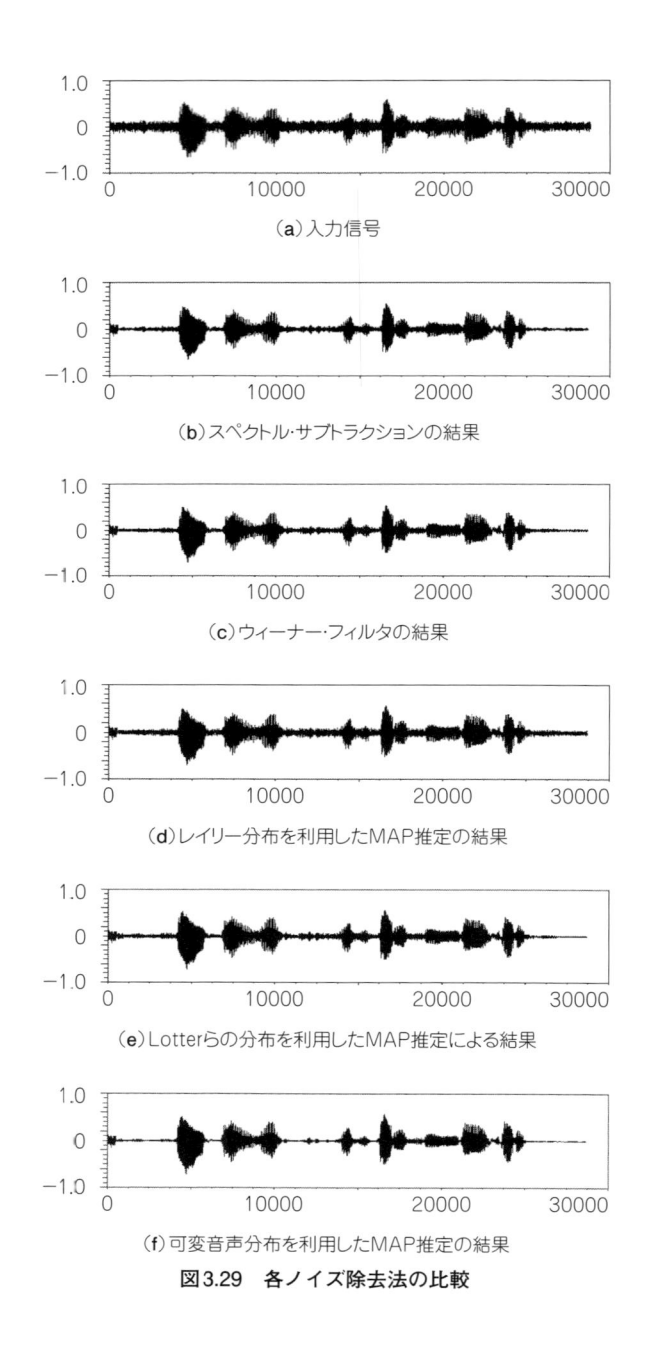

(a)入力信号

(b)スペクトル・サブトラクションの結果

(c)ウィーナー・フィルタの結果

(d)レイリー分布を利用したMAP推定の結果

(e)Lotterらの分布を利用したMAP推定による結果

(f)可変音声分布を利用したMAP推定の結果

図3.29 各ノイズ除去法の比較

章末問題

問題1

図3.30のシステム同定において，適応フィルタ出力を，

$$y(n) = \sum_{m=0}^{M-1} h_m(n) x(n-m)$$

とする．瞬時誤差の2乗 $|e(n)|^2$ を最小化するという観点から，$h_m(n)$ を更新するためのLMSアルゴリズムを導出せよ．

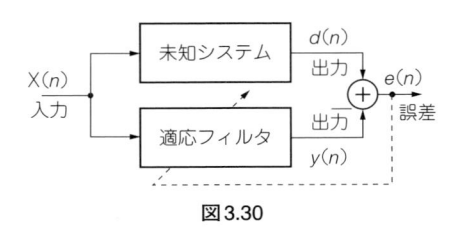

図3.30

問題2

システム同定において，誤差の2乗の期待値 $E[|e(n)|^2]$ を最小化するという観点から，勾配アルゴリズム（最急降下法）を導出せよ．

問題3

適応ノイズ・キャンセラのScilab演習において，μ の値によってノイズ除去性能が変化することを確認せよ．ここで，最大の収束速度を与える μ の値が存在することに注意しよう．また，$N_a > N_u$，$N_a < N_u$ の場合にはどのような結果が得られるか．

問題4

適応ノッチ・フィルタの式(3.1)は零点と極をそれぞれ共役の位置に持つことが知られている．今，零点が $P_z \exp^{(\pm j\omega_z)}$，極が $P_p \exp^{(\pm j\omega_p)}$ で与えられたとする．式(3.1)の a と r を $\{P_z, P_p, \omega_z, \omega_p\}$ を用いて表せ．

問題5

適応ノッチ・フィルタのScilab演習3.1において，r と μ を変更して正弦波の除去を実行し，収束速度と r，μ の関係について調べよ．

問題6

適応ノッチ・フィルタのパラメータ $a = 0$ を固定し，$r = 0.5$，0.7，0.9 と変更した場合の周波数振幅特性をプロットせよ．

問題7

次の伝達関数を持つノッチ・フィルタが知られている．

$$H(z) = \frac{(1 - e^{j\omega_N} z^{-1})(1 - e^{-j\omega_N} z^{-1})}{(1 - r e^{j\omega_N} z^{-1})(1 - r e^{-j\omega_N} z^{-1})} \quad \cdots \quad (3.48)$$

ここで，ω_N は除去周波数である．加算器，乗算器，遅延器などを用いてこのフィルタ構成を図示せよ．

問題8

次式で定義されるSNRはノイズ除去性能の評価に用いられる．

$$SNR = 10 \log_{10} \frac{\sum_{n=0}^{M} s^2(n)}{\sum_{n=0}^{M} (s(n) - \hat{s}(n))^2}$$

ここで，$s(n)$ は原音声，$\hat{s}(n)$ は推定音声である．また，M は信号全体の長さ（サンプル数）とする．SNRは値が大きいほど，ノイズ除去性能が高いことを示す．Scilab演習3.4のスペクトル・サブトラクション法において，フレーム長Nを変更し，対SNRのグラフを示せ．

問題9

ノイズ・スペクトルの実部と虚部が無相関でそれぞれ半分ずつの分散を持つガウス分布に従うと仮定し，式(3.40)で与えられるノイズのPDFを導出せよ．ここで，もともとの分散をσ_d^2としておく．

（ヒント）平均0，分散$\sigma_d^2/2$のガウス分布の積を計算する．

問題10

式(3.41)で与えられるレイリー分布に基づくスペクトル・ゲインを導出せよ．

（ヒント）最初に式(3.38)と式(3.39)を式(3.29)に代入してεを求め，$\angle S$，$|S|$でそれぞれ偏微分する．ここで，$p(S) = p(|S|)p(\angle S)$としてよい．

問題11

式(3.42)を用いてLotterらのスペクトル・ゲインの式(3.43)を導出せよ．

（ヒント）最初に式(3.42)と式(3.39)を式(3.29)に代入してεを求め，$\angle S$，$|S|$でそれぞれ偏微分する．ここで，$p(S) = p(|S|)p(\angle S)$としてよい．

第4章
音源分離技術

　前章で説明した単一マイクロホンによるノイズ除去は，発話者が1名でかつノイズの特性がほぼ変化しない状況を想定していました．従って，特性変動の激しい音声が複数混在する場合に，これらを分離する目的には使用できません．

　本章では，マイクロホンを複数に増やし，複数の音源を分離する技術について説明します．各音源から放射された音は，それぞれ異なる経路を通過してマイクロホンに到達します．各音源から各マイクロホンまでのそれぞれの経路の特性を総じて混合過程といいます．通常，混合過程は未知ですから，マイクロホンの観測信号だけを頼りに音源を分離しなければなりません．このように，混合過程が未知の観測信号から各音源を分離する方法を，ブラインド音源分離（BSS：Blind Source Separation）と呼んでいます（図4.1）．

4-1　右と左に音源あり！バイナリ・マスクで音の持ち主を見分ける

　最初に最も単純なBSS法である，バイナリ・マスキングについて説明します．図4.2に示すように，二つのマイクロホンに2人の話者が発話する場合を考えます．ここで，話者Aと話者Bは，図4.2の中央の破線の左側と右側にそれぞれ位置するものとします．

　話者Aの音声は，まずマイクロホン1に到来し，次いでマイクロホン2に到達します．このとき，マイクロホン2で観測される音声は，距離が遠い分，マイクロホン1よりも振幅が減衰します．逆に，マイクロホン1で受信される話者Bの音声は，マイクロホン2よりも振幅が減衰します．もし，マ

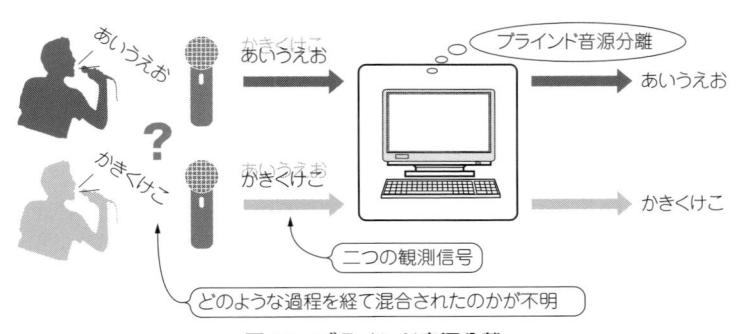

図4.1　ブラインド音源分離

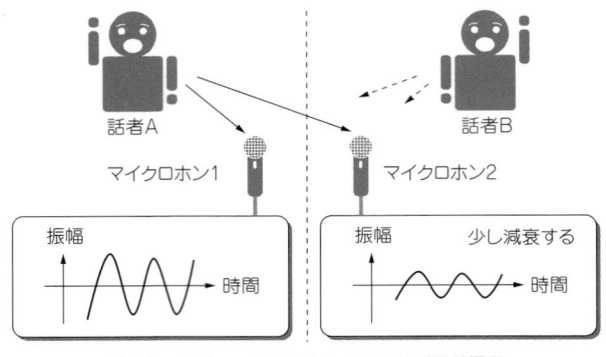

図4.2　複数マイクロホンにおける観測信号

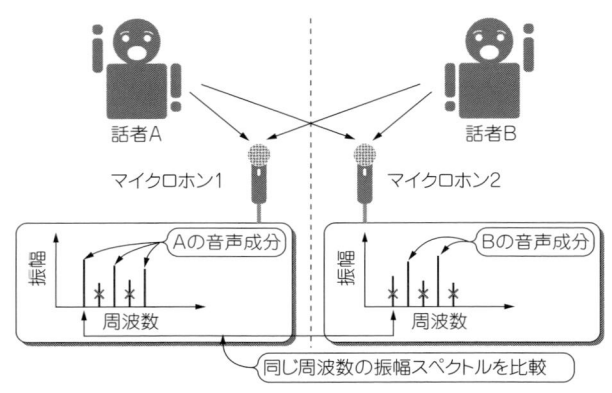

図4.3　バイナリ・マスキングの原理

イクロホンに指向性[注1]があれば，このような減衰はより顕著に表れます．

　さて，実際には話者から各マイクロホンまでの混合過程として，単純な振幅減衰だけでなく，物体からの反射や回折などによる時間遅延と減衰の両方の影響を考慮する必要があります．この場合，話者からマイクロホンまでの音響インパルス応答が混合過程となる畳み込み混合（Convolutive Mixture）を考えなければなりません．しかしここでは簡単のため，時間遅延は考えず，音声振幅の減衰だけが生じるとします．このような混合過程を瞬時混合（Instantaneous Mixture）といいます．瞬時混合について理解できれば，畳み込み混合への拡張は比較的容易です．また，別の仮定として，二人の音声が同じ時刻に同じ周波数成分を共有しないとします．

　仮定した条件の下で，マイクロホン1とマイクロホン2の観測信号を周波数分析し，同じ周波数の振幅スペクトルを比較します．このとき，音声振幅の減衰を考慮すれば，マイクロホン1がマイクロホン2よりも大きい振幅スペクトルを持つとき，その周波数が話者Aの音声成分であることが分かります．逆に，マイクロホン2がマイクロホン1よりも大きい振幅スペクトルを持つ場合，そ

注1：特定の方向からの到来波に対して高い感度を持つこと．

の周波数は話者Bの音声成分です．よって，図4.3に示すように振幅スペクトルの大小関係を利用して，マイクロホン1の信号から話者A以外の周波数を除去し，マイクロホン2の信号から話者B以外の周波数を除去することができます．これは，各スペクトルに対して，バイナリ・マスク（Binary Mask），すなわち0か1の重みを与えることに等しくなります．このような音源分離法をバイナリ・マスキング（Binary Masking）といいます．

話者Aと話者Bの音源スペクトルをそれぞれ$S_1(k)$，$S_2(k)$と表記し，kをスペクトル番号とします．マイクロホン1とマイクロホン2の観測信号スペクトルをそれぞれ$X_1(k)$，$X_2(k)$とすれば，バイナリ・マスキングは次式のように実行されます．

$$\hat{S}_1(k) = \begin{cases} X_1(k) & (|X_1(k)| \geq |X_2(k)|) \\ 0 & (その他) \end{cases} \quad \quad (4.1)$$

$$\hat{S}_2(k) = \begin{cases} X_2(k) & (|X_1(k)| < |X_2(k)|) \\ 0 & (その他) \end{cases} \quad \quad (4.2)$$

ここで，$\hat{S}_1(k)$と$\hat{S}_2(k)$は，それぞれ話者A，話者Bの推定音源スペクトルです．

Scilab演習4.1

問題

時刻nにおける二つの音源を$s_1(n)$，$s_2(n)$とし，二つのマイクロホンによる観測信号を$x_1(n)$，$x_2(n)$とする．以下のa_{11}，a_{12}，a_{21}，a_{22}を適当に与え，観測信号を作成せよ．

$x_1(n) = a_{11}s_1(n) + a_{12}s_2(n)$
$x_2(n) = a_{21}s_1(n) + a_{22}s_2(n)$

作成した観測信号に対してバイナリ・マスキングを実行せよ．

解答

$a_{11} = 1$，$a_{12} = 0.9$，$a_{21} = 0.6$，$a_{22} = 1$とした場合のバイナリ・マスキングの結果を図4.4に示す．結果から二つの音源が分離できていることが確認できる．ただし，バイナリ・マスキングでは，一つの周波数をいずれかの音声に振り分けるため，二人の音声が同じ周波数を共有している区間では，分離後の音声双方に劣化が認められる．

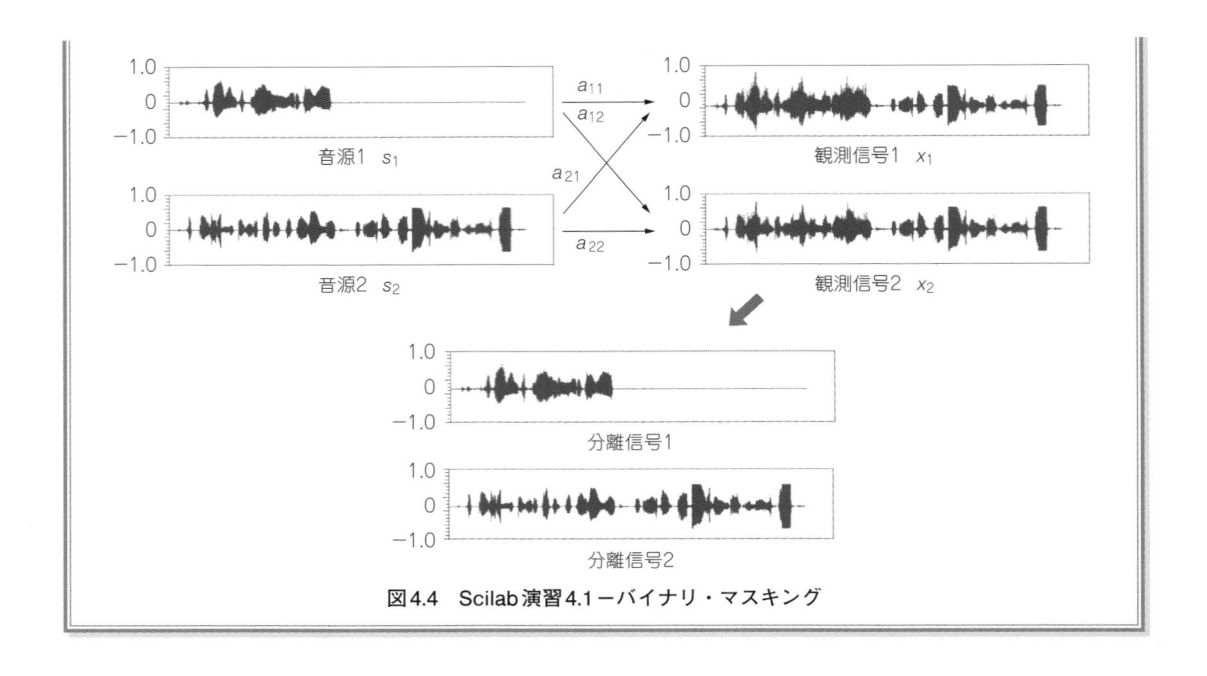

図4.4 Scilab演習4.1 ーバイナリ・マスキング

4-2 バイナリ・マスクの拡張版！DUETによる複数音声の分離

前節のバイナリ・マスキングでは，二つのマイクロホンの正面方向に対して，左右に話者がいることを仮定しました．そして，二つの観測信号の振幅スペクトルの大小関係から音源分離を実現しました．しかし，2人の話者が正面に対して，左側だけ，あるいは右側だけに存在する場合には，単純な振幅スペクトルの大小関係では分離が実現できません（**図4.5**）．

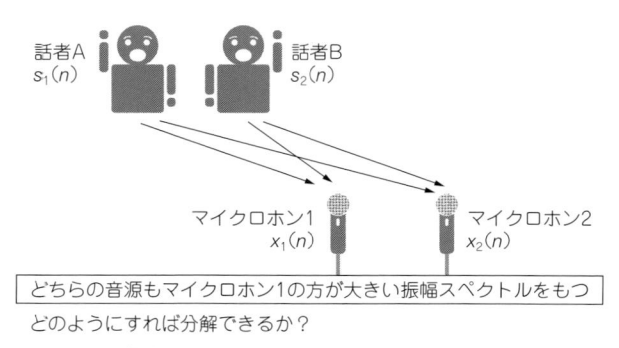

図4.5 単純なバイナリ・マスキングで対応できない場合

Scilab演習4.2

問題

Scilab演習4.1において，$a_{11} > a_{12}$，$a_{21} > a_{22}$として，バイナリ・マスキングによる音源分離ができないことを確認せよ．

解答

$a_{11} = 1$，$a_{12} = 0.9$，$a_{21} = 1$，$a_{22} = 0.6$とした場合のバイナリ・マスキングの結果を図4.6に示す．結果から分離が行われていないことが確認できる．このように同じ側からの音声に対しては，単なるスペクトルの大小関係だけで分離することはできない．

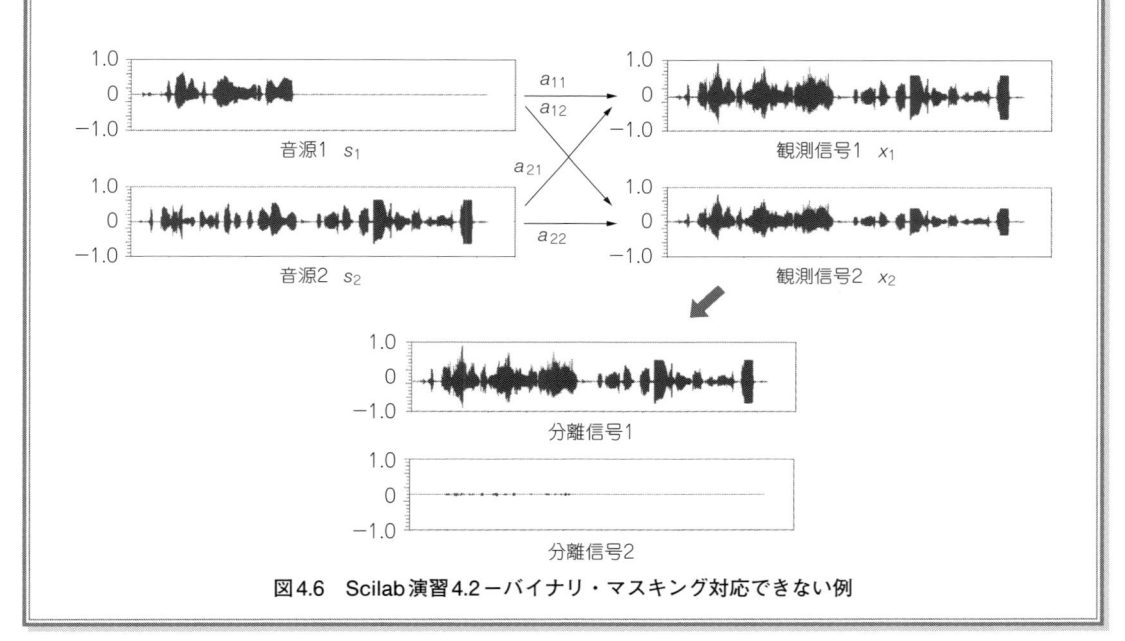

図4.6 Scilab演習4.2－バイナリ・マスキング対応できない例

そこで，二つの観測信号の単純な大小関係ではなく，両者のスペクトルの比によって音源の差別化を行います．図4.7に，音源に対して二つの観測信号の振幅スペクトルの比が異なる様子を示します．

瞬時混合の場合，それぞれの振幅比は定数となります．これをR_1，R_2とおくと，マスク処理による音源分離は次のように実現できます．

$$\hat{S}_1(k) = \begin{cases} X_1(k) & \left(|X_1(k)|/|X_2(k)| = R_1\right) \\ 0 & \text{（その他）} \end{cases} \quad\quad (4.3)$$

$$\hat{S}_2(k) = \begin{cases} X_1(k) & \left(|X_1(k)|/|X_2(k)| = R_2\right) \\ 0 & \text{（その他）} \end{cases} \quad\quad (4.4)$$

ここで，$X_1(k)$はマイクロホン1に対するk番目の観測信号スペクトル，$X_2(k)$はマイクロホン2

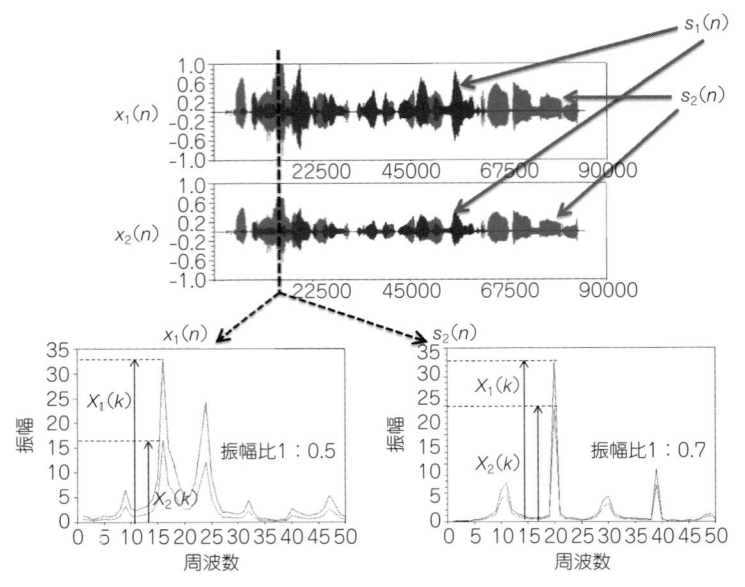

図4.7 振幅比を利用して分離する

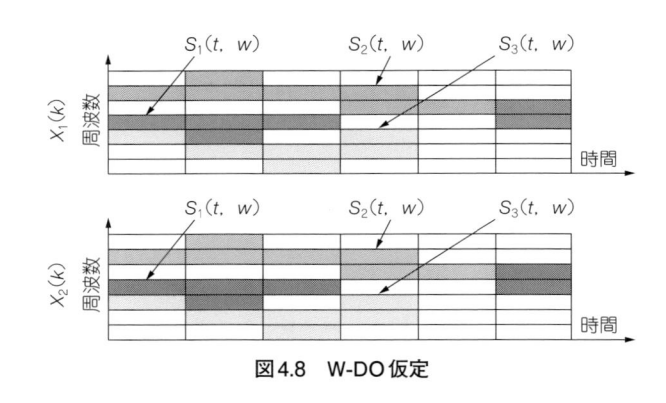

図4.8 W-DO仮定

に対する k 番目の観測信号スペクトルです．また，前節と同様に，異なる音源が同一時刻に同一スペクトルを共有しないという仮定を用いています．これをW-DO（W-Disjoint）仮定といいます．W-DO仮定を模式的に表すと，**図4.8**のようになります．ここで，横軸は時間を表し，縦軸は周波数を表します．また，同一の色が同一の音源のスペクトルであることを表しています．**図4.8**に示すように，W-DO仮定の下では，各色は同一個所に混在しません．つまり，それぞれのスペクトルはたかだか一つの音源により占有されます．

このように，W-DO仮定の下では，二つのマイクロホンで二つの音源を分離できます．同様に，三つのマイクロホンで三つの音源を分離することもできます（**図4.9**）．

さらに興味深いことに，W-DO仮定が成立する限り，三つ以上の音源を分離することも可能です．

図4.9　3音源以上の分離

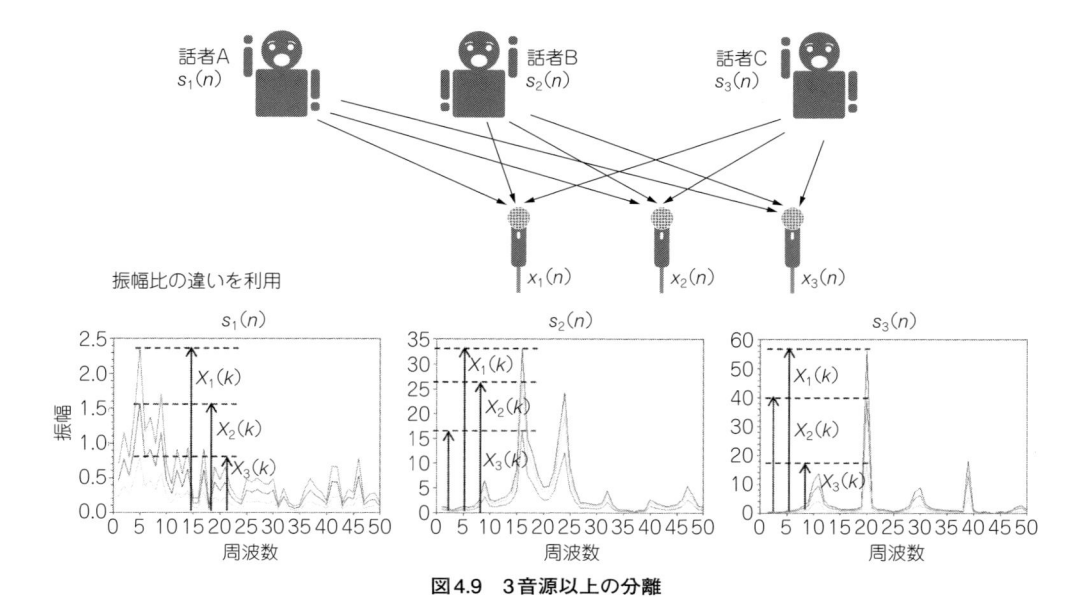

これを式で表現すると，

$$\hat{S}_1(k) = \begin{cases} X_1(k) & \left(|X_2(k)|/|X_1(k)| = R_1\right) \\ 0 & (\text{その他}) \end{cases} \quad \cdots\cdots\cdots (4.5)$$

$$\hat{S}_2(k) = \begin{cases} X_1(k) & \left(|X_2(k)|/|X_1(k)| = R_2\right) \\ 0 & (\text{その他}) \end{cases} \quad \cdots\cdots\cdots (4.6)$$

$$\hat{S}_3(k) = \begin{cases} X_1(k) & \left(|X_2(k)|/|X_1(k)| = R_3\right) \\ 0 & (\text{その他}) \end{cases} \quad \cdots\cdots\cdots (4.7)$$

のようになります．ここで，三つの比R_1，R_2，R_3は，それぞれ定数として与えられ，三つの音源の位置に対応しています．図4.10の例では，$X_1(k)$と$X_2(k)$の比が各音源ごとに異なっている様子が確認できます．それぞれの比がR_1，R_2，R_3に対応します．

さて，肝心のR_1，R_2，R_3を求めるには，どのようにすればよいでしょうか．いくつかの文献によれば，ヒストグラム作成，ピーク・サーチ，クラスタリングの三つの手順が利用されることがあります．三つの手順を用いた比の求め方を図4.11に示します．

このような手順でスペクトル比を求め，その比を手がかりに各音源にスペクトルを振り分ける方法をDUET（Degenerate Unmixing Estimation Technique）といいます．式(4.3)〜式(4.7)から明らかなように，DUETも基本的にはバイナリ・マスクにより音源分離を実行しています．

さらに，マイクロホン間の遅延を導入し，やや現実的なモデルを考えると，観測信号のスペクトルは，

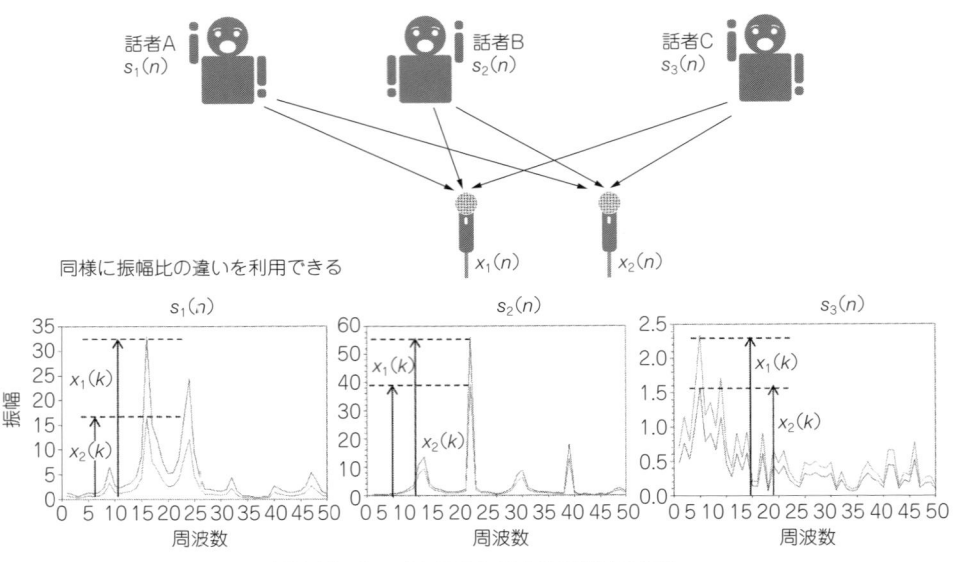

図4.10　2マイクロホンによる3音源の分離

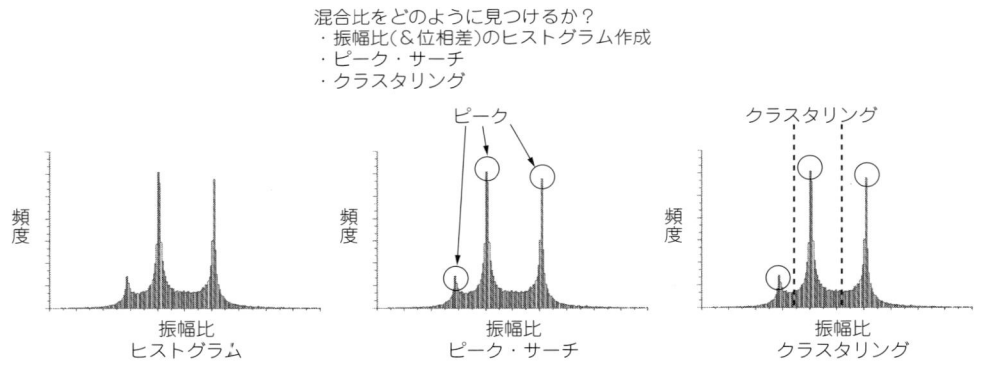

図4.11　2マイクロホン間の比の取得

$$X_1(k) = \sum_{i=1}^{N} S_i(k) \quad \cdots\cdots\cdots\cdots\cdots\cdots\cdots\cdots\cdots\cdots\cdots\cdots\cdots\cdots\cdots\cdots\cdots\cdots \quad (4.8)$$

$$X_2(k) = \sum_{i=1}^{N} a_i S_i(k) e^{-j\theta_i} \quad \cdots\cdots\cdots\cdots\cdots\cdots\cdots\cdots\cdots\cdots\cdots\cdots\cdots \quad (4.9)$$

のように書けます．ここで，θ_i は i 番目の音源に関するマイクロホン1からマイクロホン2への遅延量（位相差）を表します．また，W-DO仮定より，$a_i a_j = 0 \ (i \neq j)$ です．例えば，3音源の場合では，時間遅延を考慮したDUETは次式のように音源分離を実行します．

$$\hat{S}_1(k) = \begin{cases} X_1(k) & \left(\dfrac{|X_2(k)|}{|X_1(k)|} = R_1 \ \& \ \angle\left\{\dfrac{|X_2(k)|}{|X_1(k)|}\right\} = \theta_1\right) \\ 0 & (その他) \end{cases} \quad \cdots\cdots (4.10)$$

$$\hat{S}_2(k) = \begin{cases} X_1(k) & \left(\dfrac{|X_2(k)|}{|X_1(k)|} = R_2 \ \& \ \angle\left\{\dfrac{|X_2(k)|}{|X_1(k)|}\right\} = \theta_2\right) \\ 0 & (その他) \end{cases} \quad \cdots\cdots (4.11)$$

$$\hat{S}_3(k) = \begin{cases} X_1(k) & \left(\dfrac{|X_2(k)|}{|X_1(k)|} = R_3 \ \& \ \angle\left\{\dfrac{|X_2(k)|}{|X_1(k)|}\right\} = \theta_3\right) \\ 0 & (その他) \end{cases} \quad \cdots\cdots (4.12)$$

振幅比だけを利用するよりも，振幅比と遅延差の両方を利用する方が，音源位置を特定しやすくなります．

DUETは，二つのマイクロホンだけで二つ以上の音源を分離することができるという特徴があります．しかし，実際に複数話者が同時話者を行うと，W-DO仮定が満たされないことがあります．仮定が満たされない場合，DUETでは音質劣化が顕著に現れます．この音質劣化は，原理的にマイクロホンの数を増やしても改善しません．

次節では，このような問題を解決するため，観測信号の分析結果から音源成分を抽出するのではなく，最終的な出力音声が所望の特性を持つように音源分離システムを構築する方法について説明します．

4-3 マイクロホン・アレーで音の到来方向を強調する

本節では，観測信号の分析を行うのではなく，図4.12に示すように出力結果を評価して，より所望の特性に近づくような音源分離システムを構築する方法について説明します．ここではまず，出力を評価する評価関数を定めます．そして，評価関数を最小化，あるいは最大化するようにシステムを更新することで，所望の出力を与えるシステムを自動的に構築します．

出力評価型の音源分離法である，適応マイクロホン・アレーを図4.13に示します．適応マイクロホン・アレーは，複数のマイクロホンを1列に並べることで構成されます．応用によっては，円形や四角形，三角形に配置されることもありますが，ここでは直線上にマイクロホンが配置されているとします．

各マイクロホンに別々の音源から到来する音波は，それぞれの音源位置に応じて，異なる時間遅延と振幅減衰が生じています．この違いを利用すれば，各マイクロホン出力を適応フィルタで制御し，音源の強調，あるいは除去を行うことができます．

最も単純な適応マイクロホン・アレーでは，目的音源がマイクロホンに対して正面に存在し，さら

図4.12　出力評価によるシステム更新

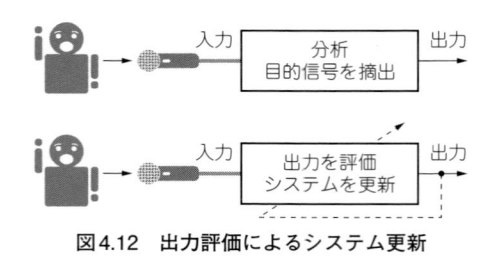

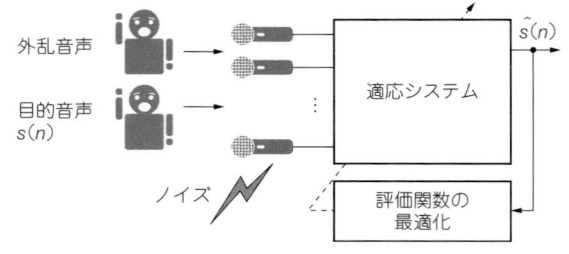

図4.13　適応マイクロホン・アレー

に，観測開始直後では，目的音源以外のノイズだけが存在すると仮定します．そして，観測開始直後に，出力パワーが最小になるように，各適応フィルタのフィルタ係数を更新します．ただし，すべての係数が0となっては意味がありませんので，係数の初期値は乱数で与えておきます．係数収束後に，適応フィルタの更新を停止すれば，ノイズ除去を実現するシステムが得られます．

具体的に，**図4.14**のように，異なる方向から到来する音声$s(n)$と二つの白色ノイズ$w_1(n)$，$w_2(n)$を，三つのマイクロホンで観測し，適応マイクロホン・アレーでノイズを除去する場合を考えてみましょう．ここで，$x_1(n)$，$x_2(n)$，$x_3(n)$はそれぞれのマイクロホンにおける観測信号です．また，ADF1，ADF2，ADF3は適応フィルタであり，それぞれの出力は次式で与えられるとします．

$$y_1(n) = \sum_{m=0}^{M-1} h_m^{(1)} x_1(n-m) \quad\quad\quad (4.13)$$

$$y_2(n) = \sum_{m=0}^{M-1} h_m^{(2)} x_2(n-m) \quad\quad\quad (4.14)$$

$$y_3(n) = \sum_{m=0}^{M-1} h_m^{(3)} x_3(n-m) \quad\quad\quad (4.15)$$

ここで，MはADFの次数，$h_m^{(i)}$はi番目のADFのm番目のフィルタ係数です．そして，**図4.14**の$\hat{s}(n)$が，最終的なマイクロホン・アレー出力となります．目的音声が存在しない観測開始区間では，フィルタ係数を更新し，$E[\hat{s}^2(n)]$の最小化を目指します．係数更新には，第3章で説明したNLMSアルゴリズムなどが用いられます．NLMSアルゴリズムでi番目のADFの係数を更新する場合は，

$$h_m^{(i)}(n+1) = h_m^{(i)}(n) + \mu \frac{x_i(n-m)\hat{s}(n)}{\sum_{m=0}^{M-1} x_i^2(n-l)} \quad\quad\quad (4.16)$$

のようになります．ただし，この方式の適応マイクロホン・アレーでは，ADFの係数が目的信号が存在しない区間だけで決定されるため，ノイズ除去は実現できても，目的音声が劣化する可能性が高くなります．

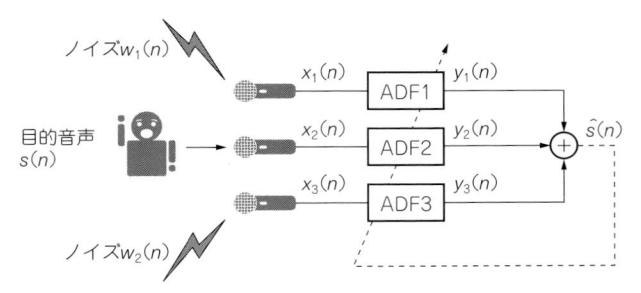

図4.14　三つのマイクロホンによる適応マイクロホン・アレー

Scilab演習4.3

問題

図4.14で示した適応マイクロホン・アレーを，音声$s(n)$と二つの白色ノイズ$w_1(n)$，$w_2(n)$に対して実行せよ．ただし，観測信号$x_1(n)$，$x_2(n)$，$x_3(n)$を，

$x_1(n) = s(n) + w_1(n) + w_2(n-2)$
$x_2(n) = s(n) + w_2(n-1) + w_2(n-1)$
$x_3(n) = s(n) + w_3(n-2) + w_2(n)$

と設定し，ADFの係数更新には，式(4.16)のNLMSアルゴリズムを用いよ．

解答

ADFの次数$N = 256$，NLMSアルゴリズムのステップ・サイズ$\mu = 0.5$とした場合の，観測信号$x_2(n)$と，適応マイクロホン・アレーの出力結果$\hat{s}(n)$を図4.15に示す．結果から，ノイズ除去効果が確認できる．しかし，同時に，出力音声の振幅が小さくなっていることも確認できる．

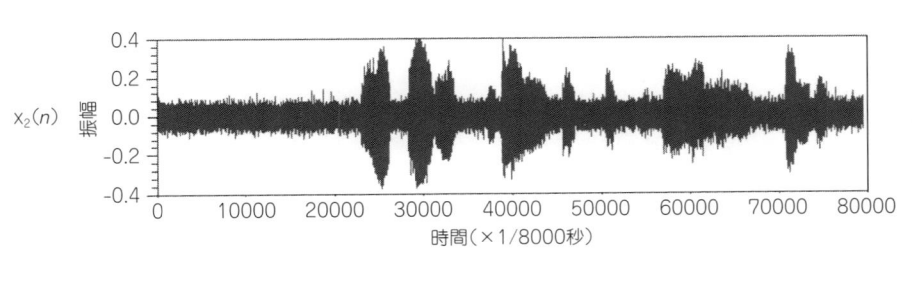

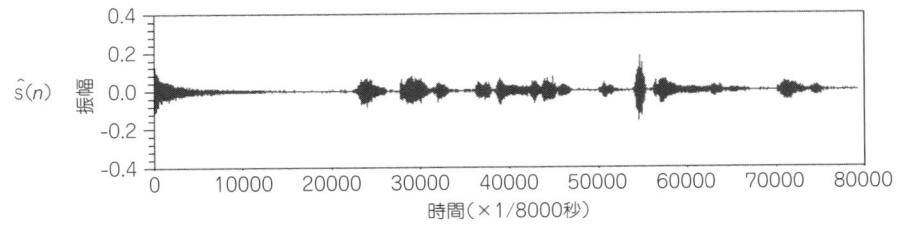

図4.15　Scilab演習4.3－適応マイクロホン・アレーの出力

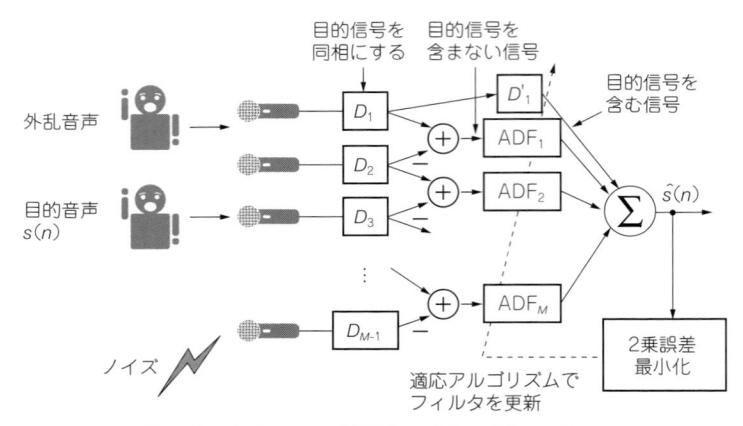

図4.16 Griffiths-Jim型適応マイクロホン・アレー

次に，目的信号の劣化が少なく，かつノイズ除去効果が得られるGriffiths-Jim型の適応マイクロホン・アレーについて述べます．

図4.16に示すGriffiths-Jim型の適応マイクロホン・アレーでは，最初に目的信号をすべてのマイクロホン出力において同相となるように調整します．同相信号のうち，任意の二つの信号の差分をとると目的信号が除去され，そのほかのノイズ成分だけが残ります．よって，マイクロホン数をMとすれば，目的信号を含まない$M-1$個のノイズ信号を生成できます．これらの信号の線形結合により，目的信号を含む観測信号を推定します．ただし，目的信号を含む観測信号には，適応フィルタ次数の半分程度の遅延量D'_1を与えておきます．目的信号とノイズ信号が無相関であれば，推定信号はノイズだけとなります．よって，推定誤差を最終的な出力として用いれば，ノイズが除去された目的信号が得られます．

Griffiths-Jim型の適応マイクロホン・アレーでは，出力と目的信号を常に比較，評価しているため，目的信号の劣化を少なくできます．

Scilab演習4.4

問題

マイクロホンの数を三つとして，図4.17に示すGriffiths-Jim型適応マイクロホン・アレーを，音声$s(n)$と二つの白色ノイズ$w_1(n)$，$w_2(n)$に対して実行せよ．

ただし，観測信号$x_1(n)$，$x_2(n)$，$x_3(n)$を，

$x_1(n) = s(n) + w_1(n) + w_2(n-2)$
$x_2(n) = s(n) + w_2(n-1) + w_2(n-1)$
$x_3(n) = s(n) + w_3(n-2) + w_2(n)$

と設定し，ADFの係数更新には，式(4.16)のNLMSアルゴリズムを用いよ．

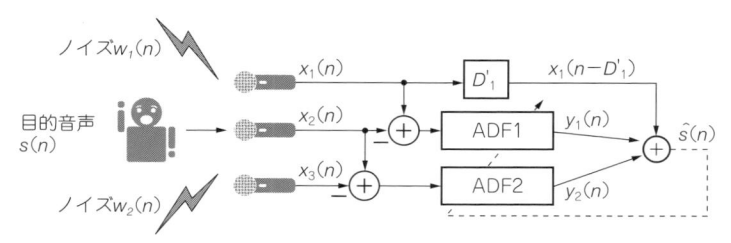

図4.17　Scilab演習4.4－マイクロホンが三つのGriffiths-Jim型マイクロホン・アレー

解答

ADFの次数$N = 256$，NLMSアルゴリズムのステップサイズ$\mu = 0.1$，遅延$D'_1 = N/2$とした場合の，観測信号$x_2(n)$と，出力結果$\hat{s}(n)$を図4.18に示す．結果から，残留ノイズが認められるものの，目的音声の振幅が，十分な大きさで出力されていることが確認できる．

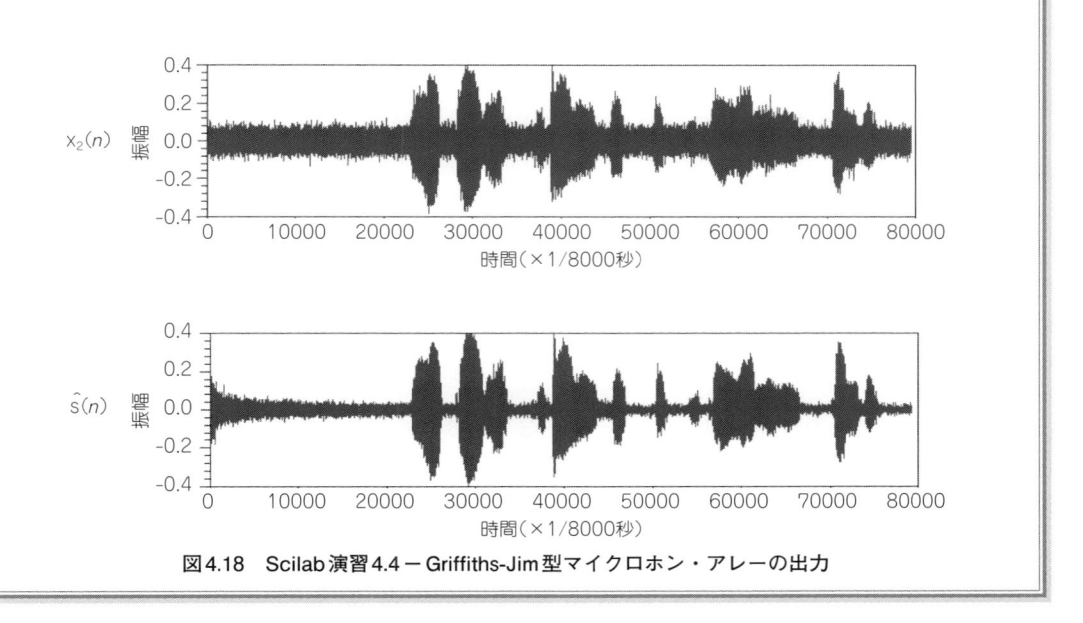

図4.18　Scilab演習4.4－Griffiths-Jim型マイクロホン・アレーの出力

4-4　独立成分分析で高品質音源分離を実行しよう

本節では，話者の位置関係を特定せず，それぞれの音声が統計的に独立な場合について考えます．このような条件下でBSSを実行する方法を，独立成分分析（ICA：Independent Component Analysis）といいます．本節ではICAの基本的な考え方について説明します．

4.4.1 独立成分分析（ICA）の原理

ICA の原理について，2人の話者と二つのマイクロホンを用いて説明します．ただし簡単のため，音源からマイクロホンまでの時間遅延は考えず，振幅減衰だけを考えます．これはバイナリ・マスキングの説明で用いた瞬時混合モデルと同じでです．

図 4.19 に示すように，音源を $s_1(n)$, $s_2(n)$ とし，マイクロホンにおける観測信号を $x_1(n)$, $x_2(n)$, 音源 i からマイクロホン j への混合過程を定数 a_{ij} で表現すると，

$$x_1(n) = a_{11}s_1(n) + a_{12}s_2(n) \quad\quad (4.17)$$

$$x_2(n) = a_{21}s_1(n) + a_{22}s_2(n) \quad\quad (4.18)$$

となります．問題は $x_1(n)$ と $x_2(n)$ から $s_1(n)$ と $s_2(n)$ を分離することです．$s_1(n)$ と $s_2(n)$ を求める方法を見つけるために，式 (4.17) と式 (4.18) を，行列とベクトルで次のように表現してみます．

$$\boldsymbol{x}(n) = \boldsymbol{A}\boldsymbol{s}(n) \quad\quad (4.19)$$

ここで，

$$\boldsymbol{s}(n) = [s_1(n),\ s_2(n)]^{\mathrm{T}} \quad\quad (4.20)$$

$$\boldsymbol{x}(n) = [x_1(n),\ x_2(n)]^{\mathrm{T}} \quad\quad (4.21)$$

$$\boldsymbol{A} = \begin{bmatrix} a_{11} & a_{12} \\ a_{21} & a_{22} \end{bmatrix} \quad\quad (4.22)$$

であり，$\boldsymbol{A}$ を混合行列（Mixing Matrix）といいます．また，$[\ \cdot\ ]^{\mathrm{T}}$ は転置を表します．

式 (4.19) より，$\boldsymbol{x}(n)$ から $\boldsymbol{s}(n)$ を得るには，$\boldsymbol{A}$ の逆行列（Inverse Matrix）を式 (4.19) の両辺に左から乗じればよいことが分かります．つまり，

$$\boldsymbol{A}^{-1}\boldsymbol{x}(n) = \boldsymbol{s}(n) \quad\quad (4.23)$$

です．よって，音源を分離する行列として $\boldsymbol{A}^{-1}$ が手に入れば完全な BSS が実現できます（**図 4.20**）．

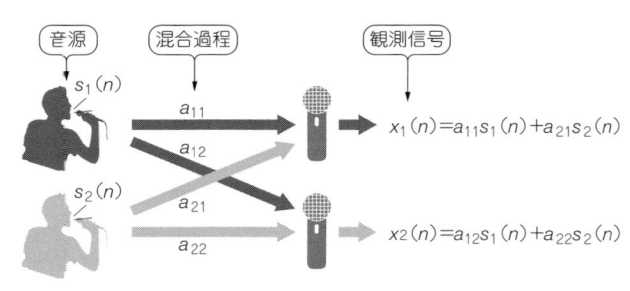

図 4.19　瞬時混合モデル

図4.20 完全なBSSの実現

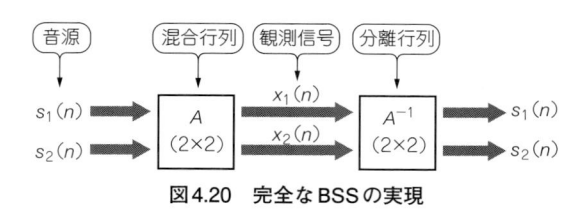

もちろんA^{-1}は未知ですが，2×2の行列[注2]であることは既知とします．さらに，$s_1(n)$と$s_2(n)$は統計的に独立とします．以下ではこれだけの条件を用いてBSSを実行する方法を考えます．

4.4.2 散布図

同時刻における二つの信号$x_1(n)$，$x_2(n)$を座標として，そこに点をプロットしたものを散布図といいます．散布図は，同時刻における二つの信号の依存関係を示しており，独立や無相関などの状態を「見る」ことができます．

Scilab演習4.5

問題

原信号$s_1(n)$，$s_2(n)$の散布図を描いてみよ．また，a_{11}，a_{12}，a_{21}，a_{22}を適当に選択し，混合信号，
$$x_1(n) = a_{11}s_1(n) + a_{12}s_2(n),$$
$$x_2(n) = a_{21}s_1(n) + a_{22}s_2(n)$$
の散布図を描いてみよ．それぞれどのような特徴が見られるか．

解答

原音声の散布図は図4.21の通り．図から，二つの音声の散布図は十字に分布していることが分かる．これは，s_1とs_2が，同じ時刻に同じ変化をしていないことを示している．つまり，互いの信号が独立に発生していると考えることができる．

次に，$a_{11}=0.9$，$a_{12}=0.5$，$a_{21}=0.8$，$a_{22}=0.7$とした場合の観測信号$x_1(n)$，$x_2(n)$の散布図を図4.22に示す．図から，分布が斜め方向に広がっているため，$x_1(n)$と$x_2(n)$が同時刻に同じ変化をする信号を含んでいることを示している．

注2：$m\times n$の行列は，行数がmで列数がnの行列．

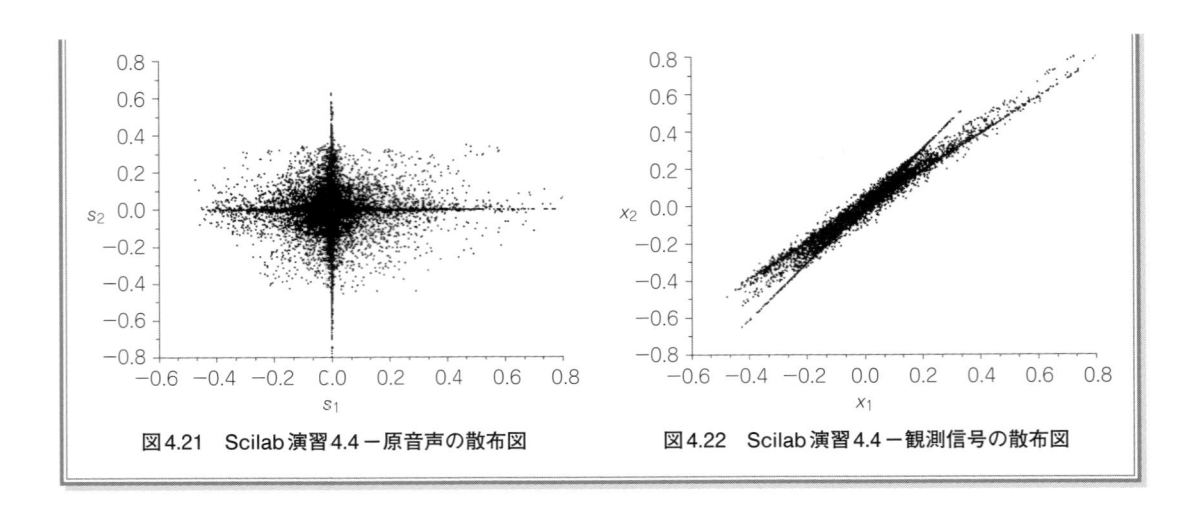

図4.21　Scilab演習4.4－原音声の散布図　　　　図4.22　Scilab演習4.4－観測信号の散布図

4.4.3　モデルの修正

式(4.23)から分かるように，2×2 の適当な行列 V をランダムに作り出して $Vx(n)$ を片っ端から計算すれば，$V = A^{-1}$ となるときに $s(n)$ が得られます．しかし，これはあまりにも効率が悪い方法です．そこで最初に，与えられたモデルを少し修正します．後で説明するように，この修正によりBSSを効率良く実行できます．

まず，現在の音源の分散が，

$$E\left[s_1^2(n)\right] = \sigma_1^2$$
$$E\left[s_2^2(n)\right] = \sigma_2^2$$

であるとします．このとき，必要な修正は，

$$\tilde{s}_1(n) = s_1(n)/\sigma_1$$
$$\tilde{s}_2(n) = s_2(n)/\sigma_2$$

で与えられる分散1の信号 $\tilde{s}_1(n)$，$\tilde{s}_2(n)$ を導入することです．このときの修正モデルを図4.23に示します．同図におけるモデルから観測信号の新しい表現が次のように得られます．

$$x(n) = \tilde{A}\tilde{s}(n) \quad \cdots \cdots (4.24)$$

ここで，

$$\tilde{s}(n) = \left[\tilde{s}_1(n), \tilde{s}_2(n)\right]^{\mathrm{T}} \quad \cdots \cdots (4.25)$$

$$\tilde{A} = \begin{bmatrix} \sigma_1 a_{11} & \sigma_2 a_{12} \\ \sigma_1 a_{12} & \sigma_2 a_{22} \end{bmatrix} \quad \cdots \cdots (4.26)$$

です．

$\tilde{s}_1(n)$ と $\tilde{s}_2(n)$ は音源の定数倍ですから，これらを $s_1(n)$ と $s_2(n)$ の代わりに求めてもBSSが実行

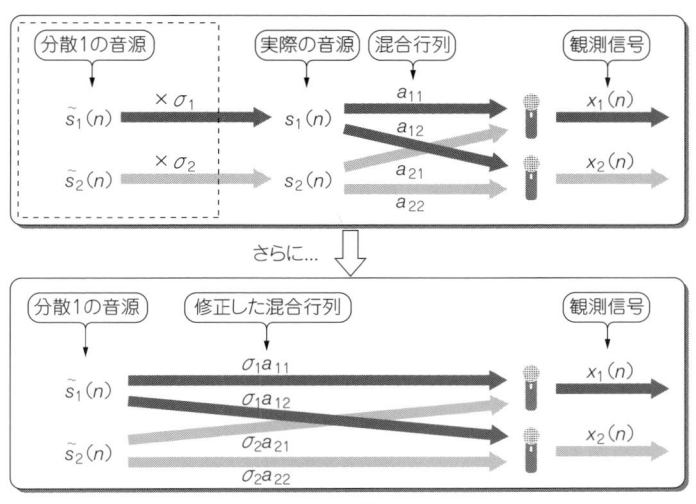

図4.23　モデルの修正

できます．ここでは，$s(n)$よりもむしろ$\tilde{s}(n)$を求めることに重点を置きます．

4.4.4　信号の無相関化

ある2×2行列$\boldsymbol{V}$を観測信号$\boldsymbol{x}(n)$に乗じて新たな信号$\hat{\boldsymbol{x}}(n)$を作ります．

$$\hat{\boldsymbol{x}}(n) = \boldsymbol{V}\boldsymbol{x}(n) \quad \cdots\cdots (4.27)$$

これが音源ベクトル$\tilde{\boldsymbol{s}}(n)$に一致すればよいのですが，まずは$\hat{\boldsymbol{x}}(n)\hat{\boldsymbol{x}}(n)^{\mathrm{T}}$の期待値の性質について調べてみます．この期待値は，自己相関行列（Auto-correlation Matrix）と呼ばれています．

$\hat{\boldsymbol{x}}$の自己相関行列は，

$$E\left[\hat{\boldsymbol{x}}(n)\hat{\boldsymbol{x}}(n)^{\mathrm{T}}\right] = \boldsymbol{V}E\left[\boldsymbol{x}(n)\boldsymbol{x}(n)^{\mathrm{T}}\right]\boldsymbol{V}^{\mathrm{T}} \quad \cdots\cdots (4.28)$$

$$= \left(\boldsymbol{V}\tilde{\boldsymbol{A}}\right)E\left[\tilde{\boldsymbol{s}}(n)\tilde{\boldsymbol{s}}(n)^{\mathrm{T}}\right]\left(\boldsymbol{V}\tilde{\boldsymbol{A}}\right)^{\mathrm{T}} \quad \cdots\cdots (4.29)$$

となります．ここで，$\boldsymbol{V}$と$\tilde{\boldsymbol{A}}$はすべての要素が定数であるとして，期待値の外に出しています．また，$\tilde{s}_1(n)$と$\tilde{s}_2(n)$が互いに独立で，かつそれぞれの分散が1であることから，

$$E\left[\tilde{\boldsymbol{s}}(n)\tilde{\boldsymbol{s}}(n)^{\mathrm{T}}\right] = \boldsymbol{I} \quad \cdots\cdots (4.30)$$

が成立します．ただし，$\boldsymbol{I}$は対角要素が1でほかがすべて0となる単位ベクトルです．

式(4.30)を式(4.29)に代入すれば次式を得ます．

$$E\left[\hat{\boldsymbol{x}}(n)\hat{\boldsymbol{x}}(n)^{\mathrm{T}}\right] = \left(\boldsymbol{V}\tilde{\boldsymbol{A}}\right)\left(\boldsymbol{V}\tilde{\boldsymbol{A}}\right)^{\mathrm{T}} \quad \cdots\cdots (4.31)$$

さて，$\hat{\boldsymbol{x}}(n) = \tilde{\boldsymbol{s}}(n)$となれば式(4.27)により完全にBSSが実行できたことになります．このとき，

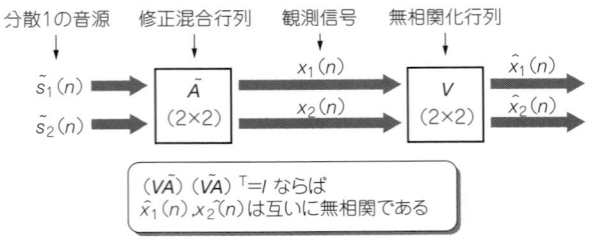

```
        分散1の音源    修正混合行列   観測信号    無相関化行列
            ↓            ↓          ↓           ↓
         s̃₁(n) ──→   ┌─────┐   x₁(n)    ┌─────┐   x̂₁(n)
                     │  Ã  │ ─────────→ │  V  │ ─────────→
         s̃₂(n) ──→   │(2×2)│   x₂(n)    │(2×2)│   x̂₂(n)
                     └─────┘ ─────────→ └─────┘ ─────────→

                         ┌─────────────────────────┐
                         │ (VÃ)(VÃ)ᵀ=I ならば       │
                         │ x̂₁(n), x̂₂(n)は互いに無相関である │
                         └─────────────────────────┘
```

図4.24　信号の無相関化

$$E\left[\hat{\boldsymbol{x}}(n)\hat{\boldsymbol{x}}(n)^{\mathrm{T}}\right] = E\left[\tilde{\boldsymbol{s}}(n)\tilde{\boldsymbol{s}}(n)^{\mathrm{T}}\right] = \boldsymbol{I}$$

です．従って，BSSが成功したときには，式(4.31)より，

$$\left(\boldsymbol{V}\tilde{\boldsymbol{A}}\right)\left(\boldsymbol{V}\tilde{\boldsymbol{A}}\right)^{\mathrm{T}} = \boldsymbol{I} \quad\quad\quad\quad\quad\quad\quad\quad\quad\quad\quad\quad\quad\quad\quad\quad (4.32)$$

が成立します．これは，$(\boldsymbol{V}\tilde{\boldsymbol{A}})$の各列ベクトルの大きさがすべて1で，かつ互いに直交[注3]していることを示しています．このような行列は正規直交行列（Orthonormal Matrix）と呼ばれます．

式(4.32)は，分離信号$\hat{x}_1(n)$と$\hat{x}_2(n)$が互いに独立となるときに必ず満たされる条件です．よって，これを音源分離の指標として用いることが考えられます．

ところが実は，式(4.32)は両者が互いに無相関であるときにも成立する条件です．よって，式(4.32)は，目指す独立を保証する条件ではなく，$\hat{x}_1(n)$と$\hat{x}_2(n)$が無相関であることを保証する条件となります（図4.24）．第1章で説明したように，無相関は独立よりも弱い条件です．しかし少なくとも独立の条件に一歩近づけるので，まずは信号の無相関化を実現します．

4.4.5　信号無相関化の行列$\boldsymbol{V}$の導出

$\hat{x}_1(n)$と$\hat{x}_2(n)$が無相関であるときは，$E\left[\hat{\boldsymbol{x}}(n)\hat{\boldsymbol{x}}(n)^{\mathrm{T}}\right] = \boldsymbol{I}$より，式(4.28)も$\boldsymbol{I}$となります．ここで，観測信号$\boldsymbol{x}(n)$の自己相関行列$E\left[\boldsymbol{x}(n)\boldsymbol{x}(n)^{\mathrm{T}}\right]$を$\boldsymbol{R}$とおくと，式(4.28)は次のように書けます．

$$\boldsymbol{V}\boldsymbol{R}\boldsymbol{V}^{\mathrm{T}} = \boldsymbol{I} \quad\quad\quad\quad\quad\quad\quad\quad\quad\quad\quad\quad\quad\quad\quad\quad\quad\quad (4.33)$$

さて，ここで自己相関行列$\boldsymbol{R}$に着目します．$\boldsymbol{R}$は，

$$\boldsymbol{R}\boldsymbol{q} = \lambda\boldsymbol{q} \quad\quad\quad\quad\quad\quad\quad\quad\quad\quad\quad\quad\quad\quad\quad\quad\quad\quad\quad\quad (4.34)$$

なるλと$\boldsymbol{q}$が存在することが知られており，それぞれ$\boldsymbol{R}$の固有値（Eigen Value），固有ベクトル（Eigen Vector）と呼ばれます．通常，固有値と固有ベクトルは$\boldsymbol{R}$の行数（列数）だけ見つかるため，今回の問題設定ではそれぞれ二つずつ得られます．これらを次のようにまとめて表記します．

$$\boldsymbol{Q} = [\boldsymbol{q}_1 \ \boldsymbol{q}_2] \quad\quad\quad\quad\quad\quad\quad\quad\quad\quad\quad\quad\quad\quad\quad\quad\quad\quad (4.35)$$

注3：二つのベクトルの要素同士の積の和（内積）が0になるとき，二つのベクトルは直交するという．

$$\Lambda = \mathrm{diag}(\lambda_1, \lambda_2) \quad \cdots\cdots\cdots\cdots\cdots\cdots\cdots\cdots\cdots\cdots\cdots\cdots\cdots\cdots\cdots\cdots\cdots\cdots\cdots\cdots\cdots\cdots\cdots\cdots\cdots\cdots\cdots \quad (4.36)$$

ここで，q_1 と q_2 は 2×1 の固有ベクトル，λ_1 と λ_2 はそれぞれに対応する固有値です．また，$\mathrm{diag}(\cdot)$ は対角行列の要素を表します．このとき，式 (4.34) から，

$$RQ = Q\Lambda \quad \cdots\cdots\cdots\cdots\cdots\cdots\cdots\cdots\cdots\cdots\cdots\cdots\cdots\cdots\cdots\cdots\cdots\cdots\cdots\cdots\cdots\cdots\cdots\cdots\cdots\cdots\cdots\cdots\cdots\cdots \quad (4.37)$$

が成立します．ここで，Q は次の特徴を持つユニタリ行列 (Unitary Matrix) であることが知られています[21]．

$$QQ^{\mathrm{T}} = Q^{\mathrm{T}}Q = I \quad \cdots\cdots\cdots\cdots\cdots\cdots\cdots\cdots\cdots\cdots\cdots\cdots\cdots\cdots\cdots\cdots\cdots\cdots\cdots\cdots\cdots\cdots\cdots\cdots \quad (4.38)$$

この性質を利用して，式 (4.37) の両辺に Q^{T} を乗じると，

$$Q^{\mathrm{T}}RQ = \Lambda \quad \cdots\cdots\cdots\cdots\cdots\cdots\cdots\cdots\cdots\cdots\cdots\cdots\cdots\cdots\cdots\cdots\cdots\cdots\cdots\cdots\cdots\cdots\cdots\cdots\cdots\cdots\cdots \quad (4.39)$$

を得ます．さらに，自己相関行列の固有値は，ほとんどの場合で正の値をとることが知られており，このときは，

$$\left(\sqrt{\Lambda^{-1}}Q^{\mathrm{T}}\right)R\left(\sqrt{\Lambda^{-1}}Q^{\mathrm{T}}\right)^{\mathrm{T}} = I \quad \cdots\cdots\cdots\cdots\cdots\cdots\cdots\cdots\cdots\cdots\cdots\cdots\cdots \quad (4.40)$$

なる R の変換が可能となります．ここで，

$$\left(\sqrt{\Lambda^{-1}}\right)^{\mathrm{T}} = \sqrt{\Lambda^{-1}}$$

を用いています．

式 (4.40) と式 (4.33) とを比較することで，

$$V = \left(\sqrt{\Lambda^{-1}}Q^{\mathrm{T}}\right) \quad \cdots\cdots\cdots\cdots\cdots\cdots\cdots\cdots\cdots\cdots\cdots\cdots\cdots\cdots\cdots\cdots\cdots\cdots\cdots\cdots\cdots\cdots \quad (4.41)$$

と選べば $\hat{x}_1(n)$ と $\hat{x}_2(n)$ を無相関化できることが分かります．これで信号を独立にする準備が整いました．

Scilab演習4.6　信号の無相関化

問題

$$A = \begin{bmatrix} 0.9 & 0.5 \\ 0.8 & 0.7 \end{bmatrix}$$

として観測信号 $x(n) = As(n)$ の無相関化を行え．

解答

まず，

$$R = E\left[x(n)x(n)^{\mathrm{T}}\right]$$

4-4　独立成分分析で高品質音源分離を実行しよう

を時間平均で代用して求める．Q と Λ を求めるためには，固有方程式を解く必要があるが，Scilabではコマンドが用意されており，

```
[Q, L]=spec(R);    //固有ベクトルの行列Qと固有値行列L
```

を実行すればよい．結果として，固有ベクトルが Q，固有値行列が L として得られる．よって，無相関化を実行する行列は，

$$V = \sqrt{L^{-1}} Q^{\mathrm{T}}$$

となる．これより，無相関化された信号ベクトルを，

$$\hat{x}(n) = V x(n)$$

のように求めることができる．無相関化された信号ベクトル $\hat{x}(n)$ の散布図を図4.25に示す．図から，両方の信号が同じ時刻に似た値を持つことが示されており，明らかに両者は独立ではないことが分かる．

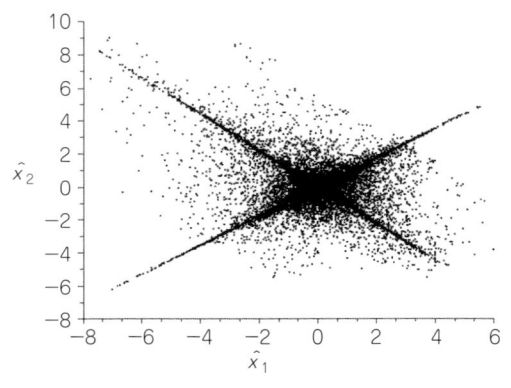

図4.25　Scilab演習4.5－無相関信号の散布図

4.4.6　BSSを実現する分離行列

式 (4.41) を用いると，$E[\hat{x}(n)\hat{x}(n)^{\mathrm{T}}] = I$ が保証されます．これは $\hat{x}_1(n)$ と $\hat{x}_2(n)$ が独立のときはもちろんのこと，無相関であれば成立します．しかし，両者が無相関となるだけではBSSは実現できません．

より確実に $\tilde{s}(n)$ を求めるために，分離後の信号を $\hat{s}(n)$ とし，直接 $\hat{s}(n) = \tilde{s}(n)$ と置きます．このとき，

$$\begin{aligned}
\hat{s}(n) &= \tilde{s}(n) \\
&= (V\tilde{A})^\mathrm{T} (V\tilde{A}) \tilde{s}(n) \\
&= (V\tilde{A})^\mathrm{T} V(\tilde{A}\tilde{s}(n)) \\
&= (V\tilde{A})^\mathrm{T} Vx(n) \\
&= (V\tilde{A})^\mathrm{T} \hat{x}(n) \quad \cdots\cdots\cdots\cdots\cdots\cdots\cdots\cdots\cdots (4.42)
\end{aligned}$$

を得ます．ここで，最初の変形には式 (4.32) を利用しました．

式 (4.42) から明らかなように，$\tilde{s}(n)$ を得るために必要な行列は，正規直交行列 ($V\tilde{A}$) だけです．ここで，表記を簡単にするために，$B = (V\tilde{A})$ と書くことにします．つまり，$\hat{s}(n) = B^\mathrm{T} \hat{x}(n)$ です．これによって，信号を独立にするために必要なことは，正規直交行列 B を求めることだけになりました（図 4.26）．

4.4.7　Fast ICA の実現

正規直交行列 B の具体的な探索法について考えます．そのためには，とにかく，現在の B で音源分離を実行する→分離信号の独立性を評価する→評価結果をもとに B を更新する，という方針をとることができます．

問題は独立性の評価方法です．ここで第 1 章で説明した中心極限定理を思い出してみます．中心極限定理によれば，複数の確率信号の和の分布はガウス分布に近づきます．よって，独立性を高め

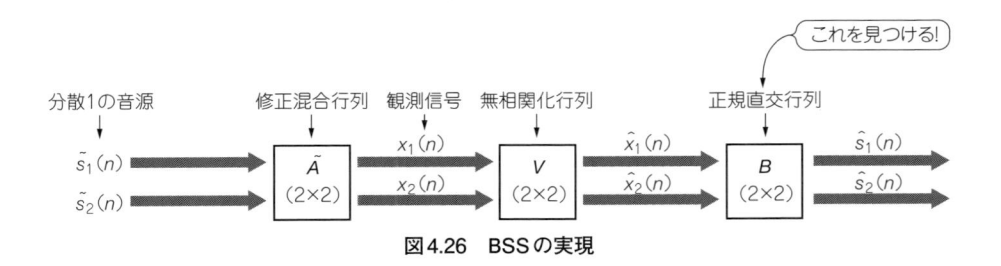

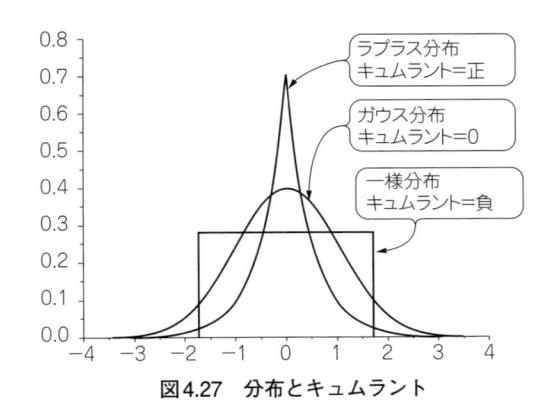

図 4.26　BSS の実現

図 4.27　分布とキュムラント

るための一つの方法として、分離信号がガウス分布から遠ざかるようにBを更新することが考えられます。

●4次キュムラント

分離信号がガウス分布に近いかどうかをどのように調べればよいでしょうか。実は、信号がガウス分布に近いかどうかを判断する一つの評価基準として、4次キュムラント(4th Cumulant)[20]が知られています。平均が0である確率信号をzとすると、その4次キュムラントは、zの2乗と4乗の期待値を用いて次式で定義されます。

$$\kappa = E[z^4] - 3E[z^2]^2 \quad \cdots\cdots (4.43)$$

4次キュムラントは、尖度(kurtosis)とも呼ばれ、確率分布の外形のとがり具合を表す関数になっています。より具体的には、確率信号がガウス分布に従うときは0になります。また、ガウス分布よりも鋭い特性を持つ強ガウス分布(Super-Gaussian)であれば正になります。逆に、緩やかな特性を持つ劣ガウス分布(Sub-Gaussian)であれば負になります(図4.27)。

音声は0付近の値が出現しやすく、ほとんどの場合、強ガウス分布となりますから、分離した信号の4次キュムラントを最大にするようにBを更新すれば、分離信号の独立性を高めることができます。ここでは、4次キュムラントを用いてBを探索するFast ICA[20]と呼ばれる方法について説明します。

●Fast ICA

前処理として式(4.27)で無相関化された信号$\hat{x}(n)$が得られているとします。$B = [b_1, b_2]$とおき、各列ベクトルb_1, b_2を順番に探索します。i番目($i = 1, 2$)の分離信号は、

$$\hat{s}_i(n) = b_i^T \hat{x}(n)$$

として与えられますから、$\hat{s}_i(n)$の4次キュムラントを評価してベクトルb_iを更新します。式(4.43)より、$\hat{s}_i(n)$に対する4次キュムラントκ_iは次のように与えられます。

$$\begin{aligned}\kappa_i &= E[\hat{s}_i^4(n)] - 3E[\hat{s}_i^2(n)]^2 \\ &= E[\{b_i^T \hat{x}(n)\}^4] - 3(b_i^T b_i)^2 \end{aligned} \quad \cdots\cdots (4.44)$$

ここで、Bは正規直交行列なので、$\|b_i\|^2 = 1$の制約条件を与え、評価関数J_iをラグランジュ未定乗数法を用いて次式で定義します。

$$J_i = E[\{b_i^T \hat{x}(n)\}^4] - 3\|b_i\|^4 + \lambda(\|b_i\|^2 - 1) \quad \cdots\cdots (4.45)$$

独立性が高いほど4次キュムラントが大きくなるので、J_iが極大となるようなb_iを選択すればよいことになります。J_iをb_iで微分し結果を0とおくと次式が得られます。

$$b_i = \frac{-2}{\lambda}\{E[\{b_i^T \hat{x}(n)\}^3 \hat{x}(n)] - 3\|b_i\|^2 b_i\} \quad \cdots\cdots (4.46)$$

$\|b_i\| = 1$より、b_iの大きさを与える$-2/\lambda$は重要ではないので、ここでは1とします。式(4.42)

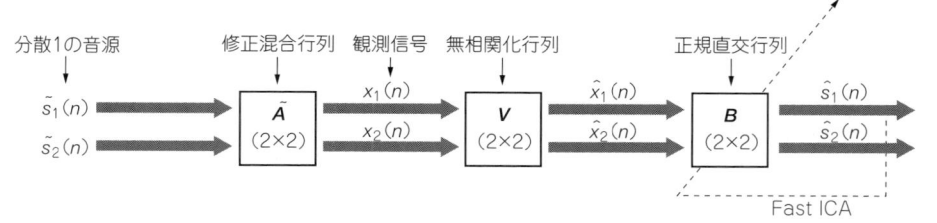

図4.28 正規直交行列 B の探索

は $\boldsymbol{b} = f(\boldsymbol{b})$ の形なので，

$$\boldsymbol{b}(k+1) = f\{\boldsymbol{b}(k)\} \quad\quad\quad (4.47)$$

を繰り返して係数更新を行うことができます．このようにして $\boldsymbol{b}$ の最適点を求める方法は不動点法と呼ばれます．

さて，i 番目の基底ベクトル $\boldsymbol{b}_i$ に関する k 回目の繰り返しにおける推定値を $\boldsymbol{b}_i(k)$ とします．このとき，$k+1$ 回目の繰り返しにおける推定値 $\boldsymbol{b}_i(k+1)$ は以下のアルゴリズムで求められます．

まず，式(4.46)より，

$$\hat{\boldsymbol{b}}_i(k+1) = E\left[\left(\boldsymbol{b}_i(k)^\mathrm{T}\hat{\boldsymbol{x}}\right)^3 \hat{\boldsymbol{x}}\right] - 3\boldsymbol{b}_i(k) \quad\quad\quad (4.48)$$

のように修正ベクトル $\hat{\boldsymbol{b}}_i$ を計算します．ここで，$\|\boldsymbol{b}_i(k)\| = 1$ を用いました．

次に，B は正規直交行列ですから，$i-1$ 番目までの列ベクトルと $\hat{\boldsymbol{b}}_i$ を以下の式で直交化します．

$$\hat{\boldsymbol{b}}_i(k+1) = \hat{\boldsymbol{b}}_i(k+1) - \sum_{j=1}^{i-1}\left\{\hat{\boldsymbol{b}}_i^\mathrm{T}(k+1)\boldsymbol{b}_j\right\}\boldsymbol{b}_j \quad\quad\quad (4.49)$$

最後に $\boldsymbol{b}_i(k+1)$ を正規化し，$k+1$ 回目の推定基底ベクトル $\bar{\boldsymbol{b}}_i(k+1)$ を得ます．

$$\boldsymbol{b}_i(k+1) = \bar{\boldsymbol{b}}_i(k+1) / \|\bar{\boldsymbol{b}}_i(k+1)\| \quad\quad\quad (4.50)$$

そして，更新前と更新後の基底ベクトルが $|\boldsymbol{b}_i(k+1)^\mathrm{T}\boldsymbol{b}_i(k)| \approx 1$ となるときを収束と判定します．収束していない場合は，式(4.48)からの手続きを繰り返します．収束した場合は，B の $i+1$ 列目のベクトル $\boldsymbol{b}_{i+1}$ を同様の手続きで求めます．これが Fast ICA による正規直交行列 B の探索法です（図4.28）．

Scilab演習4.7

問題

Fast ICA により，Scilab演習4.5 で無相関化した信号を分離する行列 B を求めよ．

解答

B の初期値を単位行列とし，式(4.48)と式(4.49)に従って1列目の基底ベクトル $\boldsymbol{b}_1$ を探索す

4-4 独立成分分析で高品質音源分離を実行しよう

る．ただし実際の計算では，収束判定と繰り返し回数の制限が必要である．ここでは，最大の繰り返し回数を100回，収束判定を $\left| \| \bm{b}_1(k+1)^\mathrm{T} \bm{b}_1(k) \| - 1 \right| < 0.001$ として基底ベクトルの探索を行った．ただし，2列目の基底ベクトル $\bm{b}_2$ の探索には式 (4.46) で示した $\bm{b}_1$ との直交化の作業が加わる．$\bm{b}_2$ の収束後，$\bm{B} = [\bm{b}_1, \ \bm{b}_2]$ を用いれば，

$$\hat{\bm{s}}(n) = \bm{B}^\mathrm{T} \hat{\bm{x}}(n)$$

として分離音声が得られる．得られた $\hat{s}_1, \hat{s}_2$ の散布図を図4.29に示す．これより，二つの分離信号は互いに影響を及ぼしあっておらず，音源分離が実行されたことが分かる．また，図4.30に結果の波形も示す．

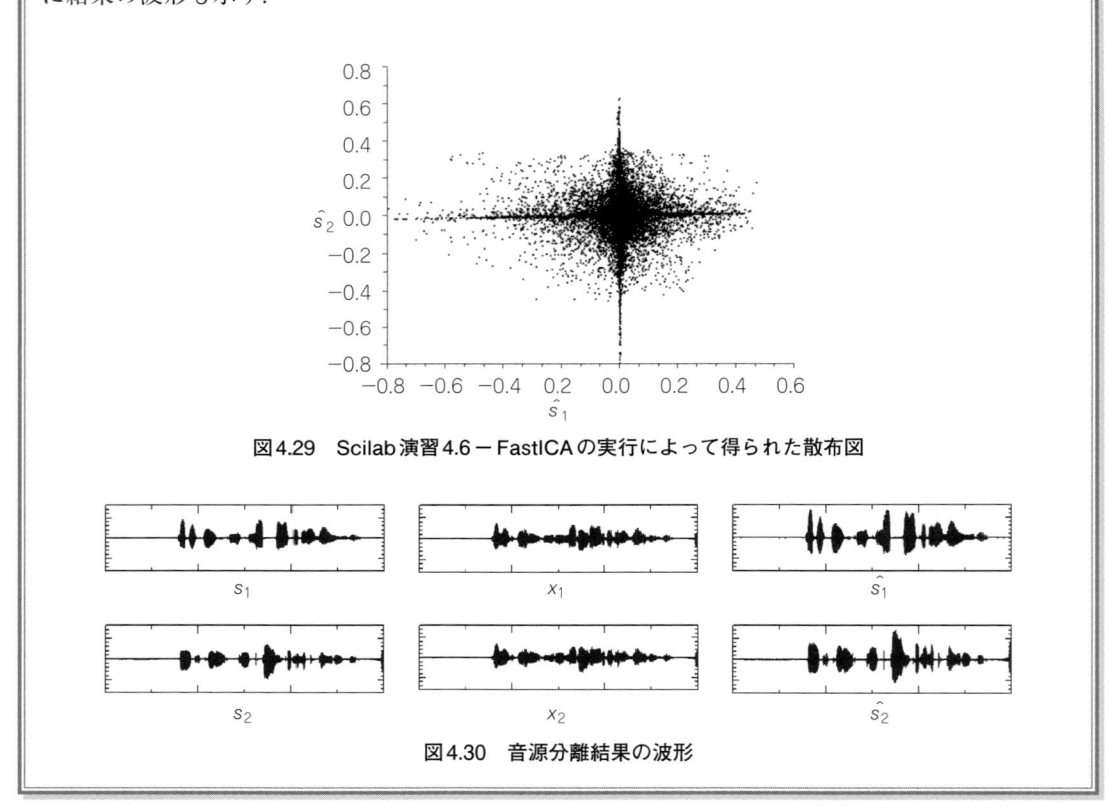

図4.29　Scilab演習4.6－FastICAの実行によって得られた散布図

図4.30　音源分離結果の波形

4.4.8　実際の音声分離について

最後に，実際の音声を扱う場合の注意点を簡単に述べておきます．

本書では瞬時混合のみを議論しましたが，実際の音声では，瞬時混合ではなく，各経路のインパルス応答を用いた畳み込み混合 (Convolutive Mixture) を考える必要があります (図4.31)．

i 番目 ($i = 1, \ \cdots, \ I$) の音源から j 番目 ($j = 1, \ \cdots, \ J$) のマイクロホンへのインパルス応答を $a_{ji}(m)$ ($m = 0, \ 1, \ \cdots, \ M_{ji} - 1$) とすると，マイクロホン j における観測信号 $x_j(n)$ は，

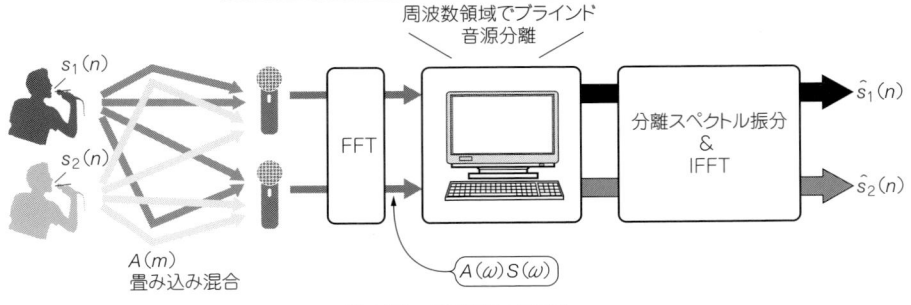

図4.31　実環境でのICA

$$x_j(n) = \sum_{i=1}^{I} \sum_{m=0}^{\infty} a_{ji}(m) s_i(n-m) \quad \cdots \quad (4.51)$$

のように書けます．行列で表現すると，

$$\boldsymbol{x}(n) = \sum_{m=0}^{\infty} \boldsymbol{A}(m) \boldsymbol{s}(n-m) \quad \cdots \quad (4.52)$$

ここで，

$$\boldsymbol{x}(n) = [x_1(n), x_2(n), \cdots, x_J(n)]^\mathrm{T} \quad \cdots \quad (4.53)$$

$$\boldsymbol{A}(m) = \begin{bmatrix} a_{11}(m) & a_{12}(m) & \cdots & a_{1I}(m) \\ a_{21}(m) & a_{22}(m) & \cdots & a_{2I}(m) \\ \vdots & \vdots & \ddots & \vdots \\ a_{J1}(m) & a_{J2}(m) & \cdots & a_{JI}(m) \end{bmatrix} \quad \cdots \quad (4.54)$$

$$\boldsymbol{s}(n) = [s_1(n), s_2(n), \cdots s_I(n)]^\mathrm{T} \quad \cdots \quad (4.55)$$

さて，実際に観測信号 $\boldsymbol{x}(n)$ から原音声 $\boldsymbol{s}(n)$ を求めるため，畳み込み混合を直接解く方法も提案されていますが，多くの場合，短い時間間隔ごとにFFTを実行し周波数領域で処理を行います．このとき，周波数ωに関して，

$$\boldsymbol{X}(\omega) = \hat{\boldsymbol{A}}(\omega) \boldsymbol{S}(\omega) \quad \cdots \quad (4.56)$$

が成立します．ただし，

$$\boldsymbol{X}(\omega) = [X_1(\omega), X_2(\omega), \cdots, X_J(\omega)]^\mathrm{T} \quad \cdots \quad (4.57)$$

$$\hat{\boldsymbol{A}}(\omega) = \begin{bmatrix} A_{11}(\omega) & A_{12}(\omega) & \cdots & A_{1I}(\omega) \\ A_{21}(\omega) & A_{22}(\omega) & \cdots & A_{2I}(\omega) \\ \vdots & \vdots & \ddots & \vdots \\ A_{J1}(\omega) & A_{J2}(\omega) & \cdots & A_{JI}(\omega) \end{bmatrix} \quad \cdots \quad (4.58)$$

$$\boldsymbol{S}(\omega) = [S_1(\omega), S_2(\omega), \cdots, S_I(\omega)]^\mathrm{T} \quad \cdots \quad (4.59)$$

であり，$X_i(\omega)$，$A_{ij}(\omega)$，$S_i(\omega)$ はそれぞれ，$x_i(n)$，$a_{ij}(m)$，$s_i(n)$ のFFTを表します．

式(4.56)は瞬時混合の形になっているので，すでに提案されている各種アルゴリズムを用いて解くことが可能です．ただし，ICAでは大きさと順序に任意性が残ります．分離した周波数は，数百以上になることが多いので，個々の分離周波数に対して，適切な振幅調整と各話者への振り分けが必要です．この問題の解法に関しては，例えば相関を用いる方法が文献[20]において紹介されています．実環境で動作するICAの実現を目指そうとするのであれば，試してみられることをお勧めします．

章末問題

問題1
混合過程を解くための音源数とマイクロホン数に関する条件を示せ．

問題2
音声が一つの場合と10音声の混合に対してそれぞれヒストグラムを作成せよ．また，それぞれの4次キュムラントを計算せよ．ただし，期待値は時間平均で代用すること．

問題3
二つのガウス性ノイズを $s_1(n)$，$s_2(n)$ とする．混合行列 A の要素をそれぞれ $a_{11}=1$，$a_{12}=0.5$，$a_{21}=0.5$，$a_{22}=1$ として，混合信号を $x(n) = As(n)$ として得る．音源 $s_1(n)$，$s_2(n)$ の散布図，および混合信号 $x_1(n)$，$x_2(n)$ の散布図を描け．

問題4
問3の混合信号に対してFast ICAを適用した場合，音源は分離されるか否か．また，その理由を応えよ．

問題5
$V = \sqrt{\Lambda^{-1}} \cdot Q^\mathrm{T}$ を用いると，式(4.33)が単位行列になることを示せ．

問題6
式(4.44)において，$3E[s_i^2]^2 = 3(b_i^\mathrm{T} b_i)^2$ が成立することを示せ．

問題7
式(4.45)を b_i で微分することで式(4.46)を導出せよ．

問題8
Fast ICAで分離結果として得られる音声の分散はいくらになるか．

問題9
Scilab演習4.6によって得られた分離行列 B の各ベクトルが直交していることを確認せよ．

第5章

映像メディア処理で重要となる基礎知識

　現在，画像や動画像などさまざまな場面において多次元の信号を扱うことが必要不可欠となってきています．本章では，この信号を拡張した多次元信号を扱い，多次元システムの基本について説明すると共に，2次元信号である画像を用いて多次元信号（Multidimensional Signal）の信号処理について述べます．また，圧縮技術において必要となる直交変換についても例を用いて説明します．

5-1　画像やメディア処理で使われる信号

5.1.1　多次元信号

　最初に，本章で扱う信号やシステムについて定義します．ここでは，複数の次元を有する信号を扱っていきます．これらの複数の次元を持つ信号を多次元信号といいます．同様に，複数の次元を有するシステムを多次元システム（Multidimensional System）といいます．

　時間により音の強弱が変化するような一つの情報に対して変化を行う信号は，1次元信号（One-dimensional Signal）です．静止画のように，x方向，y方向に信号が広がっている信号は2次元信号（Two-dimensional Signal）です．静止画が時間tごとに変化していく動画像信号は3次元信号（Three-dimensional Signal）です．図5.1に1〜3次元の信号の例を示します．

　これらの信号はそれぞれ，式(5.1)〜式(5.3)で表すことができます．

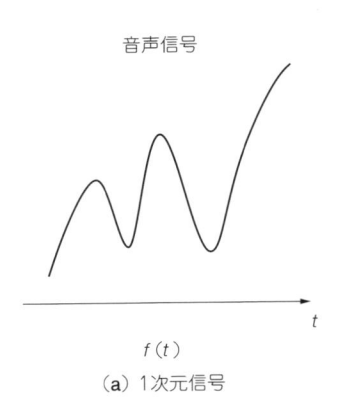

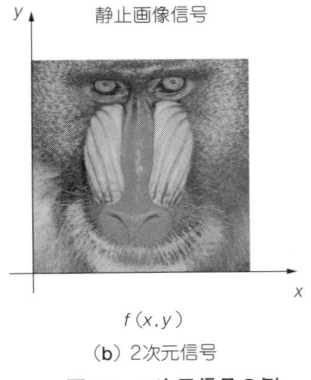

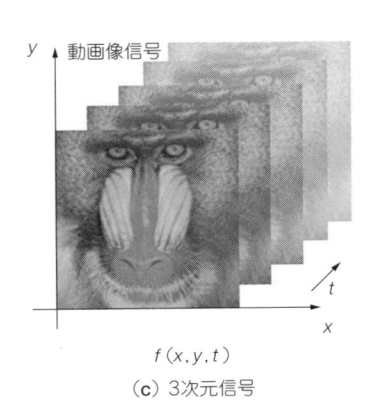

(a) 1次元信号　$f(t)$
(b) 2次元信号　$f(x,y)$
(c) 3次元信号　$f(x,y,t)$

図5.1　N次元信号の例

$$1次元信号:f(t) \tag{5.1}$$

$$2次元信号:f(x,y) \tag{5.2}$$

$$3次元信号:f(x,y,t) \tag{5.3}$$

これらの信号を一般化すると，式(5.4)のように，N次元の信号を定義することが可能です．しかしながら，4次元以上の信号を紙面上で示すのは難しいため，ここでは，3次元までの信号を扱うものとします．

$$f(n_1, n_2, \cdots, n_N) \tag{5.4}$$

5.1.2 単位インパルス信号と単位ステップ信号

基本となる信号について2次元信号を用いて定義します．2次元の単位インパルス信号（Impulse Signal）は，式(5.5)のように表されます．

$$\delta(n_1, n_2) = \begin{cases} 1 & (n_1 = n_2 = 0) \\ 0 & (その他) \end{cases} \tag{5.5}$$

また，この信号は，図5.2(a)のように描くことができます．この信号は，$n_1 = n_2 = 0$のときのみ1となり，そのほかは0となる信号です．N次元の信号も同様に定義が可能であり，式(5.6)のように表すことができます．

(a) 2次元単位インパルス信号

(b) 2次単位ユニット信号

(c) 2次元単位インパルス信号

(d) 2次単位ユニット信号

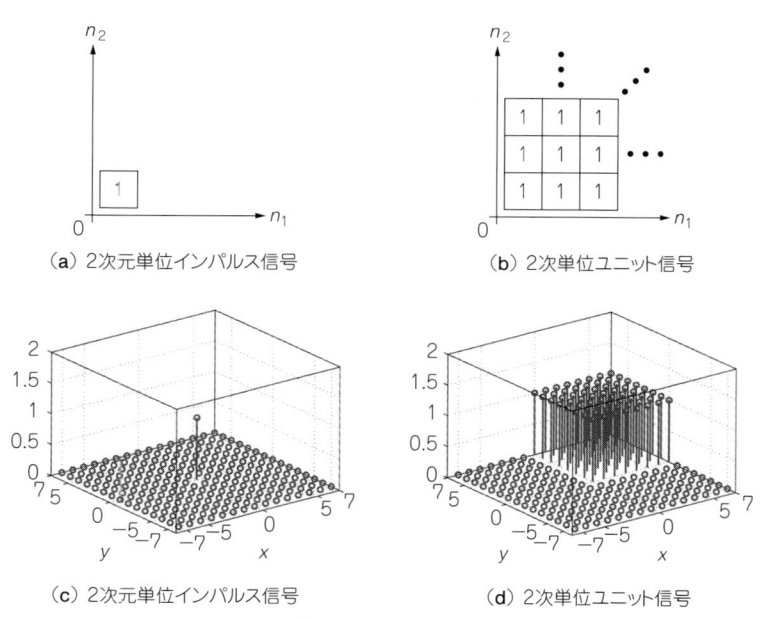

図5.2 2次元信号

$$\delta(n_1, n_2, \cdots, n_N) = \begin{cases} 1 & (n_1 = n_2 = \cdots = n_N = 0) \\ 0 & (その他) \end{cases} \quad \text{(5.6)}$$

次に,2次元の単位ステップ信号 (Step Signal) を示します.2次元単位ステップ信号の定義式を式(5.7)に,また,2次元の単位ユニット信号 (Unit Signal) の例を図5.7(b)に示します.この信号は,$n_1 \geq 0$かつ$n_2 \geq 0$で1となり,そのほかは0となる信号です.

$$u(n_1, n_2) = \begin{cases} 1 & (n_1 \geq 0,\ かつ,\ n_2 \geq 0) \\ 0 & (その他) \end{cases} \quad \text{(5.7)}$$

演習5.1

問題

2次元の単位ユニット信号$u(n_1, n_2)$を2次元単位ステップ信号$\delta(n_1, n_2)$を用いて表せ.

解答

2次元単位ステップ信号$\delta(n_1, n_2)$を用いると,2次元の単位ユニット信号$u(n_1, n_2)$は,

$$u(n_1, n_2) = \sum_{k_1=0}^{\infty} \sum_{k_2=0}^{\infty} \delta(n_1 - k_1, n_2 - k_2) \quad \text{(5.8)}$$

と表すことができる.

5.1.3 2次元信号処理システム

2次元信号の入力を$x(n_1, n_2)$とし,出力を$y(n_1, n_2)$としたとき,式(5.9)のように記述できるシステムを,2次元信号処理システム (2D Singal Processing System) といい,図5.3のように示すことができます.

$$y(n_1, n_2) = T[x(n_1, n_2)] \quad \text{(5.9)}$$

また,システムが式(5.10)と式(5.11)の条件を同時に満たすとき,このシステムを線形シフト不変システム (Linear Shift-invariant System) といいます.

$$\begin{aligned} y(n_1, n_2) &= T[ax_1(n_1, n_2) + bx_2(n_1, n_2)] \\ &= ay_1(n_1, n_2) + by(n_1, n_2) \end{aligned} \quad \text{(5.10)}$$

$$y(n_1 - m_1, n_2 - m_2) = T[x_1(n_1 - m_1, n_2 - m_2)] \quad \text{(5.11)}$$

システムが線形シフト不変である場合は,1次元信号処理システムと同様に,出力はシステムのインパルス応答$h(n_1, n_2)$と入力信号$x(n_1, n_2)$の畳み込み演算$\otimes$を用いて表現できます.

$$y(n_1, n_2) = h(n_1, n_2) \otimes x(n_1, n_2) \quad \text{(5.12)}$$

$$= \sum_{k_1=-\infty}^{\infty} \sum_{k_2=-\infty}^{\infty} x(k_1, k_2) h(n_1 - k_1, n_2 - k_2) \quad \text{(5.13)}$$

図5.3 2次元処理システム

図5.4 分離型システム

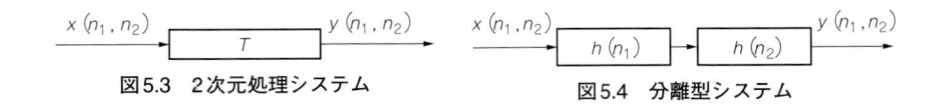

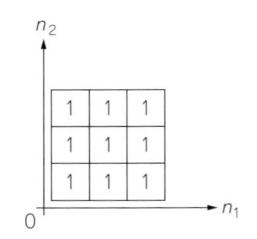

図5.5 分離型システムの例

$$= \sum_{k_1=-\infty}^{\infty} \sum_{k_2=-\infty}^{\infty} h(k_1, k_2) x(n_1 - k_1, n_2 - k_2) \quad \cdots \cdots \quad (5.14)$$

図5.3のシステムは，2次元の信号処理システムですが，2次元信号処理システムのうち，いくつかのシステムでは，図5.4のように2次元の処理を1次元の処理に分離できます．このように処理を分離できるシステムは，分離型システム（Separatable System）と呼ばれます．2次元の信号処理システムが式(5.15)のように分離可能な場合，2次元の信号処理を縦横独立した1次元の信号処理に分離できます．そのため，信号処理システムを簡単にでき，信号処理システムの演算量の削減が可能です．分離可能なシステムのインパルス応答の例を図5.5に示します．

$$h(n_1, n_2) = h(n_1)h(n_2) \quad \cdots \cdots \quad (5.15)$$

演習5.2

問題

線形シフト不変システムにおいて，入力信号$x(n_1, n_2)$とインパルス応答$h(n_1, n_2)$が図5.6であるとき，出力信号$y(n_1, n_2)$を2次元の畳み込みを用いて演算せよ．

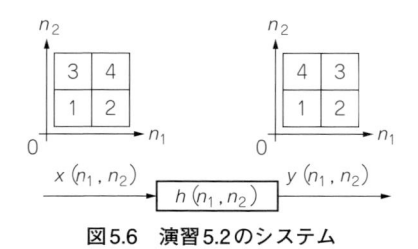

図5.6 演習5.2のシステム

解答

定義されていない場所の入力やインパルス応答を0とすると，式(5.14)は，

$$y(n_1, n_2) = \sum_{k_1=0}^{1} \sum_{k_2=0}^{1} h(k_1, k_2) x(n_1-k_1, n_2-k_2) \quad \cdots\cdots\cdots (5.16)$$

となる．よって，n_1, n_2 に値を代入し，それぞれ計算を行うと，1行目については，

$$\begin{aligned}
y(0,0) &= h(0,0)x(0-0,0-0) + h(1,0)x(0-1,0-0) \\
&\quad + h(0,1)x(0-0,0-1) + h(1,1)x(0-1,0-1) \\
&= h(0,0)x(0,0) + h(1,0)x(-1,0) + h(0,1)x(0,-1) + h(1,1)x(-1,-1) \\
&= 1 \times 1 + 2 \times 0 + 4 \times 0 + 3 \times 0 \\
&= 1 \\
y(1,0) &= h(0,0)x(1-0,0-0) + h(1,0)x(1-1,0-0) \\
&\quad + h(0,1)x(1-0,0-1) + h(1,1)x(1-1,0-1) \\
&= h(0,0)x(1,0) + h(1,0)x(0,0) + h(0,1)x(1,-1) + h(1,1)x(0,-1) \\
&= 1 \times 2 + 2 \times 1 + 4 \times 0 + 3 \times 0 \\
&= 4 \\
y(2,0) &= h(0,0)x(2-0,0-0) + h(1,0)x(2-1,0-0) \\
&\quad + h(0,1)x(2-0,0-1) + h(1,1)x(2-1,0-1) \\
&= h(0,0)x(2,0) + h(1,0)x(1,0) + h(0,1)x(2,-1) + h(1,1)x(1,-1) \\
&= 1 \times 0 + 2 \times 2 + 4 \times 0 + 3 \times 0 \\
&= 4
\end{aligned}$$

となる．

また，2行目は，

$$\begin{aligned}
y(0,1) &= h(0,0)x(0-0,1-0) + h(1,0)x(0-1,1-0) \\
&\quad + h(0,1)x(0-0,1-1) + h(1,1)x(0-1,1-1) \\
&= h(0,0)x(0,1) + h(1,0)x(-1,1) + h(0,1)x(0,0) + h(1,1)x(-1,0) \\
&= 1 \times 3 + 2 \times 0 + 4 \times 1 + 3 \times 0 \\
&= 7 \\
y(1,1) &= h(0,0)x(1-0,1-0) + h(1,0)x(1-1,1-0) \\
&\quad + h(0,1)x(1-0,1-1) + h(1,1)x(1-1,1-1) \\
&= h(0,0)x(1,1) + h(1,0)x(0,1) + h(0,1)x(1,0) + h(1,1)x(0,0) \\
&= 1 \times 4 + 2 \times 3 + 4 \times 2 + 3 \times 1 \\
&= 21 \\
y(2,1) &= h(0,0)x(2-0,1-0) + h(1,0)x(2-1,1-0) \\
&\quad + h(0,1)x(2-0,1-1) + h(1,1)x(2-1,1-1) \\
&= h(0,0)x(2,1) + h(1,0)x(1,1) + h(0,1)x(2,0) + h(1,1)x(1,0) \\
&= 1 \times 0 + 2 \times 4 + 4 \times 0 + 3 \times 2 \\
&= 14
\end{aligned}$$

となり，3行目は，
$$\begin{aligned}
y(0,2) &= h(0,0)x(0-0,2-0)+h(1,0)x(0-1,2-0) \\
&\quad +h(0,1)x(0-0,2-1)+h(1,1)x(0-1,2-1) \\
&= h(0,0)x(0,2)+h(1,0)x(-1,2)+h(0,1)x(0,1)+h(1,1)x(-1,1) \\
&= 1\times 0 + 2\times 0 + 4\times 3 + 3\times 0 \\
&= 12 \\
y(1,2) &= h(0,0)x(1-0,2-0)+h(1,0)x(1-1,2-0) \\
&\quad +h(0,1)x(1-0,2-1)+h(1,1)x(1-1,2-1) \\
&= h(0,0)x(1,2)+h(1,0)x(0,2)+h(0,1)x(1,1)+h(1,1)x(0,1) \\
&= 1\times 0 + 2\times 0 + 4\times 4 + 3\times 3 \\
&= 25 \\
y(2,2) &= h(0,0)x(2-0,2-0)+h(1,0)x(2-1,2-0) \\
&\quad +h(0,1)x(2-0,2-1)+h(1,1)x(2-1,2-1) \\
&= h(0,0)x(2,2)+h(1,0)x(1,2)+h(0,1)x(2,1)+h(1,1)x(1,1) \\
&= 1\times 0 + 2\times 0 + 4\times 0 + 3\times 4 \\
&= 12
\end{aligned}$$
となる．

5.1.4　z変換を用いた2次元システムの表現

　システムを簡易に表現するために，ここでは，z変換（z Transform）を用いてシステムを表現します．まず，2次元の信号$x(n_1, n_2)$のz変換について定義します．2次元信号のz変換は以下の式で表すことができます．

---
z変換

$$X(z_1, z_2) = Z\left[x(n_1, n_2)\right] = \sum_{n_1=-\infty}^{\infty}\sum_{n_2=-\infty}^{\infty} x(n_1, n_2) z_1^{-n_1} z_2^{-n_2} \quad\cdots\cdots (5.17)$$

$x(n_1, n_2)$，$y(n_1, n_2)$のそれぞれのz変換を，

$$X(z_1, z_2) = Z[x(n_1, n_2)]$$
$$Y(z_1, z_2) = Z[y(n_1, n_2)]$$

とすると，以下のようなz変換の性質があります．

> **z 変換の性質**
>
> ①線形性
> $$Z[ax(n_1, n_2) + by(n_1, n_2)] = aX(z_1, z_2) + bY(z_1, z_2) \quad\cdots\cdots (5.18)$$
>
> ②畳み込み（⊗は畳み込み演算を示す）
> $$Z[x(n_1, n_2) \otimes y(n_1, n_2)] = X(z_1, z_2)Y(z_1, z_2) \quad\cdots\cdots (5.19)$$
>
> ③シフト
> $$Z[x(n_1-k_1, n_2-k_2)] = X(z_1, z_2)z_1^{-k_1}z_2^{-k_2} \quad\cdots\cdots (5.20)$$

線形シフト不変システムの場合，出力信号は式(5.14)より入力信号とインパルス応答との畳み込み演算で表現できます．②の性質より，インパルス応答のz変換を$H(z_1, z_2)$とすると，線形シフト不変システムの出力のz変換は，式(5.21)のように，入力信号のz変換とインパルス応答のz変換の乗算で表すことができます．

$$Y(z_1, z_2) = H(z_1, z_2)X(z_1, z_2) \quad\cdots\cdots (5.21)$$

ここで，$H(z_1, z_2)$はシステムの伝達関数（Transfer Function）と呼ばれます．

また，式(5.17)において，$z_1 = e^{j\omega_1}, z_2 = e^{j\omega_2}$を代入すると，後述する2次元のフーリエ変換の式(5.29)と等しくなります．従って，フーリエ変換はz変換の特殊な場合と見ることができます．

5.1.5 多次元信号処理の例

この節では，2次元信号を用いた場合の信号処理の例を示します．ここでは，画像のエッジ抽出，エッジ強調および平滑化について示します．

2次元の画像信号の場合，信号の変化を空間周波数を用いて表します．エッジ抽出や強調では，人物と背景の境界など画像の中でも比較的信号変化の激しい高周波信号成分を扱います．

画像のエッジ抽出とは，2次元信号の中から高周波成分の信号を取り出すことを意味します．エッジ強調とは，2次元信号の中から高周波成分の信号を強調することを意味します．逆に平滑化とは，信号の中から低周波成分の信号を取り出すことです．これらの信号処理は，あるインパルス応答を有する2次元信号処理として表すことができます．

エッジ強調，エッジ抽出，平滑化を行うことのできる2次元信号処理システムのインパルス応答を図5.7〜図5.9に，処理前の画像を図5.10，処理した画像を図5.11〜図5.13に示します．

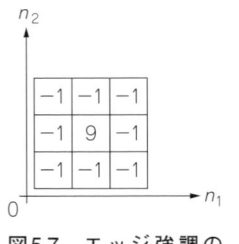

図5.7　エッジ強調のインパルス応答

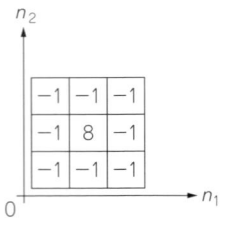

図5.8　エッジ抽出のインパルス応答

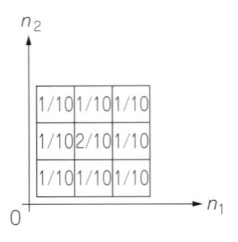

図5.9　平滑化システムのインパルス応答

図5.10　適用前の原画像

図5.11　エッジ強調システムの適用例

図5.12　エッジ抽出システムの適用例

図5.13　平滑化システムの適用例

Scilab演習5.1（エッジ強調，エッジ抽出）

（演習プログラム：Edge_en, Edge_ext）

問題

SIDBA (Standard Image Data-base)[注1]よりのmandrillやhomeの画像を用意し，エッジ抽出，エッジ強調を行え．

解答

Scilabのプログラムでは，エッジ抽出実行プログラム（Edge_ext.sce）により，エッジ抽出が可能である．フィルタをエッジ強調フィルタにすることで，エッジ強調が可能になる（Edge_en参照）．lenaの画像を用いた例が図5.11と図5.12である．

5.1.6　多次元サンプリング

ここでは，多次元信号のサンプリング（Sampling）について説明します．多次元信号のサンプリングを数式で表す場合，サンプリング行列（Sampling Matrix）を用いて表すことができます．図5.14で示される2次元信号のサンプリングは，式(5.22)のように，サンプリングを行う位置を2次元のベクトルで示すことで表現できます．

注1：SIDBAは画像処理用の画像データベースである．画像は，http://vision.kuee.kyoto-u.ac.jp/IUE/IMAGE_DATABASE/STD_IMAGES/などから，ダウンロードできる．

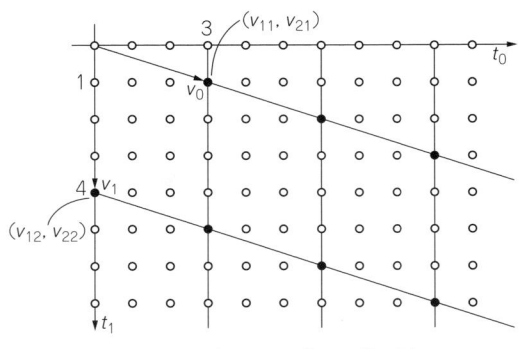

図5.14　2次元サンプリングの例

$$V = \begin{bmatrix} v_{11} & v_{12} \\ v_{21} & v_{22} \end{bmatrix} = \begin{bmatrix} 3 & 0 \\ 1 & 4 \end{bmatrix} \quad \cdots\cdots\cdots\cdots\cdots\cdots\cdots\cdots\cdots\cdots\cdots\cdots\cdots\cdots\cdots\cdots \quad (5.22)$$

一方，正方のサンプリングは，サンプリング行列で表すと，対角成分に値があり，そのほかが0となるような行列になります．例えば，一般的に行われる正方のサンプリングのサンプリング行列は，式(5.23)で表すことができます．

$$V = \begin{bmatrix} v_{11} & v_{12} \\ v_{21} & v_{22} \end{bmatrix} = \begin{bmatrix} 1 & 0 \\ 0 & 1 \end{bmatrix} \quad \cdots\cdots\cdots\cdots\cdots\cdots\cdots\cdots\cdots\cdots\cdots\cdots\cdots\cdots\cdots\cdots \quad (5.23)$$

演習5.3

問題

入力信号 $x(n_1, n_2)$ が以下のように，行列 x として表される場合，

$$x = \begin{bmatrix} 0 & 1 & 2 & 3 & 4 \\ 5 & 6 & 7 & 8 & 9 \\ 10 & 11 & 12 & 13 & 14 \\ 15 & 16 & 17 & 18 & 19 \\ 20 & 21 & 22 & 23 & 24 \\ 25 & 26 & 27 & 28 & 29 \end{bmatrix} \quad \cdots\cdots\cdots\cdots\cdots\cdots\cdots\cdots\cdots\cdots \quad (5.24)$$

この信号を図5.15に示されるような2次元サンプリング・システムで処理した際の出力信号 $y = y(n_1, n_2)$ を求めよ．このときのサンプリング行列 V は，

$$V = \begin{bmatrix} 2 & 1 \\ 1 & 2 \end{bmatrix} \quad \cdots\cdots\cdots\cdots\cdots\cdots\cdots\cdots\cdots\cdots\cdots\cdots\cdots\cdots\cdots\cdots\cdots\cdots\cdots\cdots \quad (5.25)$$

とすること．

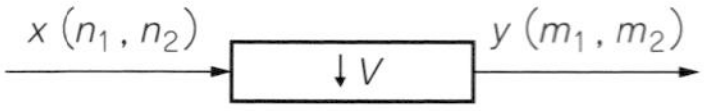

図5.15　演習5.4における2次元サンプリング・システム

解答

$$y = \begin{bmatrix} 0 & 7 & 14 \\ 11 & 18 & - \\ 22 & 29 & - \end{bmatrix} \quad\quad\quad\quad\quad (5.26)$$

5-2　2次元フーリエ変換

5.2.1　2次元フーリエ変換

　自然画像では，人物のエッジ部分など輝度の変化が大きい部分や背景の空など輝度の変化がほとんどない部分が存在します．このような空間的な変化の違いを空間周波数（Space Frequency）といい，1次元の信号と同様にフーリエ変換（Fourier Transform）を用いて周波数解析が可能です．多次元信号における周波数解析では，多次元フーリエ変換を用いて解析します．ここでは，簡単化のために，2次元について取り扱います．

　1次元と2次元の離散信号を扱う場合の1次元フーリエ変換と2次元フーリエ変換は以下のように示されます．

1次元フーリエ変換

・順変換

$$F(e^{j\omega}) = \sum_{n=-\infty}^{\infty} f(n) e^{-j(\omega n)} \quad\quad\quad\quad (5.27)$$

・逆変換

$$f(n) = \frac{1}{2\pi} \int_0^{2\pi} F(e^{j\omega}) e^{j(\omega n)} d\omega \quad\quad\quad\quad (5.28)$$

2次元フーリエ変換

・順変換
$$F\left(e^{j\omega_1}, e^{j\omega_2}\right) = \sum_{n_1=-\infty}^{\infty} \sum_{n_2=-\infty}^{\infty} f(n_1, n_2) e^{-j(\omega_1 n_1 + \omega_2 n_2)} \quad \cdots\cdots (5.29)$$

・逆変換
$$f(n_1, n_2) = \frac{1}{4\pi^2} \int_0^{2\pi} \int_0^{2\pi} F\left(e^{j\omega_1}, e^{j\omega_2}\right) e^{j(\omega_1 n_1 + \omega_2 n_2)} d\omega_1 d\omega_2 \quad \cdots\cdots (5.30)$$

$x(n_1, n_2)$, $y(n_1, n_2)$ を2次元の信号, $X(e^{j\omega_1}, e^{j\omega_2})$, $Y(e^{j\omega_1}, e^{j\omega_2})$ を2次元フーリエ変換後の変換係数とし, 2次元フーリエ変換を簡易的に⇔を用いて表すと, 式(5.31)のように表すことができます.

$$x(n_1, n_2) \Leftrightarrow X\left(e^{j\omega_1}, e^{j\omega_2}\right)$$
$$y(n_1, n_2) \Leftrightarrow Y\left(e^{j\omega_1}, e^{j\omega_2}\right) \quad \cdots\cdots (5.31)$$

また, フーリエ変換には, 以下のような性質が存在します.

フーリエ変換の性質

①線形性
$$ax(n_1, n_2) + by(n_1, n_2) \Leftrightarrow aX\left(e^{j\omega_1}, e^{j\omega_2}\right) + bY\left(e^{j\omega_1}, e^{j\omega_2}\right) \quad \cdots\cdots (5.32)$$

②畳み込み (⊗は畳み込み演算を示す)
$$x(n_1, n_2) \otimes y(n_1, n_2) \Leftrightarrow X\left(e^{j\omega_1}, e^{j\omega_2}\right) Y\left(e^{j\omega_1}, e^{j\omega_2}\right) \quad \cdots\cdots (5.33)$$

$$x(n_1, n_2) y(n_1, n_2) \Leftrightarrow X\left(e^{j\omega_1}, e^{j\omega_2}\right) \otimes Y\left(e^{j\omega_1}, e^{j\omega_2}\right) \quad \cdots\cdots (5.34)$$

③シフト
$$x(n_1 - m_1, n_2 - m_2) \Leftrightarrow X\left(e^{j\omega_1}, e^{j\omega_2}\right) e^{-j\omega_1 m_1} e^{-j\omega_2 m_2} \quad \cdots\cdots (5.35)$$

$$e^{-j\omega_1 m_1} e^{-j\omega_2 m_2} x(n_1, n_2) \Leftrightarrow X\left(e^{j\omega_1 - m_1}, e^{j\omega_2 - m_2}\right) \quad \cdots\cdots (5.36)$$

④パーセバルの定理
$$\sum_{n_1=-\infty}^{\infty} \sum_{n_1=-\infty}^{\infty} \|f(n_1, n_2)\|^2 = \frac{1}{4\pi^2} \int_0^{2\pi} \int_0^{2\pi} \left\|X\left(e^{j\omega_1}, e^{j\omega_2}\right)\right\|^2 d\omega_1 d\omega_2 \quad \cdots\cdots (5.37)$$

画像などの2次元の信号$f(n_1, n_2)$は, ある部分にのみ信号が存在し, そのほかは信号のない非

周期の信号です．信号が存在している部分を $n_1 = (0, 1, \cdots, N_1 - 1)$，$n_2 = (0, 1, \cdots, N_2 - 1)$ とすると，2次元フーリエ変換は以下のように示すことができます．

$$F\left(e^{j\omega_1}, e^{j\omega_2}\right) = \sum_{n_1=0}^{N_1-1} \sum_{n_2=0}^{N_2-1} f(n_1, n_2) e^{-j(\omega_1 n_1 + \omega_2 n_2)} \quad \cdots\cdots (5.38)$$

出力される画像信号 $f(n_1, n_2)$ のフーリエ変換係数 $F(e^{j\omega_1}, e^{j\omega_2})$ は，複素数です．そのため，一般的に，$F(e^{j\omega_1}, e^{j\omega_2})$ の振幅を周波数スペクトル (Frequency Spectrum)，位相 $\angle F(e^{j\omega_1}, e^{j\omega_2})$ を位相スペクトル (Phase Spectrum) として分けて表します．

フーリエ変換は理論的に重要ですが，フーリエ変換後の係数が連続値であるため，フーリエ変換を直接計算機で高速に求めることができません．そのため，計算機では高速に演算可能なアルゴリズムが存在する離散フーリエ変換 (Discrete Fourier Transform：DFT) を用いて計算します．

1次元離散フーリエ変換と2次元離散フーリエ変換は，以下のように示されます．

1次元離散フーリエ変換

・順変換

$$F(k) = \sum_{n=0}^{N-1} f(n) W_N^{nk} \quad \cdots\cdots (5.39)$$

・逆変換

$$f(n) = \frac{1}{N} \sum_{k=0}^{N-1} F(k) W_N^{-nk}$$

$$W_N^{nk} = e^{-j\frac{2\pi}{N}nk}$$

ただし，$0 \leq n, k \leq N-1$

2次元離散フーリエ変換

・順変換

$$F(k_1, k_2) = \sum_{n_1=0}^{N_1-1} \sum_{n_2=0}^{N_2-1} f(n_1, n_2) W_{N_1}^{n_1 k_1} W_{N_2}^{n_2 k_2} \quad \cdots\cdots (5.40)$$

・逆変換

$$f(n_1, n_2) = \frac{1}{N_1} \frac{1}{N_2} \sum_{k_1=0}^{N_1-1} \sum_{k_2=0}^{N_2-1} F(k_1, k_2) W_{N_1}^{-n_1 k_1} W_{N_2}^{-n_2 k_2}$$

$$W_N^{nk} = e^{-j\frac{2\pi}{N}nk}$$

ただし，$0 \leq n_1, k_1 \leq N_1 - 1$，$0 \leq n_2, k_2 \leq N_2 - 1$

(a) 自然画像

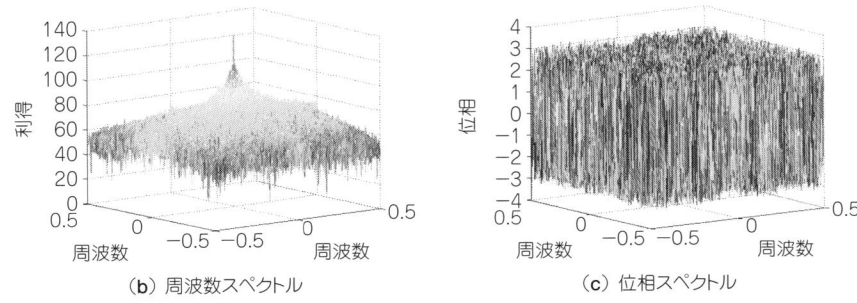

(b) 周波数スペクトル

(c) 位相スペクトル

図5.16 自然画像のフーリエ解析の例

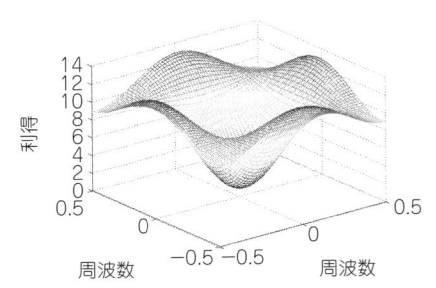

図5.17 エッジ強調システムの周波数特性
（周波数スペクトル）

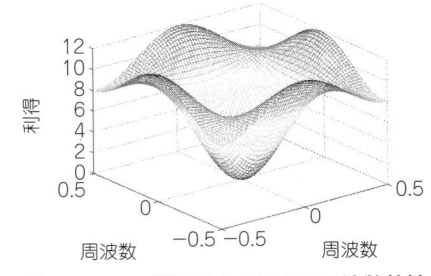

図5.18 エッジ抽出システムの周波数特性
（周波数スペクトル）

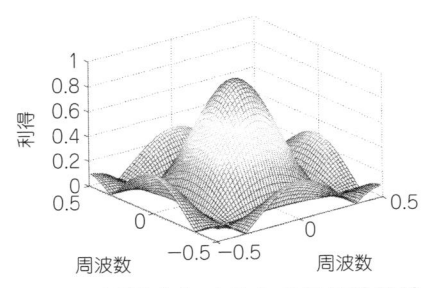

図5.19 平滑化システムの周波数特性
（周波数スペクトル）

2次元離散フーリエ変換では，$F(k_1, k_2)$ と周波数も離散なフーリエ係数を出力します．このように，2次元離散フーリエ変換は，空間的にも周波数的にも離散な信号として扱うことができるため，計算機において容易に演算できます．しかし，2次元フーリエ変換は非周期信号を直接計算するのに対し，2次元離散フーリエ変換は非周期信号を周期信号として仮定した計算である点に違いがあります．そのため，2次元離散フーリエ変換と2次元フーリエ変換は，演算の結果が異なるので注意が必要です．

自然画像（濃淡画像）の2次元離散フーリエ変換結果を図5.16に示します．図5.16（b）はフーリエ係数の振幅である周波数スペクトルを，図5.16（c）はフーリエ係数の位相である位相スペクトルを示しています．周波数スペクトルは，振幅の強弱を濃淡で示しており，白い部分は振幅が大きいことを示しています．周波数スペクトルの図より，スペクトルの中央部分に大きい振幅が集まっていることが分かります．自然画像では，周波数の高い信号は，エッジ部分に含まれています．一般に自然画像は，エッジ部分よりもそのほかの部分の方が多いため，周波数の低い信号が多くなります．このような自然画像の性質を用いて画像圧縮は行われており，周波数の高い部分を切り取ることで情報量を削減することが可能となります．

また，多次元信号処理の例（図5.7～図5.9）において使用した画像処理システムの周波数スペクトルを図5.17～図5.19に示します．

5.2.2　2次元フーリエ変換の基底

第1章の1.3.2節では，1次元のフーリエ変換の基底について述べました．ここでは，2次元フーリエ変換について見てみます．2次元の離散フーリエ変換の場合も同様に入力信号は，フーリエ係数と基底を用いて線形結合で表すことができます．

$$f = \sum_{k_1=0}^{N-1} \sum_{k_2=0}^{N-1} F(k_1, k_2) \boldsymbol{B}_{k_1,k_2}$$
$$= F(0,0) \boldsymbol{B}_{0,0} + F(0,1) \boldsymbol{B}_{0,1} + \cdots + F(N-1, N-1) \boldsymbol{B}_{N-1,N-1} \quad \cdots \quad (5.41)$$

ただし，$\boldsymbol{B}_{k_1, k_2}$ は，

$$\boldsymbol{B}_{k_1 k_2} = \begin{bmatrix} b_{k_1,k_2}(0,0) & b_{k_1,k_2}(0,1) & \cdots & b_{k_1,k_2}(0,N-1) \\ b_{k_1,k_2}(1,0) & b_{k_1,k_2}(1,1) & \cdots & b_{k_1,k_2}(1,N-1) \\ \vdots & \vdots & \ddots & \vdots \\ b_{k_1,k_2}(N-1,0) & b_{k_1,k_2}(N-1,1) & \cdots & b_{k_1,k_2}(N-1,N-1) \end{bmatrix} \quad \cdots \quad (5.42)$$

と表すことができ，また，それぞれの要素は，

$$b_{k_1,k_2}(n_1, n_2) = \frac{1}{N^2} W_N^{-n_1 k_1} W_N^{-n_1 k_1} \quad \cdots \quad (5.43)$$

となります．この $\boldsymbol{B}_{k_1, k_2}$ は基底行列（Basis Matrix）や基底画像（Basis Image）と呼ばれます．

演習5.4

問題

2次元離散フーリエ変換において $N=2$ のときの基底行列を求めよ．

解答

$$\boldsymbol{B}_{0,0} = \frac{1}{4}\begin{bmatrix} 1 & 1 \\ 1 & 1 \end{bmatrix}$$

$$\boldsymbol{B}_{0,1} = \frac{1}{4}\begin{bmatrix} 1 & -1 \\ 1 & -1 \end{bmatrix}$$

$$\boldsymbol{B}_{1,0} = \frac{1}{4}\begin{bmatrix} 1 & 1 \\ -1 & -1 \end{bmatrix}$$

$$\boldsymbol{B}_{1,1} = \frac{1}{4}\begin{bmatrix} 1 & -1 \\ -1 & 1 \end{bmatrix}$$

……………………………………………………………………………(5.44)

演習5.5

問題

以下の2次元信号に対して，2次元離散フーリエ変換を行え．

$$\begin{bmatrix} 1 & 0 & -1 & 0 \\ 0 & -1 & 0 & 1 \\ -1 & 0 & 1 & 0 \\ 0 & 1 & 0 & -1 \end{bmatrix} \quad \cdots\cdots\cdots\cdots\cdots\cdots\cdots\cdots\cdots\cdots\cdots(5.45)$$

解答

2次元離散フーリエ変換を行うと，以下のようになる．

$$\begin{bmatrix} 0 & 0 & 0 & 0 \\ 0 & 0 & 0 & 8 \\ 0 & 0 & 0 & 0 \\ 0 & 0 & 8 & 0 \end{bmatrix} \quad \cdots\cdots\cdots\cdots\cdots\cdots\cdots\cdots\cdots\cdots\cdots(5.46)$$

Scilab演習5.2

（演習プログラム：FFT_2nd）

問題

　mandrillやhomeの自然画像を準備し，自然画像に対して2次元離散フーリエ変換を行い，周波数スペクトルおよび位相スペクトルを示せ．

解答

Scilabのプログラムでは，2次元FFTプログラム (FFT_2d) により，周波数スペクトルと位相スペクトルを描くことができる．lenaの画像を用いた例が図5.16である．

5-3　2次元離散コサイン変換

5.3.1　2次元離散コサイン変換

ここでは，画像処理で使用される2次元のDCTについて見てみます．2次元DCTは以下の式によって計算されます．

2D-DCT

$$X(k_1, k_2) = \frac{2a_{k_1}a_{k_2}}{\sqrt{N_1 N_2}} \sum_{n_1=0}^{N_1-1} \sum_{n_2=0}^{N_2-1} x(n_1, n_2) \cos\left(\frac{(2n_1+1)k_1\pi}{2N_1}\right) \cos\left(\frac{(2n_2+1)k_2\pi}{2N_2}\right) \quad \cdots\cdots (5.47)$$

$$a_{k_1} = \begin{cases} 1 & (k_1 = 1, 2, \cdots, N_1-1) \\ \frac{1}{\sqrt{2}} & (k_1 = 0) \end{cases}$$

$$a_{k_2} = \begin{cases} 1 & (k_2 = 1, 2, \cdots, N_2-1) \\ \frac{1}{\sqrt{2}} & (k_2 = 0) \end{cases}$$

ただし，$k_1 = 0, 1, \cdots, N_1-1$
　　　　$k_2 = 0, 1, \cdots, N_2-1$，

2D-IDCT

$$x(n_1, n_2) = \frac{2}{\sqrt{N_1 N_2}} \sum_{n_1=0}^{N_1-1} \sum_{n_2=0}^{N_2-1} a_{k_1} a_{k_2} X(k_1, k_2) \cos\left(\frac{(2n_1+1)k_1\pi}{2N_1}\right) \cos\left(\frac{(2n_2+1)k_2\pi}{2N_2}\right) \quad \cdots\cdots (5.48)$$

$$a_{k_1} = \begin{cases} 1 & (k_1 = 1, 2, \cdots, N_1-1) \\ \frac{1}{\sqrt{2}} & (k_1 = 0) \end{cases}$$

$$a_{k_2} = \begin{cases} 1 & (k_2 = 1, 2, \cdots, N_2-1) \\ \frac{1}{\sqrt{2}} & (k_2 = 0) \end{cases}$$

ただし，$n_1 = 0, 1, \cdots, N_1-1$
　　　　$n_2 = 0, 1, \cdots, N_2-1$，

5.3.2 2次元離散コサイン変換の基底

2次元について見てみます．2次元のDCTの場合も同様に，入力信号は，DCT係数と基底を用いて線形結合で表すことができます．

$$x = \sum_{k_1=0}^{N-1} \sum_{k_2=0}^{N-1} X(k_1, k_2) \boldsymbol{B}_{k_1, k_2}$$
$$= X(0,0)\boldsymbol{B}_{0,0} + X(0,1)\boldsymbol{B}_{0,1} + \cdots + X(N-1,N-1)\boldsymbol{B}_{N-1,N-1} \quad \cdots (5.49)$$

ただし，$\boldsymbol{B}_{k_1, k_2}$は，

$$\boldsymbol{B}_{k_1 k_2} = \begin{bmatrix} b_{k_1,k_2}(0,0) & b_{k_1,k_2}(0,1) & \cdots & b_{k_1,k_2}(0,N-1) \\ b_{k_1,k_2}(1,0) & b_{k_1,k_2}(1,1) & \cdots & b_{k_1,k_2}(1,N-1) \\ \vdots & \vdots & \ddots & \vdots \\ b_{k_1,k_2}(N-1,0) & b_{k_1,k_2}(N-1,1) & \cdots & b_{k_1,k_2}(N-1,N-1) \end{bmatrix} \quad \cdots (5.50)$$

と表すことができ，また，それぞれの要素は，$N_1 = N_2 = N$とすると，

$$b_{k_1 k_2}(n_1, n_2) = \frac{2}{N} a_{k_1} a_{k_2} \cos\left(\frac{(2n_1+1)k_1\pi}{2N}\right) \cos\left(\frac{(2n_2+1)k_2\pi}{2N}\right) \quad \cdots (5.51)$$

$$a_{k_1} = \begin{cases} 1 & (k_1 = 1, 2, \cdots, N-1) \\ \dfrac{1}{\sqrt{2}} & (k_1 = 0) \end{cases}$$

$$a_{k_2} = \begin{cases} 1 & (k_2 = 1, 2, \cdots, N-1) \\ \dfrac{1}{\sqrt{2}} & (k_2 = 0) \end{cases}$$

となります．

演習5.6

問題
2次元DCTにおいて$N = 2$のときの基底行列を求めよ．

解答

$$\boldsymbol{B}_{0,0} = \frac{1}{2}\begin{bmatrix} 1 & 1 \\ 1 & 1 \end{bmatrix}$$

$$\boldsymbol{B}_{0,1} = \frac{1}{2}\begin{bmatrix} 1 & -1 \\ 1 & -1 \end{bmatrix} \quad \cdots (5.52)$$

$$\boldsymbol{B}_{1,0} = \frac{1}{2}\begin{bmatrix} 1 & 1 \\ -1 & -1 \end{bmatrix}$$

$$\boldsymbol{B}_{1,1} = \frac{1}{2}\begin{bmatrix} 1 & -1 \\ -1 & 1 \end{bmatrix}$$

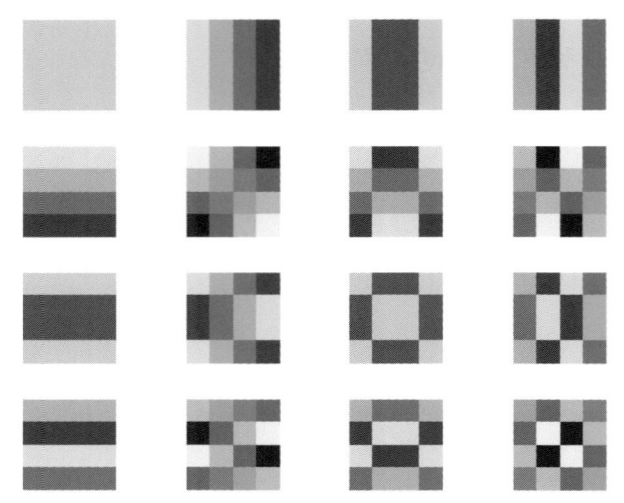

図5.20　$N=4$のときのDCTの基底画像

　$N=4$の基底画像を図5.20に示します．それぞれの画像は，左上より$B_{0,0}$, $B_{0,1}$, …, $B_{3,3}$を示しています．これからも，DCT係数$X(3,3)$は，周波数の高い画像の係数であることが分かります．

5-4　新しい画像圧縮で用いられるウェーブレット変換とは

　ここでは，画像圧縮の国際標準であるMPEG-4やJPEG 2000（Joint Photographic Expert Group）で使用されているウェーブレット変換（Wavelet Transform）について説明します．

　ウェーブレット変換は，フーリエ変換やDCTと同様に周波数解析を行う際に用いられます．図5.21に示すように，フーリエ変換やDCTでは，正弦波や余弦波を基本として解析を行うのに対して，ウェーブレットと呼ばれる小さい波を基本として解析を行う点に違いがあります．

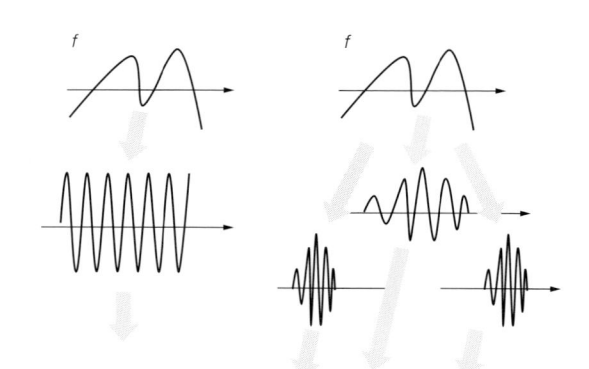

（a）フーリエ変換やDCT　　　（b）ウェーブレット変換
図5.21　フーリエ変換，DCTとウェーブレット変換

5.4.1 フィルタ・バンクを用いたウェーブレット変換

2分割フィルタ・バンクを用いてウェーブレット変換を行うことにします．ここでは簡単のためにハール・ウェーブレット (Haar Wavelet) を基本として考えます．図5.22に示す2分割フィルタ・バンクのそれぞれのフィルタを，

$$H_L(z) = \frac{1}{\sqrt{2}}(1+z^{-1})$$

$$H_H(z) = \frac{1}{\sqrt{2}}(1-z^{-1})$$

とします．ここで，これら二つのフィルタの周波数特性について見てみると，$H_L(z)$ は低域通過フィルタ，$H_H(z)$ は広域通過フィルタとなっています．従って，2分割フィルタ・バンクの分析側のフィルタ・バンクの上の出力 $U_0(z)$ は低周波の信号を，下の出力 $U_1(z)$ は高周波の信号を示しています．

次に，低周波の信号について，再び2分割フィルタ・バンクで分割することを考えます．図5.23のように，片方のみをより細かく分割していく構造をオクターブ分割 (Octave Decomposition) といいます．

このようなオクターブ分割のフィルタ・バンクを図1.27のマルチレート・システムの性質を用いて等価変換することで，図5.24のような構成に変換することができます．

ここで，図5.23において $U_0(z)$，$U_1(z)$ が一つの係数を出力する間に $U_2(z)$ は二つの係数を出力します．そこで，図5.24では，$U_2(z)$ を二つに分割して $U_2(z)$，$U_3(z)$ にしています．

図5.22 2分割フィルタ・バンク（1ステージ）

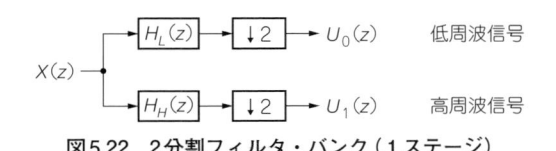

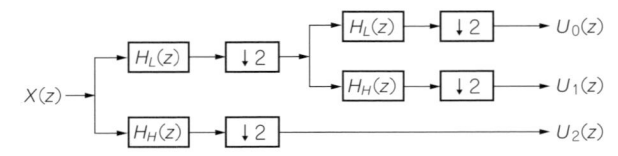

図5.23 2分割フィルタ・バンク（オクターブ分割，2ステージ）

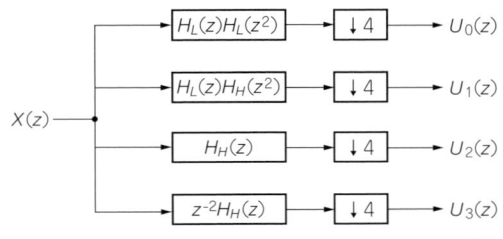

図5.24 等価交換後のフィルタ・バンク（図5.23）

このようなフィルタ・バンクの構成は，行列を用いて表現できます．ハール・ウェーブレットにおける2ステージのフィルタ・バンクを用いたウェーブレット変換の入出力の行列表現は，以下のように示されます．

> **ウェーブレット変換の行列表現**
>
> $$\begin{bmatrix} u_0(m) \\ u_1(m) \\ u_2(m) \\ u_3(m) \end{bmatrix} = \frac{1}{2} \begin{bmatrix} 1 & 1 & 1 & 1 \\ 1 & 1 & -1 & -1 \\ \sqrt{2} & -\sqrt{2} & 0 & 0 \\ 0 & 0 & \sqrt{2} & -\sqrt{2} \end{bmatrix} \begin{bmatrix} x(4m) \\ x(4m-1) \\ x(4m-2) \\ x(4m-3) \end{bmatrix} \quad \cdots (5.53)$$
>
> $$\boldsymbol{u}(m) = \boldsymbol{A}\boldsymbol{x}(4m) \quad \cdots (5.54)$$

> **演習5.7**
>
> **問題**
> 入力信号 $x(n) = [1, 2, 1]$ のとき，ハール・ウェーブレットを用いてウェーブレット変換を行え．ただし，ステージは1とすること．
>
> **解答**
> $u_0(m) = [1/\sqrt{2}, 3/\sqrt{2}]$
> $u_1(m) = [-1/\sqrt{2}, 1/\sqrt{2}]$

5.4.2 ウェーブレット変換の基底

ここで，フーリエ変換やDCTのときと同様にハール・ウェーブレットを用いたウェーブレット変換の変換行列 $\boldsymbol{A}$ について見てみます．行列 $\boldsymbol{A}$ のそれぞれの列を以下のようにベクトル $\boldsymbol{a}_0, \boldsymbol{a}_1, \cdots, \boldsymbol{a}_N$ とすると，

$$\boldsymbol{A} = [\boldsymbol{a}_0, \boldsymbol{a}_1, \cdots, \boldsymbol{a}_N] \quad \cdots (5.55)$$

と表すことができます．それぞれのベクトルの内積を計算すると，

$$\langle \boldsymbol{a}_n, \boldsymbol{a}_m \rangle = \sum_{k=0}^{N-1} a_{nk} \times a_{mk} = \begin{cases} 1 & (m = n) \\ 0 & (\text{その他}) \end{cases} \quad \cdots (5.56)$$

となり，それぞれのベクトルは正規直交していることが分かります．よって，逆変換行列 $\boldsymbol{B}$ は転置で求めることができます．

$$x = Bu = A^{-1}u = A^{\mathrm{T}}u \quad \cdots\cdots\cdots\cdots\cdots\cdots\cdots\cdots\cdots\cdots\cdots\cdots\cdots\cdots\cdots\cdots\cdots\cdots\cdots\cdots\cdots\cdots\cdots\cdots\cdots (5.57)$$

行列Bのそれぞれの列をベクトルb_0, b_1, $\cdots$, b_{N-1}とすると,

$$B = [b_0, b_1, \cdots, b_{N-1}] \quad \cdots\cdots\cdots\cdots\cdots\cdots\cdots\cdots\cdots\cdots\cdots\cdots\cdots\cdots\cdots\cdots\cdots\cdots\cdots\cdots (5.58)$$

と表すことができ,このベクトルとウェーブレット係数$u = (u(0), u(1), \cdots, u(N-1))^{\mathrm{T}}$を用いて,入力信号$x$は,式(5.59)のように線形結合の形で表すことができます.

$$\begin{aligned} x &= Bu \\ &= \sum_{k=0}^{N-1} X(k) b_k = X(0) b_0 + X(1) b_1 + \cdots + X(N-1) b_{N-1} \end{aligned} \quad \cdots\cdots\cdots (5.59)$$

このベクトルb_kも同様に基底(Basis)もしくは,基底ベクトル(Basis Vector)と呼びます.

ハール・ウェーブレットにおけるウェーブレット変換において2ステージのウェーブレット変換を考えると,逆変換行列Bは,

$$B = \frac{1}{2} \begin{bmatrix} 1 & 1 & \sqrt{2} & 0 \\ 1 & 1 & -\sqrt{2} & 0 \\ 1 & -1 & 0 & \sqrt{2} \\ 1 & -1 & 0 & -\sqrt{2} \end{bmatrix} \quad \cdots\cdots\cdots\cdots\cdots\cdots\cdots\cdots\cdots\cdots\cdots\cdots\cdots\cdots (5.60)$$

と表すことができます.よって,基底ベクトルは以下のように示されます.

ウェーブレット変換の基底ベクトル(ハール・ウェーブレット)

$$\begin{aligned} b_0 &= \frac{1}{2}[1, 1, 1, 1]^{\mathrm{T}} \\ b_1 &= \frac{1}{2}[1, 1, -1, -1]^{\mathrm{T}} \\ b_2 &= \frac{1}{\sqrt{2}}[1, -1, 0, 0]^{\mathrm{T}} \\ b_3 &= \frac{1}{\sqrt{2}}[0, 0, 1, -1]^{\mathrm{T}} \end{aligned} \quad \cdots\cdots\cdots\cdots\cdots\cdots\cdots\cdots (5.61)$$

これらの基底を図5.25に示します.フーリエ変換やDCTは基底は正弦波を基本としていましたが,図5.25より,ウェーブレット変換は,時間幅を変更したものや時間シフトしたものなど,さまざまな基底を用いていることが分かります.

今回はハール・ウェーブレットを基本にしてウェーブレット変換を示しましたが,ほかのウェーブレットでも同様に計算することができます.そのため,さまざまなウェーブレットが提案されています.JPEG 2000では,フィルタ・バンクのフィルタのタップ数が5(低周波数側)と3(高周波数側),および,9(低周波数側)と7(高周波数側)となるようなウェーブレットを利用しています.

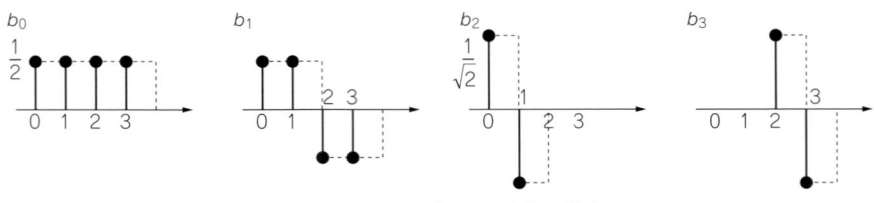

図5.25　ウェーブレット変換の基底

章末問題

問題1

3次元の単位ユニット信号$u(n_1, n_2, n_3)$を3次元単位ステップ信号$\delta(n_1, n_2, n_3)$を用いて表せ.

問題2

インパルス応答が図5.26であるとき，このシステムは分離型システムであるか非分離型システムのどちらであるか判定せよ.

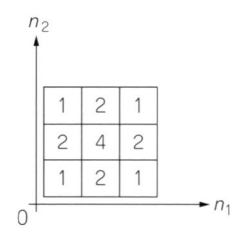

図5.26　章末問題2のシステム

問題3

2次元の行列fが，

$$f = \begin{bmatrix} 1 & 2 \\ 3 & 4 \end{bmatrix}$$

のとき，2次元離散フーリエ変換Fを求めよ.

問題4

2次元離散フーリエ変換の処理は，1次元離散フーリエ変換の処理を複数回行うことで処理することが可能であること示せ.

第6章
静止画像を圧縮するJPEG

　フィルムのカメラからディジタル・カメラ，ビデオ・カメラからディジタル・ビデオ・カメラ，ビデオからBlu-rayディスクなど，さまざまな機器がアナログからディジタルへと変化してきています．しかし，アナログ信号を直接ディジタル信号へ変換し蓄えると，膨大な量のハード・ディスクやメモリが必要となってしまいます．

　例えば，ハイビジョン・テレビ（High Definition Television）を直接ハード・ディスクに蓄える場合を考えます．画像サイズは1920×1080画素であり，1画素当たり24ビット[注1]，1秒間に30フレーム[注2]とすると，1秒間で約1.5Gビット（約190Mバイト）のデータ量になります．2時間の番組であれば10.8Tビット（1.4Tバイト）です．

　そのため，これらのデータを蓄積したり，伝送したりする場合，データを圧縮する必要があります．しかし，一般的なデータ圧縮では，データを元に戻すことはできるものの，高い圧縮率で画像圧縮することは難しくなります．

　画像などの映像メディアでは，人間の見た目において問題ない画質であれば圧縮前の画像のデータと一致する必要がありません．このような考えに基づき映像メディアでは，高い圧縮率を達成しています．本章では，静止画像の画像圧縮について説明します．

　静止画像の画像圧縮では，現在ディジタル・スチル・カメラで利用されているJPEGについて説明します．JPEGよりも高画質に画像を圧縮できる静止画像の圧縮規格であるJPEG 2000については第7章で説明します．動画像は複数の静止画像を連ねたものとして構成されています．この1枚1枚を静止画像として画像圧縮することで，動画像圧縮も可能であるため，静止画像の画像圧縮は動画像の画像圧縮にも利用されています．

6-1　画像や人間の特性を利用して圧縮するJPEGの概要

　JPEGとは，Joint Photographics Expert Groupの頭文字をとったものであり，もともとは，静止画像の符号化を行うグループの名前でした．静止画像の圧縮規格の名称として定着しています．
　JPEGは，国際標準化機構（International Organization for Standardization：ISO），国際電気標準会議（International Electrotechnical Commmission：IEC）と，電気通信に関する国際標準化機関

注1：RGBそれぞれ8ビットずつとする．
注2：地上ディジタル放送では，1秒間で29.97フレームであるが簡単化のため1秒間30フレームとして計算する．

の電気通信標準化部門（International Telecommunication Union-Telecommunication Standardization Sector：ITU-T，策定時は，The International Telegraph and Telephone Consultative Committee：CCITT）の共同作業において標準化された規格です．そのため，JPEGはISO/IEC 10918，ITU-T Recommendation T.81と二つの規格番号を持つ規格であり「Digital Compression and Coding of Continuous-tone Still Images」という名称で標準化されています[30]．一方，日本においても，日本工業標準調査会（Japanese Industrial Standards Committee：JISC）によって制定される日本工業規格（Japanese Industrial Standards：JIS）においてJIS X4301，「連続階調静止画像のディジタル圧縮および符号処理」という名称でJIS規格化されています[31]．

6.1.1 人の知覚特性

　JPEGでは，人間の視覚特性を利用して情報量の削減を行い画像を圧縮しています．人間の視覚は，明るさを示す輝度の変化については敏感ですが，色の変化を示す色差については鈍感であるという特性があります．そのため，RGBの輝度成分を示すRGB色空間から，輝度（Y）色差（C_b，C_r）を示すY，C_b，C_r色空間へ色変換を行い，輝度と色差を分けて処理することで効率的に圧縮することが可能になります．もちろんRGB色空間のまま処理することも可能です．

　また，人間の視覚においては，低周波成分の信号よりも高周波成分の信号は鈍感であるという性質があるため，JPEGでは，色変換された入力画像を周波数成分に分割して処理を行います．周波数成分への変換は，さまざまありますが，ここでは実用的に効率の良い離散コサイン変換（Discrete Cosine Transform：DCT）を使用しています．

　その後，出力されたDCT係数は情報量を削減するために，ある値で除算され丸め処理が施されます．この処理を量子化（Quantization）といい，量子化の際の除数を変化させることで，圧縮率を変更することが可能です．ここで，高周波成分や色差成分の除数を大きな値にしたとしても，人間の視覚特性から問題ありません．

　しかし量子化を行うと，復号側で同じ除数を乗算したとしても，丸め処理により元のデータを復元することはできません．そのため，復号された画像にはひずみが残ってしまいます．圧縮率を高くしようと量子化のための除数を大きくすると，復号した際のひずみが大きくなり，ひずみが知覚されてしまいます．圧縮率と画質はトレードオフの関係があるため，ターゲットのアプリケーションに合わせて圧縮の度合いを設定する必要があります．JPEGの実装方法はさまざまですが，量子化の際の除数についてパラメータを用いて制御することで圧縮率をある程度制御することが可能です注3．

　また，自然画像では，エッジ付近の画素以外を見てみると，近くの画素同士はよく似ています．そのため，近くの画素同士の差分をとると，差分は0付近に集まります．そこで，0付近のデータに短い符号を割り当てることで，DCT係数をそのまま符号化するときに比べ，近くの画素同士の差分を符号化することで，短い符号で符号化することが可能です．このように出現頻度に合わせて

注3：国際標準ではどのような値で量子化を行うのか，また，どのようにその値を決定するかは規定されていない．国際標準では，量子化で使用する際の値の表を格納する場所と格納の仕方のみが規定されている．これらについては，実装ごとに異なるため，ここでは一例を挙げる．必ずこのようになっているわけではないし，パラメータの大小と圧縮率との関係が説明と異なる実装もあるので，注意が必要である．

符号を作成し符号化する手法をエントロピー符号化（Entropy Coding）といいます．

　このように情報量を削減すると共にできるだけ短い符号を用いて符号化することでJPEGでは効率的な圧縮を行っています．これらの手法は，JPEGのみならず，後述する動画像符号化の国際標準であるMPEGでも行われています．

6.1.2　DCT方式の符号化

　JPEGでは，符号化は四つの方式が定義されています．
①シーケンシャルDCT方式
②プログレッシブDCT方式
③階層方式
④ロスレス方式

　図6.1にそれぞれの方式の例を示します．
　シーケンシャルDCT方式は，画像を左上から右下に順に符号化する方式です．プログレッシブDCT方式は，解像度や階調の低い画像から順に符号化する方式です．階層方式は，複数の解像度

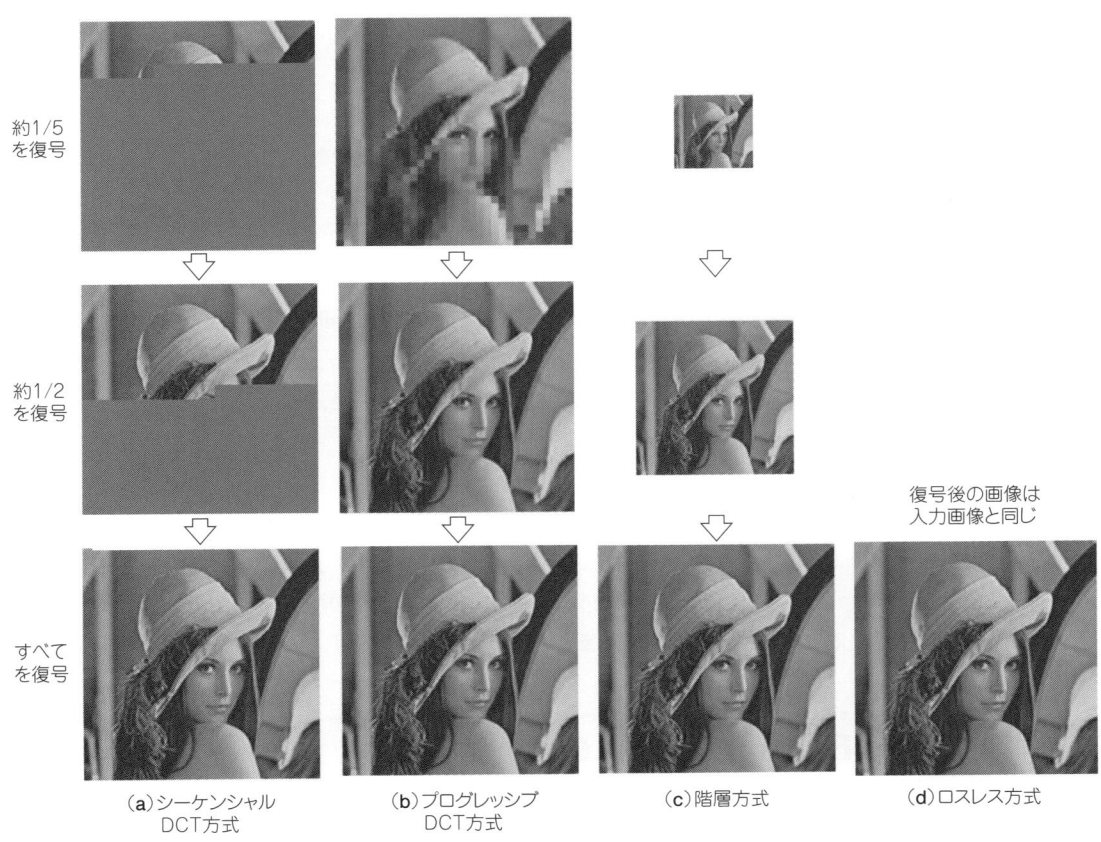

図6.1　JPEGの方式

（a）シーケンシャルDCT方式
（b）プログレッシブDCT方式
（c）階層方式
（d）ロスレス方式

図6.2　JPEGの符号化器

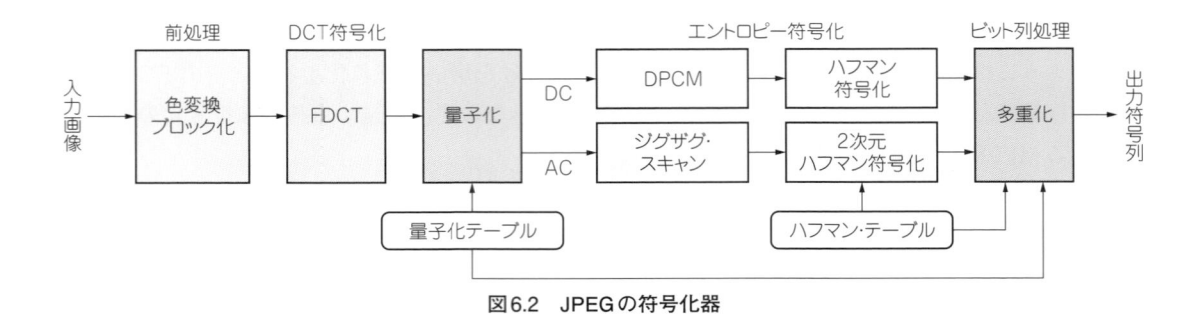

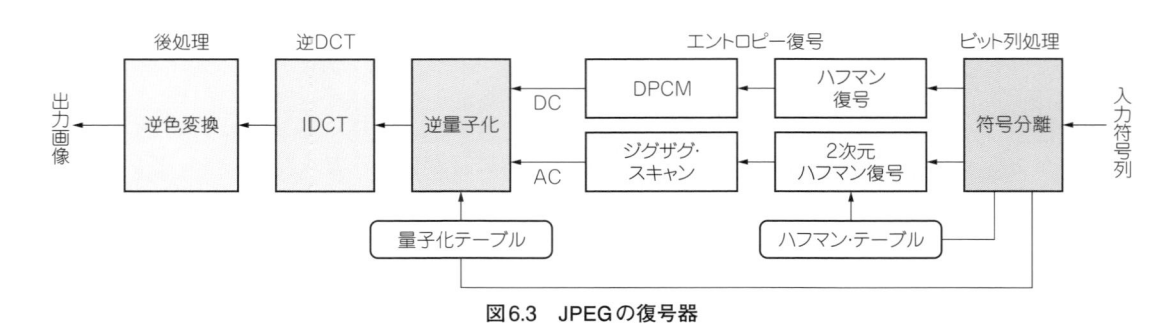

図6.3　JPEGの復号器

の画像を作成し，解像度の低い順に符号化する方式です．ロスレス方式は，上の二つとは異なる符号化手法であり，この方式で符号化した場合，復号画像には誤りが発生しません．すなわち，ひずみなしでの圧縮が可能です．ここでは，DCT方式について説明します．

DCT方式のJPEGの符号化の基本の流れを図6.2に，復号の基本の流れを図6.3に示します．符号化では，入力された画像は，Y，C_b，C_rに色変換が施され，その後，8×8画素ごとに分割され，それぞれ独立に順離散コサイン変換（Forward Discrete Cosine Transform：FDCT）が行われます．出力された離散コサイン変換係数は，量子化器（Quantizer）により量子化が施されます．量子化の際の除数は量子化テーブルとして保持されています．その後，後述するエントロピー符号化（Entropy Coding）が行われ，また，復号の際に使用する量子化テーブルなどの情報が格納され最終的なJPEGの符号列が出力されます．

一方，復号処理では，入力された符号化列より，復号の際に必要な情報が抽出され，その情報を用いて復号処理を行います．最初にエントロピー復号が行われ，逆量子化を施すことにより，離散コサイン変換係数が復元されます．復元された係数を用いて逆DCTを行い，逆色変換を行うことで，最終的な画像を出力することができます．次節より，それぞれの処理について説明します．

6-2　RGBからYCbCrへの色変換

本手法では，RGB色空間（RGB Color Space）からYC_bC_r色空間（YC_bC_r Color Space）への変換に

ついては，国際標準のCCIR (International Radio Consultative Committee) Recommendation 601-1 に従うものとします．

　この色変換は，JPEGのベースラインにおいて一般的に利用されるものです．今，入力される画像信号がRGBであった場合，色変換では，輝度，色差であるYC_bC_r信号に変換されます．変換式は式(6.2)で表されます．

$$Y = 0.299R + 0.587G + 0.114B$$
$$C_b = 0.564(B-Y) + 128 \quad\quad\quad\quad\quad\quad\quad\quad\quad\quad\quad\quad\quad\quad\quad\quad\quad\quad\quad\quad (6.1)$$
$$C_r = 0.713(R-Y) + 128$$

行列表現は式(6.2)で示されます．

$$\begin{pmatrix} Y \\ C_b \\ C_r \end{pmatrix} = \begin{pmatrix} 0.299000 & 0.587000 & 0.114000 \\ -0.168736 & -0.331264 & 0.500002 \\ 0.500000 & -0.418688 & -0.081312 \end{pmatrix} \begin{pmatrix} R \\ G \\ B \end{pmatrix} + \begin{pmatrix} 0 \\ 128 \\ 128 \end{pmatrix} \quad\quad\quad\quad (6.2)$$

また，逆変換は，式(6.3)で計算することができます．

$$\begin{pmatrix} R \\ G \\ B \end{pmatrix} = \begin{pmatrix} 1 & 0 & 1.40210 \\ 1 & -0.34414 & -0.71414 \\ 1 & 1.77180 & 0 \end{pmatrix} \begin{pmatrix} Y \\ C_b - 128 \\ C_r - 128 \end{pmatrix} \quad\quad\quad\quad\quad\quad\quad\quad\quad\quad (6.3)$$

ここで，色差成分であるC_b，C_r信号については，輝度成分であるY信号に比べて解像度を低くしたとしても，視覚において違いが知覚しにくい特徴があります．そのため，Y，C_b，C_r成分共に同じサイズの画像を用いた4:4:4のフォーマット以外にも，C_b，C_r成分を画像サイズの半分のサイ

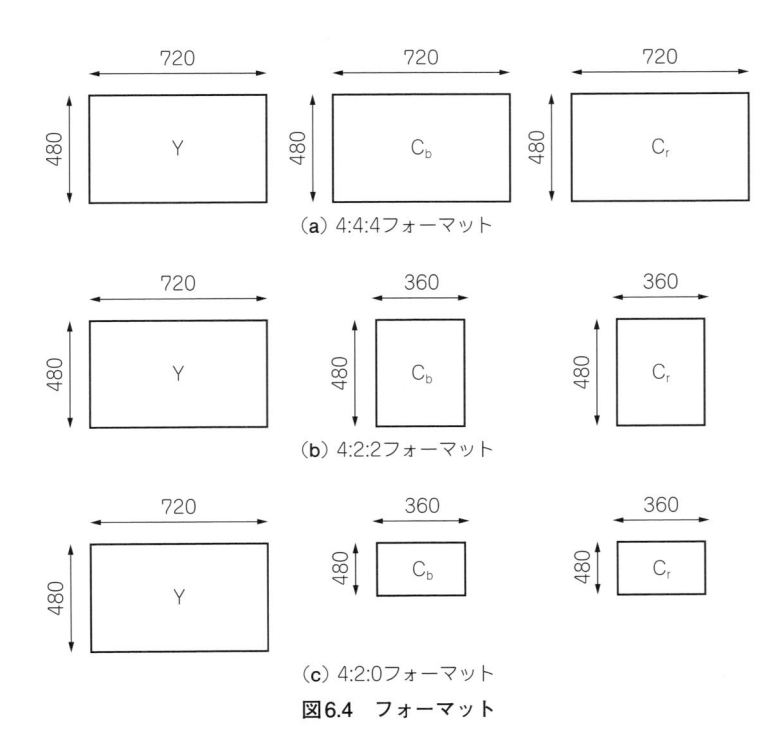

(a) 4:4:4フォーマット

(b) 4:2:2フォーマット

(c) 4:2:0フォーマット

図6.4　フォーマット

● 元画像　　● RGB画像

元画像　　　　　R成分　　　　　G成分　　　　　B成分

↕ 色変換

● YC_bC_r画像

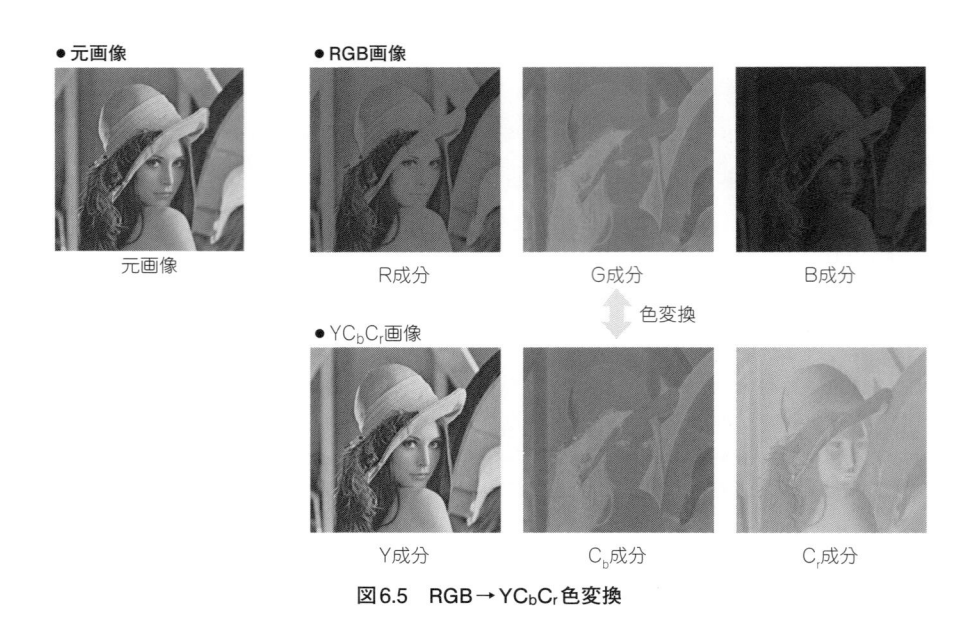

Y成分　　　　　C_b成分　　　　C_r成分

図6.5　RGB→YC_bC_r色変換

ズにした4:2:2や4:2:0フォーマットも利用されます（**図6.4**）．色変換を施しYC_bC_r画像をモノクロで出力したときの結果を**図6.5**に示します．

6-3　JPEGで用いられているDCT

　JPEGでは，8×8画素に分解されたブロックごとに，2次元の離散コサイン変換（FDCT）を施します．元の8×8画素の画像信号を$f(x, y)$とし，変換後の変換係数を$F(u, v)$とすると，FDCTは式(6.4)で，逆変換は，式(6.5)で表されます．

182　第6章　静止画像を圧縮するJPEG

JPEGにおける2D-FDCT

$$F(u,v) = \frac{1}{4} C_u C_v \sum_{x=0}^{7} \sum_{y=0}^{7} f(x,y) \cos\left\{\frac{(2x+1)u\pi}{16}\right\} \cos\left\{\frac{(2y+1)v\pi}{16}\right\} \quad \cdots\cdots (6.4)$$

$$C_u = \begin{cases} 1 & (u = 1, 2, \cdots, 7) \\ \frac{1}{\sqrt{2}} & (u = 0) \end{cases}$$

$$C_v = \begin{cases} 1 & (v = 1, 2, \cdots, 7) \\ \frac{1}{\sqrt{2}} & (v = 0) \end{cases}$$

ただし，$u = 0, 1, \cdots, 7$
$v = 0, 1, \cdots, 7$

JPEGにおける2D-IDCT

$$f(x,y) = \frac{1}{4} \sum_{u=0}^{7} \sum_{v=0}^{7} C_u C_v X(u,v) \cos\left\{\frac{(2x+1)u\pi}{16}\right\} \cos\left\{\frac{(2y+1)v\pi}{16}\right\} \quad \cdots\cdots (6.5)$$

$$C_u = \begin{cases} 1 & (u = 1, 2, \cdots, 7) \\ \frac{1}{\sqrt{2}} & (u = 0) \end{cases}$$

$$C_v = \begin{cases} 1 & (v = 1, 2, \cdots, 7) \\ \frac{1}{\sqrt{2}} & (v = 0) \end{cases}$$

ただし，$x = 0, 1, \cdots, 7$
$y = 0, 1, \cdots, 7$

　FDCTでは，8×8の変換係数$F(u, v)$が出力されます．ここで出力された係数をDCT係数（DCT Coefficient）といいます．特に$F(0, 0)$は，画像の直流成分を表すことからDC係数（DC Coefficient）そのほかをAC係数（AC Coefficient）といいます．次のエントロピー符号化では，DC係数とAC係数では符号化の手法が異なります．

演習6.1

問題

8×8 の値 $f(x, y)$, $(x, y = 0, 1, \cdots, 7)$ がある.

$$f(x,y) = \begin{pmatrix} 154 & 131 & 121 & 149 & 133 & 149 & 157 & 149 \\ 157 & 128 & 132 & 153 & 140 & 150 & 156 & 140 \\ 163 & 131 & 140 & 146 & 145 & 141 & 129 & 114 \\ 155 & 121 & 132 & 124 & 125 & 119 & 96 & 88 \\ 123 & 98 & 100 & 92 & 94 & 88 & 79 & 86 \\ 92 & 75 & 84 & 75 & 89 & 86 & 86 & 95 \\ 70 & 73 & 77 & 77 & 91 & 91 & 89 & 93 \\ 85 & 87 & 79 & 84 & 84 & 90 & 86 & 89 \end{pmatrix} \quad \cdots (6.6)$$

図6.6に画像と3次元のグラフで $f(x, y)$ を示す. 2次元DCTを行い $F(u, v)$, $(u, v = 0, 1, \cdots, 7)$ を求め小数点1位で丸めよ.

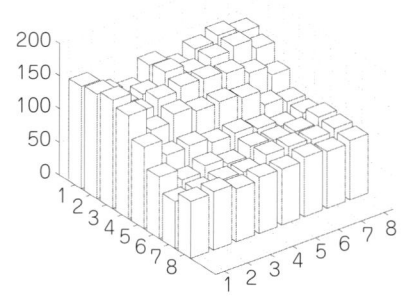

（a）画像　　　（b）画像の3次元表示

図6.6　演習6.1で使用する画像とその3次元表示

解答

小数点1位で丸め処理を行った結果は演習6.2を参照のこと

6-4　情報量を削減する量子化

量子化（Quantization）では，出力されたDCT係数を量子化テーブル（Quantization Table）を用いて周波数ごとに異なる量子化幅で値を線形量子化を行います．量子化を行うために必要な量子化テーブルの例を図6.7に示します．

量子化テーブルを $Q(u, v)$ とすると，量子化後の係数 $F_q(u, v)$ は，式(6.7)で求められます．

● 輝度成分用の量子化テーブル $Q(u,v)$　　● 色差成分用の量子化テーブル $Q(u,v)$

16	11	10	16	24	40	51	61
12	12	14	19	26	58	60	55
14	13	16	24	40	57	69	56
14	17	22	29	51	87	80	62
18	22	37	56	68	109	103	77
24	35	55	64	81	104	113	92
49	64	78	87	103	121	120	101
72	92	95	98	112	100	103	99

17	18	24	47	99	99	99	99
18	21	26	66	99	99	99	99
24	26	56	99	99	99	99	99
47	66	99	99	99	99	99	99
99	99	99	99	99	99	99	99
99	99	99	99	99	99	99	99
99	99	99	99	99	99	99	99
99	99	99	99	99	99	99	99

図6.7　量子化テーブルの例

JPEGにおける量子化

$$F_q(u,v) = \text{round}\left\{\frac{F(u,v)}{Q(u,v)}\right\} \quad\quad (6.7)$$

ここで，round{・}は小数点以下1桁での四捨五入演算を示します．量子化テーブルでDCT係数を除算することで，量子化を行っているため，量子化テーブルの数が大きな位置のDCT係数は，粗い精度でしか情報を扱うことができません．図6.7を見ると，右下になればなるほど，大きな量子化テーブルの値になっています．DCT係数は，左上は直流や低い周波数成分を右下は高い周波数成分を示しています．周波数の高い成分については鈍感であるため，精度が低くても問題ないという人間の視覚特性から，右下の部分の量子化テーブルの値は大きくなっています．色差成分についても同様で，人間の視覚特性から輝度成分に比べ色差成分は鈍感であることから，輝度成分よりも大きな量子化テーブルとなっています．

また，逆量子化は逆量子化後のDCT係数を $R(u, v)$ とすると，式(6.8)のように表されます．

JPEGにおける逆量子化

$$R(u,v) = F_q(u,v) \times Q(u,v) \quad\quad (6.8)$$

デフォルトでどのような量子化テーブルを用いるのかという情報については標準化されていません．そのため，画像や人間の視覚特性に合わせた量子化テーブルを設定することにより，復調画像の画質を良くすることができます．符号化の際に使用した量子化テーブルは，符号化されたデータと共にJPEGの符号化列の中に入っています．

上記の処理では，圧縮率や画質は量子化テーブルにより決定されますが，画像処理ソフトウェアなどでJPEG形式で保存する際に圧縮率や画質を設定し，量子化テーブルを決定するための実装例

の一つを示します．圧縮率の調整は，量子化の際に式(6.9)に示すような重み係数を掛けて量子化テーブルを調整することにより，ある程度調整可能です[注4]．

$$F_q(u,v) = \text{round}\left\{\frac{F(u,v)}{\alpha Q(u,v)}\right\} \quad \cdots\cdots\cdots\cdots\cdots\cdots\cdots\cdots\cdots\cdots\cdots\cdots\cdots\cdots\cdots\cdots\cdots\cdots\cdots\cdots (6.9)$$

また，αの設定法について，文献[34]に実装されている手法を例に説明します．このソフトウェアでは，画質を示すパラメータQ_{JPEG}，$(1 \leq Q_{JPEG} \leq 100)$を元に，式(6.10)により$\alpha$を決定しています．

$$\alpha = \begin{cases} \dfrac{50}{Q_{JPEG}} & (1 \leq Q_{JPEG} \leq 50) \\ 2 - \dfrac{Q_{JPEG}}{50} & (50 \leq Q_{JPEG} \leq 1) \end{cases} \quad \cdots\cdots\cdots\cdots\cdots\cdots\cdots\cdots\cdots\cdots (6.10)$$

例えば，$Q_{JPEG} = 50$のとき，$\alpha = 1$を示します．また，Q_{JPEG}が大きくなればなるほど，αが小さくなり画質を高く保つことができます．

演習6.2

問題

8×8のDCT係数$F(u, v)$，$(u, v = 0, 1, \cdots, 7)$がある．

$$F(u,v) = \begin{pmatrix} 894 & 15 & 5 & 31 & 19 & 18 & 13 & 1 \\ 201 & 13 & 0 & 16 & 8 & 26 & -3 & -8 \\ 19 & -53 & 8 & -6 & -6 & 4 & -16 & -15 \\ -43 & -26 & 18 & -8 & 2 & -3 & -2 & 0 \\ -8 & 25 & 7 & 1 & 1 & -2 & 1 & -6 \\ 3 & 0 & -10 & 3 & -2 & -4 & 2 & 2 \\ 3 & 3 & 3 & 1 & 2 & -1 & 1 & 1 \\ -5 & 0 & 0 & -1 & 1 & -3 & -3 & -1 \end{pmatrix} \quad \cdots\cdots (6.11)$$

図6.8に画像と3次元のグラフで$F(u, v)$を示す．DCT係数$F(u, v)$を量子化し，量子化後のDCT係数$F_q(u, v)$を求めよ．なお，量子化テーブルは，**図6.7**に示す輝度成分の量子化テーブル例を用いること．また，$\alpha = 1$として計算すること．

注4：厳密に何バイトに圧縮するなどは，この手法のみでは実現できない．この手法では，αで圧縮率などを調整するものの，実際に圧縮してみないと実際の容量は分からない．

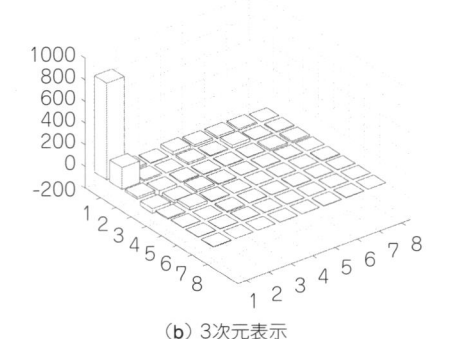

(a) 画像表示　　　　　　　　　　　　(b) 3次元表示

図6.8　演習6.2で使用する画像とその3次元表示

解答

量子化後の係数は，演習6.3を参照のこと．

6-5　JPEGで用いられるハフマン符号化

　エントロピー符号化とは，符号化する情報の出現確率に基づき符号の長さを変えることで，できるだけ短い平均符号長で符号化するものです．JPEGでは，エントロピー符号化として，ハフマン符号化を用います．本章では，ハフマン符号 (Huffman Code) を用いる手法について説明します．

　ハフマン符号とは，出現する記号と出現頻度が既知であるような状態のとき，最適な符号を構成できる符号です．しかしJPEGでは，DC係数とAC係数では符号化の方法が異なります．DC係数は，**図6.9**のように，DC係数のみを取り出し，これらの差分の符号化を行います．このように前との差分を計算しつつ符号化する手法は，DPCM (Differential Pulse Code Modulation) と呼ばれます．DC係数は8×8ブロックの平均を示しているため，自然画像では，隣り合ったDC係数は似た値を持つことになります．そこで，前のDC係数との差分を**表6.1**に従って符号化を行います．

　このように，自然画像の場合，DC係数の差分をとることで，小さい数値が出てくる頻度が高くなります．そこで，表のように，小さい数値に短い符号を割り当てることで効率良く符号を割り当てることが可能です．この表は，輝度成分のDC係数を符号化する際の例です．使用するアプリケーションによりこの符号表は異なります．

　画像の最初の部分については，DC係数値そのものを符号化します．その後は，左上から右下にかけて差分値を符号化していきます．符号は，（ハフマン符号，付加ビット）の順で並べられます．

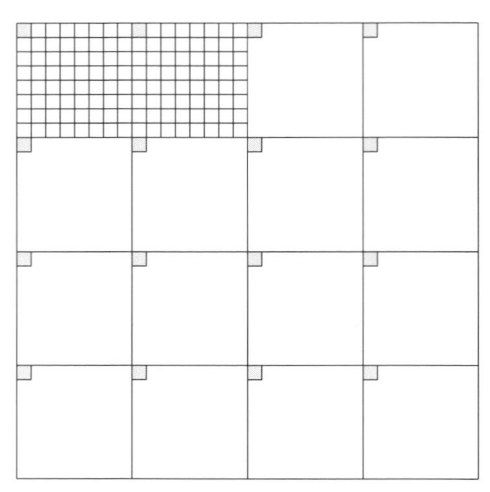

図6.9　DC係数の符号化

表6.1　DC係数の差分値符号化用ハフマン符号例と付加ビット（輝度成分）

カテゴリ	DC係数の差分	ハフマン符号	付加ビット
0	0	00	−
1	−1, 1	010	0, 1
2	−3, −2, 2, 3	011	00, 01, 10, 11
3	−7, −6, −5, −4, 4, 5, 6, 7	100	000, 001, 010, 011, 100, 101, 110, 111
4	−15, …, −8, 8, …, 15	101	0000, …, 0111, 1000, …, 1111
5	−31, …, −16, 16, …, 31	110	00000, …, 11111
6	−63, …, −32, 32, …, 63	1110	000000, …, 111111
7	−127, …, −64, 64, …, 127	11110	0000000, …, 1111111
8	−255, …, −128, 128, …, 255	111110	00000000, …, 11111111
9	−511, …, −256, 256, …, 511	1111110	000000000, …, 111111111
10	−1023, …, −512, 512, …, 1024	11111110	0000000000, …, 1111111111
11	−2047, …, −1024, 1024, …, 2047	111111110	00000000000, …, 11111111111

DC係数の符号化例（輝度成分の場合）

　DC係数の差分値が0であった場合，符号はハフマン符号（00），付加ビット（なし）を合わせて（00）となる．DC係数の差分が−6であった場合，符号はハフマン符号（100），付加ビット（001）を合わせて（100001）となる．

　一方，AC係数は図6.10に示すようなジグザグ・スキャン（Zig-zag Scan）を用いて係数を1列に並べ，係数0が続いている数（0ランレングスの長さ）と係数のカテゴリによりハフマン符号が表6.2

図6.10　DCT係数のジグザグ・スキャン

表6.2　AC係数符号化用ハフマン符号例（輝度成分）

0ランレングス数	カテゴリ	ハフマン符号
0	EOB	1010
0	1	00
0	2	01
0	3	100
0	4	1011
0	5	11010
⋮	⋮	⋮
0	10	1111111110000011
1	1	1100
1	2	11011
1	3	1111001
⋮	⋮	⋮
1	10	1111111110001000
2	1	11100
3	1	111010
⋮	⋮	⋮
15	0 (ZRL)	11111111001
⋮	⋮	⋮
15	10	1111111111111110

に従って作成され，その後，**表6.3**に従って付加ビットが加えられます．

0ランレングスの長さは，15までしか規定されていないため，それ以上の0ランレングスの長さがある場合，ZRL（11111111001）符号を挿入し，追加の0ランレングスの長さを加えます．

また，これ以上AC係数がない場合には，**表6.2**のEOB（End of Block）符号が挿入されます．

表6.3 AC係数符号化用カテゴリと付加ビット（輝度成分）

カテゴリ	AC係数	付加ビット
1	−1, 1	0, 1
2	−3, −2, 2, 3	00, 01, 10, 11
3	−7, −6, −5, −4, 4, 5, 6, 7	000, 001, 010, 011, 100, 101, 110, 111
4	−15, …, −8, 8, …, 15	0000, …, 0111, 1000, …, 1111
5	−31, …, −16, 16, …, 31	00000, …, 11111
6	−63, …, −32, 32, …, 63	000000, …, 111111
7	−127, …, −64, 64, …, 127	0000000, …, 1111111
8	−255, …, −128, 128, …, 255	00000000, …, 11111111
9	−511, …, −256, 256, …, 511	000000000, …, 111111111
10	−1023, …, −512, 512, …, 1024	0000000000, …, 1111111111

AC係数の符号化例（輝度成分の場合）

ジグザグ・スキャン後の係数の並びが，(24, 3, 0, 3, 0, 0, 1)であった場合，
・0ランレングスの長さ：0，カテゴリ：5よりランレングス符号(11010)，また，AC係数24より付加ビット(11000)，合わせて(1101011000)
・0ランレングスの長さ：0，カテゴリ：2よりランレングス符号(01)，また，AC係数3より付加ビット(11)，合わせて(0111)
・0ランレングスの長さ：1，カテゴリ：2よりランレングス符号(11011)，また，AC係数3より付加ビット(11)，合わせて(1101111)
・0ランレングスの長さ：2，カテゴリ：1よりランレングス符号(11100)，また，AC係数1より付加ビット(1)，合わせて(111001)
・EOBより(1010)
・最終的な符号：(11010110000111101111111001010)

演習6.3

問題

8×8 の量子化されたDCT係数 $F_q(u, v)$, $(u, v = 0, 1, \cdots, 7)$ がある.

$$F_q(u,v) = \begin{pmatrix} 56 & 1 & 1 & 2 & 1 & 0 & 0 & 0 \\ 17 & 1 & 0 & 1 & 0 & 0 & 0 & 0 \\ 1 & -4 & 1 & 0 & 0 & 0 & 0 & 0 \\ -3 & -2 & 1 & 0 & 0 & 0 & 0 & 0 \\ 0 & 1 & 0 & 0 & 0 & 0 & 0 & 0 \\ 0 & 0 & 0 & 0 & 0 & 0 & 0 & 0 \\ 0 & 0 & 0 & 0 & 0 & 0 & 0 & 0 \\ 0 & 0 & 0 & 0 & 0 & 0 & 0 & 0 \end{pmatrix} \quad \cdots\cdots (6.12)$$

図6.11(a)に画像として,**図6.11**(b)に3次元のグラフとして $F_q(u, v)$ を示す.

量子化されたDCT係数 $F_q(u, v)$ をジグザグ・スキャンし,1列に並べよ.また,AC係数を**表6.2**のAC係数符号化用ハフマン符号例(輝度成分)を用いて符号化せよ.

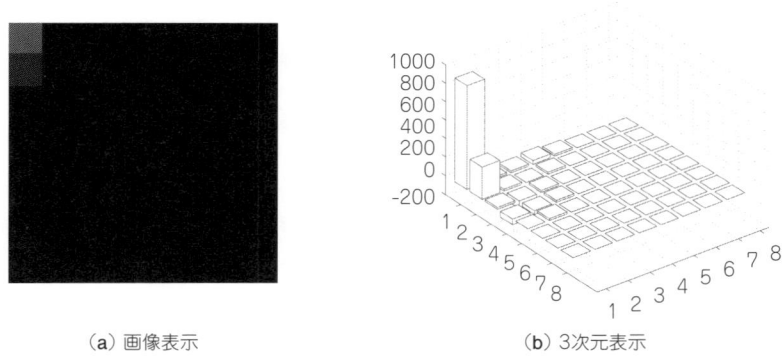

(a) 画像表示　　(b) 3次元表示

図6.11 演習6.3に使用する量子化されたDCT係数

解答

ジグザグ・スキャンの結果は以下の通り.

56 1 17 1 1 1 2 0 -4 -3 0 -2 1 1 1 0 0 0 1 1 0 0 …

56はDC係数であるため,除いて次の1から符号化を行う.1はカテゴリ1であり,また,0ランレングスは0であるので,ハフマン符号は00,付加ビットは1となる.次の17はカテゴリ5であり,0ランレングスは0であるため,ハフマン符号は11010,付加ビットは10001となる.このように符号化を行っていき,最後の1以降は0であるため,最後にEOB(1010)を入れる.よって,最終的な符号は,

00 1 11010 10001 00 1 00 1 00 1 01 10 1111001 011 01 00 11011 01 00 1 00 1 00 1 111010 1 00 1 1010

となる．

Scilab演習6.1

（演習プログラム：Simple_image_compress）

問題
DCTを用いた簡易画像圧縮プログラムにおいて，量子化パラメータを128，64，32と変化させ，画質と圧縮されたファイル・サイズの変化について示せ．

解答
パラメータを大きくすると，ファイル・サイズが小さくなるものの，画質も劣化することが分かる．

Scilab演習6.2

問題
JPEG圧縮において，圧縮率を変更した場合の画質の違いを確認せよ[注5]．

解答
IrfanViewにおいて，1/24，1/64に圧縮したJPEG画像を図6.12に示す．1/64圧縮の画像では，ブロックひずみが見て取れる．

(a) 1/24圧縮　　　(b) 1/64圧縮

図6.12　JPEG圧縮の例

注5：IrfanView（http://www.irfanview.com/）などの画像処理プログラムを利用してJPEG圧縮をしてみよう．

章末問題

問題1
式 (6.3) が成立することを示せ．

問題2
演習 6.1 と同様の計算を行い，DCT 係数 $F(u, v)$, $(u, v = 0, 1, \cdots, 7)$ を丸めずに求めよ．

問題3
問題1で求めた DCT 係数 $F(u, v)$, $(u, v = 0, 1, \cdots, 7)$ について，IDCT を行い，$f(x, y)$, $(x, y = 0, 1, \cdots, 7)$ を求めよ．

問題4
演習 6.3 で求められたハフマン符号からハフマン復号を行い，AC 係数を求めよ．

問題5
問題3において求められた AC 係数と式 (6.12) の DC 係数 $F_q(u, v)$ に対して，逆量子化を行い，$R(u, v)$ を求めよ．なお，量子化テーブルは，輝度成分の量子化テーブル例を用いること．

問題6
問題4で求められた係数に対して2次元の逆DCT変換を行え．

問題7
問題5で求められた値と式 (6.6) の値の差を求めよ．

問題8
式 (6.6) の値を用いて，$a = 2$ として圧縮伸長を行え．

第7章
映画館で利用されている JPEG 2000

　ディジタル画像の増大やコンピュータの性能の向上により，通信のみならずテレビや映画において，ディジタル化が進んでいます．そのため，従来のJPEGより同じ圧縮率でより画質の高い画像圧縮規格が必要となってきました．そこで，誤り耐性機能や各種スケーラビリティ機能など，新たな機能を持ち，より高性能な圧縮可能な符号化画像の国際標準化が行われ，ISO/IECにおいて，JPEG 2000符号化は規格化されました．

　JPEG 2000では，圧縮しても元の画像に戻すことのできる可逆符号化(Reversible Coding)，元に戻らないが，圧縮率を上げることのできる非可逆符号化(Inreversible Coding)を同じ構造で処理できるという特徴があります．

　これらはJPEGと同じように，国際標準化機構(ISO)，国際電気標準会議(IEC)と，ITU-T，の共同作業において標準化された規格です．そのため，JPEG 2000はISO-15444-1/ITU-T Rec.800と二つの規格番号を持ちます[35]．

　一方，日本においても，日本工業規格(JIS)においてJIS X4350-1:2002，「JPEG 2000画像符号化システム―第1部：基本符号処理」という名称でJIS規格化されています[36]．

　加えて，動画像符号化においても，JPEG 2000符号化をフレームごとに施すMotionJPEG 2000符号化もISO-15444-3/ITU-T Rec.802やJIS X4350-3として標準化されています[37]．この章ではJPEG 2000符号化の概要と誤り耐性機能について説明します．

7-1　JPEG 2000符号化の概要

　JPEG 2000符号画像は図7.1により生成されます．JPEG 2000復号器の構成を図7.2に，JPEG 2000符号化処理の例を図7.3に示します．

　JPEG 2000符号化は，JPEGと同様に直交変換による周波数成分への変換，量子化(必要に応じて処理を行う)，エントロピー符号化という同様の処理手順ですが，使用されるものが異なります．

　入力される画像信号は，一つの色成分が8ビットの場合0～255となり，画像データの平均は正の値となります．これを直流成分といいます．この直流成分を取り除くことで，直交変換のための0平均のデータを作成します．その後，JPEGの色変換と同様の処理であるコンポーネント変換(Component Transform)が行われます．

　次にJPEGでは，周波数成分の解像度は一定であるDCTを用いていましたが，JPEG 2000では，

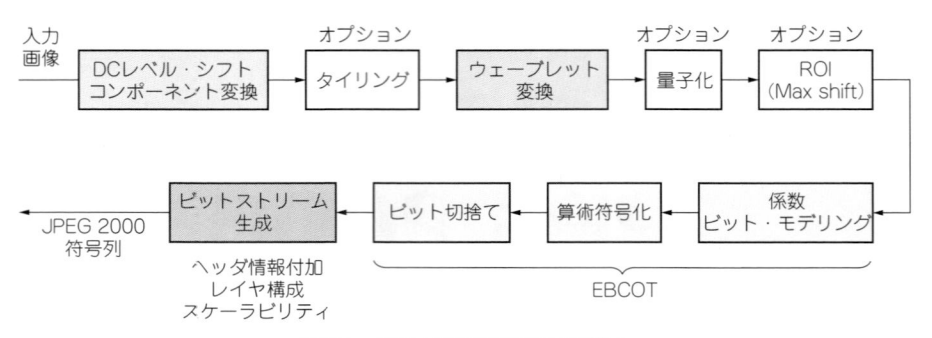

図7.1 JPEG 2000符号化器の構成

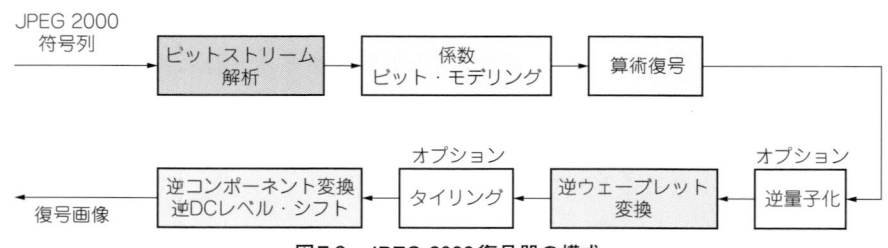

図7.2 JPEG 2000復号器の構成

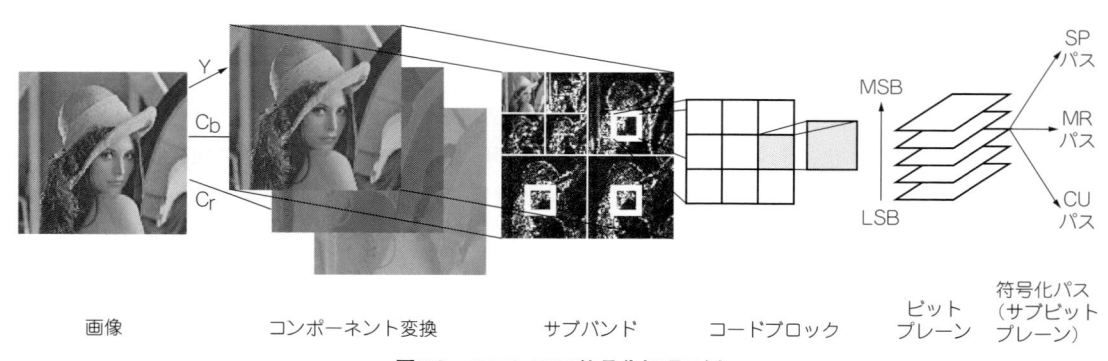

図7.3 JPEG 2000符号化処理の例

　柔軟にかつ効率的に周波数成分への分割が可能な離散ウェーブレット変換（Discrete Wavelet Transform）が用いられます．その後，必要に応じて量子化の処理が行われます．

　出力されたウェーブレット係数は，重要度に合わせてパスと呼ばれる符号化する順番と符号化する際の補助情報を決定する必要があるため，ビット・モデリング処理（Bit Modeling）において，ウェーブレット係数の1ビットごとに重要度が決定されされます．

　その後，1ビットずつ符号化する必要がありますが，ここでは，決定された補助情報と1, 0の出現確率に合わせて符号を生成する算術符号化（Arithmetic Coding）が用いられます．また，出現確率はビットごとに推定するために，より効率的な符号を得ることができます．さらに出力された符

号を切り捨てることで，圧縮率の制御を行うことができます．必要であれば，柔軟な復号を可能とするレイヤと呼ばれる符号構造が構成されます．

最後にヘッダなど付加してJPEG 2000形式のビットストリームを出力します．

これらの処理の流れは，可逆符号化のときも非可逆符号化の際も同じです．違いは，それぞれの処理において使用している式や係数が異なる点です．

7-2　0を中心としたデータにするDCレベル・シフト

RGBのような整数値を持つような画像の場合，平均値は正になります．この平均値を直流成分といい，直交変換のため直流成分を除く必要があります．これをDCレベル・シフト(DC Level Shift)といいます．

(x, y) の画素の値を $I(x, y)$ とし，画素値は B ビットで表されるものとします．DCレベル・シフト後の画素値を $I'(x, y)$ とすると，DCレベル・シフトと逆シフトは以下のような式で計算されます．

DCレベル・シフト

・DCレベル・シフト

$$I'(x,y) = I(x,y) - 2^{B-1} \qquad (7.1)$$

・DCレベル逆シフト

$$I(x,y) = I'(x,y) + 2^{B-1} \qquad (7.2)$$

7-3　JPEG 2000の色変換 — コンポーネント変換

JPEG 2000では，入力が三つのRGBで構成されている画像を，輝度と色差に対応した成分の信号に変換します．これをコンポーネント変換(Component Transformation)といいます．JPEG 2000では，可逆符号化と非可逆符号化を同じ構造で処理するため，コンポーネント変換においても可逆変換(RCT：Reversible Multiple Component Transformation)と非可逆変換(IRCT：Irreversible Multiple Component Transformation)の二つが定義されています．

入力信号のそれぞれの色信号を $I_0(x, y)$, $I_1(x, y)$, $I_2(x, y)$ とし，出力を $Y_0(x, y)$, $Y_1(x, y)$, $Y_2(x, y)$ とすると，可逆変換では，元に戻すことができるように，以下のような順変換と逆変換が用いられます．RGB信号を扱う場合は，$I_0(x, y) = R$, $I_1(x, y) = G$, $I_2(x, y) = B$ として演算することになります．

可逆コンポーネント変換

・順変換

$$Y_0 = \left\lfloor \frac{I_0 + 2I_1 + I_2}{4} \right\rfloor$$
$$Y_1 = I_2 - I_1$$
$$Y_2 = I_0 - I_1$$
.... (7.3)

・逆変換

$$I_1 = Y_0 - \left\lfloor \frac{Y_1 + Y_2}{4} \right\rfloor$$
$$I_0 = Y_2 + I_1$$
$$I_2 = Y_1 + I_1$$
.... (7.4)

これらの演算を行った場合でも可逆である必要があるため，演算のビット数については注意する必要があります．一方，非可逆変換では，式 (7.1)，式 (7.2) と同様の式で計算されます．

非可逆コンポーネント変換

・順変換

$$Y_0 = 0.299 I_0 + 0.587 I_1 + 0.114 I_2$$
$$Y_1 = -0.16875 I_0 - 0.33126 I_1 + 0.5 I_2$$
$$Y_2 = 0.5 I_0 - 0.41869 I_1 - 0.08131 I_2$$
.... (7.5)

$$\begin{pmatrix} Y_0 \\ Y_1 \\ Y_2 \end{pmatrix} = \begin{pmatrix} 0.299 & 0.587 & 0.114 \\ -0.16875 & -0.33126 & 0.5 \\ 0.5 & -0.41869 & -0.081312 \end{pmatrix} \begin{pmatrix} I_0 \\ I_1 \\ I_2 \end{pmatrix}$$
.... (7.6)

・逆変換

$$I_0 = Y_0 + 1.402 Y_2$$
$$I_1 = Y_0 - 0.34413 Y_1 - 0.71414 Y_2$$
$$I_2 = Y_0 + 1.772 Y_1$$
.... (7.7)

$$\begin{pmatrix} I_0 \\ I_1 \\ I_2 \end{pmatrix} = \begin{pmatrix} 1 & 0 & 1.402 \\ 1 & -0.34413 & -0.71414 \\ 1 & 1.772 & 0 \end{pmatrix} \begin{pmatrix} Y_0 \\ Y_1 \\ Y_2 \end{pmatrix}$$
.... (7.8)

可逆コンポーネント変換は，完全な輝度，色差の色変換でないため，効率は低下します．しかし，後述の 5/3 フィルタを用いたウェーブレット変換と組み合わせて使用することで，誤りなく完全に元の画像を再現することができます．

一方，非可逆コンポーネント変換は，この変換のみで画像にひずみを生じさせるため，元の画像

を完全に再現することはできません．しかし後述の9/7フィルタを用いたウェーブレット変換と組み合わせることで，高効率に圧縮を行うことが可能です．

> **Scilab演習7.1**
>
> （演習プログラム：JPEG2000_component）
>
> **問題**
> 入力画像をI_0, I_1, I_2がそれぞれ8ビットで表されるものとするとき，可逆のコンポーネント変換と逆コンポーネント変換を行うプログラムを用いて元に戻ることを確認せよ．ここでは，入力画像をLenna.bmpとする．
>
> **解答**
> 演習プログラムを実行すると，元に戻ることが確認できる．

7-4　DCTより画質の良いウェーブレット変換

　ウェーブレット変換では，周波数分割を行いますが，その周波数分割は，低周波成分，高周波成分の二つに分割する処理を基本とします．この基本の処理は，低域通過フィルタと高域通過フィルタ，一つおきにデータを間引く処理である↓2のダウン・サンプリング処理を用いて構成できます．この構成を2分割フィルタ・バンクといいます．2分割フィルタ・バンクを直列に結合させることで，ウェーブレット変換の分割の細かさを変化させることができます．

　低域通過フィルタを$H_0(z)$，高域通過フィルタを$H_1(z)$とした場合の2分割フィルタ・バンクを用いたウェーブレット変換の構成例を**図7.4**に示します．それぞれのステージが基本の処理構成となっています．

　ステージ1に着目すると，入力された信号$X(z)$は，低域成分の信号L_{band1}と高域成分の信号H_{band1}とに分解されます．自然画像は，低域成分に信号が偏っているため，高域成分の信号は小さい値の多い信号となります．そのため，低周波成分についてもう一度分割を行うと，低域成分の中

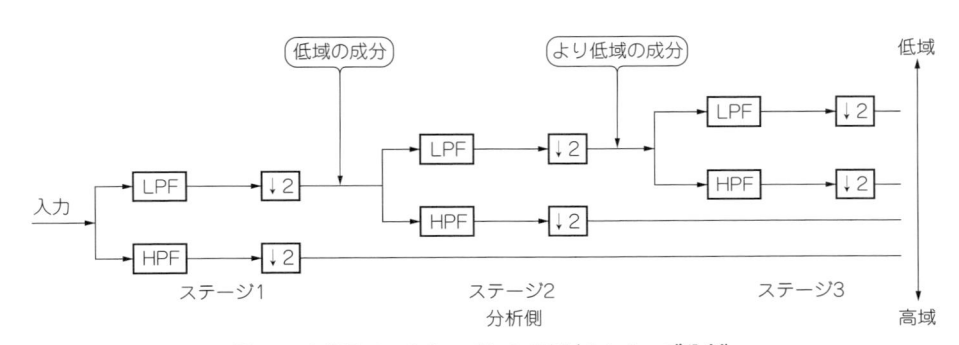

図7.4　2分割フィルタ・バンクの例（オクターブ分割）

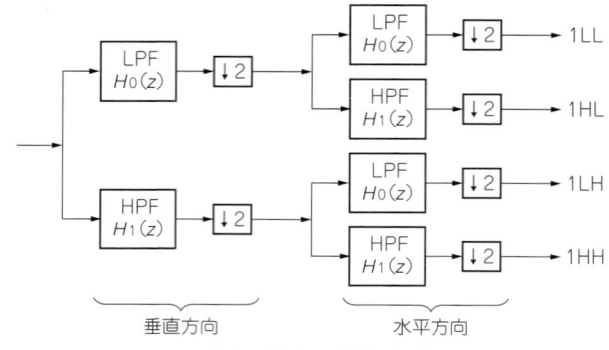

図7.5　2次元のDWTの例

でもより低域の成分の信号L_{bnad2}と低域成分の中で少し高域の部分H_{bnad2}とに分離することができます．このように，必要なところだけを細かく解析することで自然画像に適した周波数解析を行うことが可能です．

　画像は2次元信号であるため，変換処理は**図7.5**のように，1次元処理を垂直，水平に施すことで行われます．

　DWTを計算する際のフィルタは二つに大別されます．一つは，可逆変換可能な整数型，もう一つは圧縮効率の良い実数型です．JPEG 2000 part.1においては，可逆符号化を行う際は，$H_0(z)$が5タップのフィルタ，$H_1(z)$が3タップのフィルタの5×3フィルタを用い，非可逆圧縮符号化を行う際は，それぞれ9タップ，7タップの9×7フィルタが用いられます．フィルタ係数については，後述します．

　しかしこのままでは，フィルタリングにより信号の長さが変化してしまいます．そこで，信号の長さの変化がおきないようにフィルタリングの際に画像信号を拡張します．

7.4.1　画像の拡張

　画像の端を越えた範囲は0であると仮定すると，そのままJPEG 2000におけるウェーブレット変

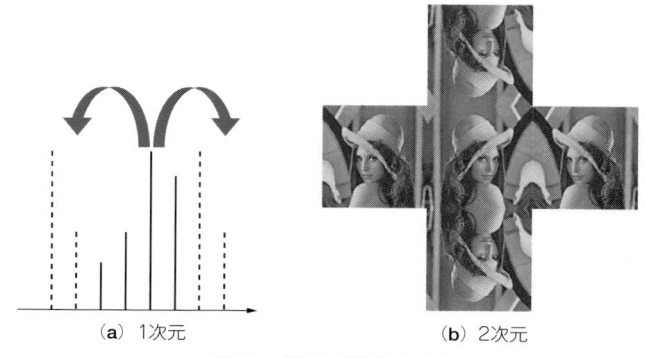

図7.6　対称周期拡張の例

換を施すと，画像の端が急激な変化があるものと見なされてしまいます．そこで，JPEG 2000において，ウェーブレット変換を行う際は，画像の端を滑らかにし，かつ入力画像と同数の独立した出力を得るために，画像の端を折り返して拡張します．これを，対称周期拡張といいます．

対称周期拡張の例を図7.6に示します．一般に，畳み込み演算を行うと，出力の信号点は，フィルタの長さ−1分伸びます．しかし，周期的に拡張することにより，独立した点を考慮すると，入力信号と出力信号の長さは同数となります．

7.4.2　2分割フィルタ・バンク

ウェーブレット変換は，図7.4に示すような2分割のフィルタ・バンクによって処理が可能です．この場合に使用するフィルタの係数を可逆変換の場合に使用する5×3フィルタを表7.1に，非可逆変換で使用する9×7フィルタを表7.2に示します．2分割フィルタ・バンクをそのまま計算してウェーブレット変換を行うことは可能ですが，JPEG 2000では，次に示すリフティングと呼ばれる構成を用いて2分割フィルタ・バンクの演算を行います．

7.4.3　リフティング

JPEG 2000では，ウェーブレット変換の演算を行う際は，2分割フィルタ・バンクの代わりにリフティング(Lifting)と呼ばれる構成で演算を行います．2分割フィルタ・バンクのリフティング構成の例を図7.7に示します．

JPEG 2000では，丸め演算を施したとしても，再構成が可能でなければ，ロスレスの圧縮ができなくなってしまいます．そこで，2分割のフィルタ・バンクで演算するのではなく，リフティング構成で演算することで，再構成を可能としています．

ここで，$P(z)$，$U(z)$ はフィルタを示し，Q は演算の丸めを示します．また，s は演算を行った際

表7.1　可逆変換で用いる5×3フィルタ

i	低域通過フィルタ $h_0(i)$	高域通過フィルタ $h_1(i)$
0	6/8	1
−1, 1	2/8	−1/2
−2, 2	−1/8	—

表7.2　非可逆変換で用いる9×7フィルタ

i	低域通過フィルタ $h_0(i)$	高域通過フィルタ $h_1(i)$
0	0.6029490182363579	1.115087052456994
−1, 1	0.2668641184428723	−0.5912717631142470
−2, 2	−0.07822326652898785	−0.05754352622849957
−3, 3	−0.01686411844287495	0.09127176311424948
−4, 4	0.02674875741080976	—

図7.7　2分割フィルタ・バンクのリフティング構成

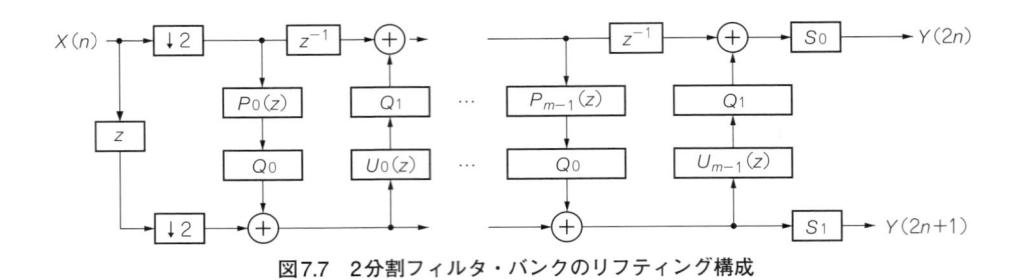

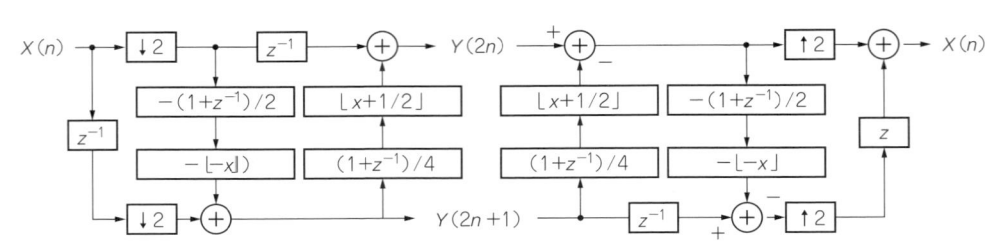

図7.8　2分割フィルタ・バンクのリフティング構成（可逆変換）

の出力のゲイン調整用のスカラー演算を示し，↓2は一つおきにデータを間引くダウンサンプリングを示します．図7.7は分析側の分割フィルタを示しています．可逆変換である5×3フィルタをリフティング構成にすると，図7.8のように変換することができます．

　合成側では，分析側と逆の順番で上から下，下から上への同じ演算を行っていることが分かります．このことは，分析側で丸め処理を行っていたとしても，分析側で丸めによる誤差を引いていた場合，合成側で同じ丸めを行い同じ量の誤差を加えていることとなり，元に戻ることを意味します．このように元に戻るような構造を有するシステムを構造的に完全再構成といいます．

7.4.4　2Dウェーブレット変換

　JPEG 2000においてウェーブレット変換は，2次元画像に施されます．2次元ウェーブレット変換は，図7.8に示す1次元ウェーブレット変換を図7.9に示すように，縦方向と横方向とに独立して

(a) 処理の流れ（レベル1～2）

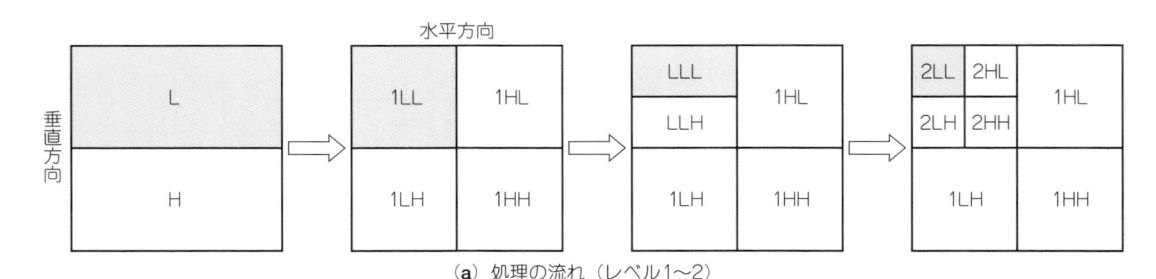

図7.9　2次元ウェーブレットの処理の流れ（レベル1～2）

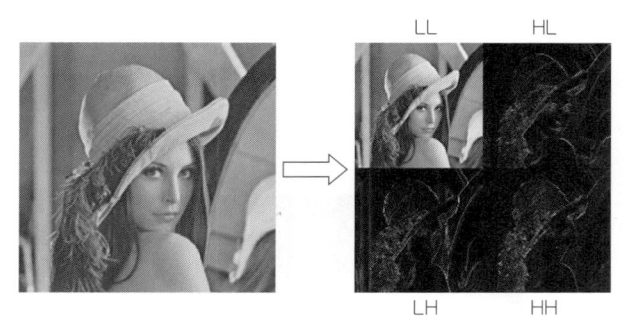

図7.10　2次元ウェーブレット変換の例（レベル1）

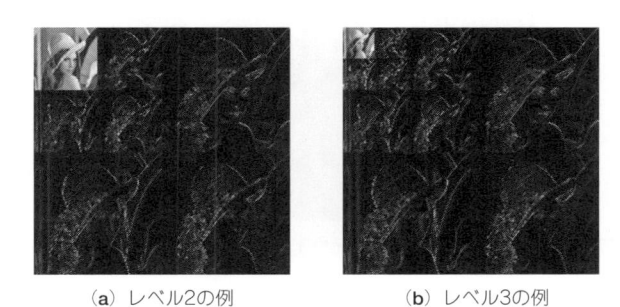

(a) レベル2の例　　　(b) レベル3の例

図7.11　2次元ウェーブレット変換の例（レベル2, 3）

処理することにより，LL，LH，HL，HHの四つのサブバンドに分割することが可能です．また，レベル2以上を処理する場合は，LLを取り出し，LLをウェーブレット変換を行うことで処理します．このように，LLを再帰的に処理する分割をオクターブ分割といい，JPEG 2000では一般的に使用されます．

2次元のウェーブレット変換を1段階行った場合の処理例を図7.10に示します．また，2段階，3段階の処理例を図7.11に示します．

Scilab演習7.2

（演習プログラム：wavelet_53）

問題

入力画像が白黒濃淡画像，すなわちI_0が8ビットで表されるものとするとき，以下の仕様を満たした5×3フィルタを用いたウェーブレット変換を行え．また，逆変換を行い元に戻ることを確認せよ．
・ウェーブレット変換は，オクターブ分割とする．
・ウェーブレット変換のレベルは3とする．
・画像は対称周期に拡張するものとする．

> **解答**
> 結果は，図7.12のようになる．ただし，ここでは，見やすくなるように，LL成分以外の成分は，強調している．

図7.12　Scilab演習7.2の2次元ウェーブレット変換の例（レベル3）

7-5　情報量を削減する量子化

　非可逆変換においてウェーブレット係数は，係数の情報量を削減するためにスカラー量子化が行われます．サブバンドbのウェーブレット係数を$X_b(u, v)$とし，サブバンドごとの量子化幅をΔbとすると，量子化後の係数$q_b(u, v)$は，式(7.9)のように示すことができます．

量子化
$$q_b(u,v) = \mathrm{sgn}(X_b(u,v)) \left\lfloor \frac{|X_b(u,v)|}{\Delta b} \right\rfloor \quad \cdots (7.9)$$

　この処理は，オプションです．

7-6　まわりの状態を見ながら情報を圧縮するEBCOT符号化

　これらの量子化されたウェーブレット係数に対してEBCOTアルゴリズムと呼ばれるアルゴリズ

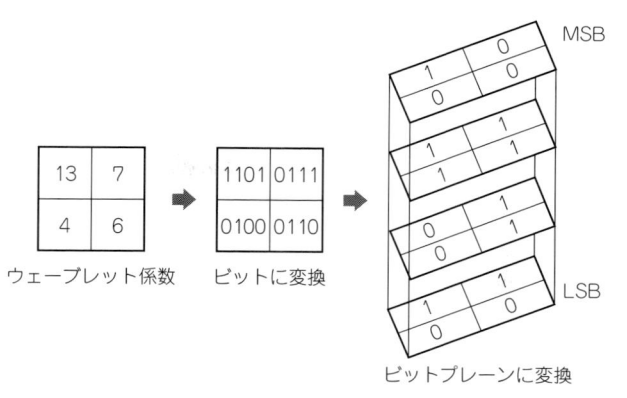

図7.13　ビットプレーンの例

ムを用いて，符号化を行います．この際に行われる処理は大きく分けて二つあります．係数をどのように符号化していくのか，またどれだけ重要なのかを決定する係数ビット・モデリング（Coefficient Bit Modeling）と，エントロピー符号化の一つである算術符号化（Arithmetic Coding）です．

EBCOT アルゴリズムを用いた符号化は，ウェーブレット係数をコードブロック（Code-block）と呼ばれる矩形のブロックに分割して，コードブロックごと独立に行われます．JPEG 2000 では，一般的に，64×64 や 32×32 係数を一つのコードブロックとしています．

各コードブロック内のDWT係数は，ビットに分割され，それぞれのビットを一つのプレーンと見たビットプレーン（Bit-plane）と呼ばれるプレーンに分解されます．ビットプレーンの例を図7.13 に示します．一番上のプレーンは，ウェーブレット係数のMSB（Most Significant Bit）を示しており，いちばん重要なビットを示しています．このMSBから符号化していきますが，ビットプレーン内での符号化は三つの順番で行われます．その符号化の順番は，符号化パス（Coding Pass）として表現されます．

符号化しようとしているビットは，そのビットの周りのウェーブレット係数の持っている状態に応じて符号化パスの一つに割り当てられます．すなわち，符号化順が割り当てられます．それぞれの符号化パスは符号化される順に，SP（Significance Propagation）パス（SPpass），MR（Magnitude Refinement）パス（MRpass），CU（Clean Up）パス（CUpass）と呼ばれます．また，符号化パスに割り当てると共に，そのビットがどの程度重要かを示すコンテクスト（Context）を決定します．詳しくは次節で説明します．

符号化するためのビットと決定されたコンテクストを用いて算術符号化が行われます．算術符号化では，コンテクストに合わせて符号化するためのビットの出現確率を推移させることで，高効率な圧縮を可能としています．

出力された符号は，限られたビットレート内において画質が最大になるように符号を切り捨てられます．こうすることで，後述するMPEGにて行われているようなフィードバックを用いたレート制御を行うことなく，一度の処理のみで目標とするレートに制御することが可能です．

図7.14 係数ビットモデリングと算術符号化の関係

図7.15 ビットプレーン走査順序（ex:16×N）

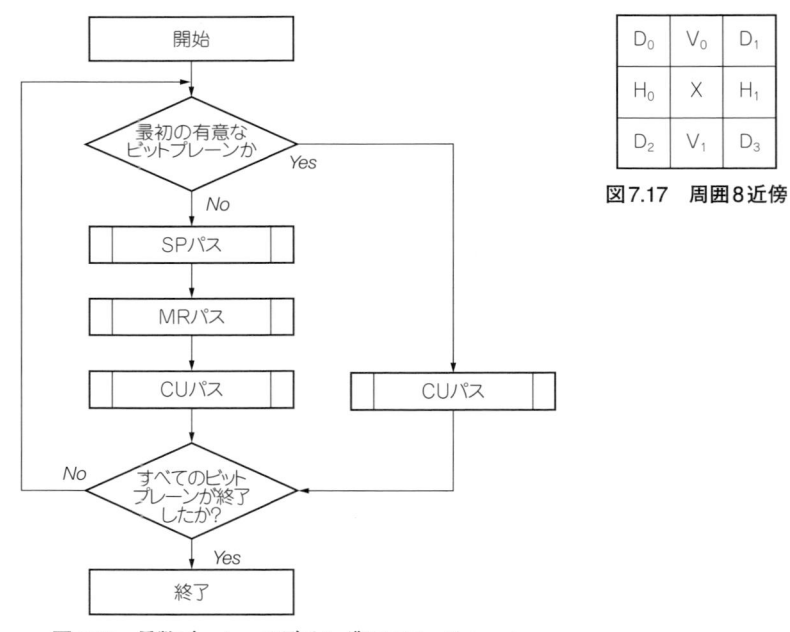

図7.17 周囲8近傍

図7.16 係数ビット・モデリングのフローチャート

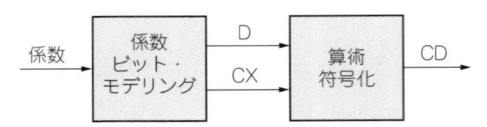

7.6.1 係数ビット・モデリング

係数ビット・モデリングと算術符号化の関係を，**図7.14**に示します．ウェーブレット係数から符号化しようとしている値（D：Dicison）に対して，それぞれのコンテクスト（CX：Context）を決定し算術符号化器へ情報を渡します．

係数ビット・モデリングを行う際には，最初にウェーブレット係数を**図7.13**のようにビットプレーンに展開します．ビットプレーンは上位ビットから順に**図7.15**に示すようにJPEG 2000符号

表7.3 SPpassおよびCUpassのコンテクスト・モデル

LLとLHサブバンド			HLサブバンド			HHサブバンド		コンテクスト値
ΣH_i	ΣV_i	ΣD_i	ΣH_i	ΣV_i	ΣD_i	$\Sigma (H_i+V_i)$	ΣD_i	
2			2				≥ 3	8
1	≥ 1		≥ 1	1		≥ 1	2	7
1	0	≥ 1	0	1	≥ 1	0	2	6
1	0	0	0	1	0	≥ 2	1	5
0	2		2	0		1	1	4
0	1		1	0		0	1	3
0	0	≥ 2	0	0	≥ 2	≥ 2	0	2
0	0	1	0	0	1	1	0	1
0	0	0	0	0	0	0	0	0

化特有のビット走査順序で符号化処理されます．走査は垂直方向に4ビットでまとめた単位でのラスタ走査です．

　走査されるビットプレーン内の各ビットは，三つの処理パスによって分類され，正負符号は特別な手法で処理されます．三つの処理パスは，SPpass，MRpass，CUpassであり，以下のような場合に係数ビットはそれぞれのパスに分類され，SPpass，MRpass，CUpassの順序で符号化されます．
・SPパス：周りのウェーブレット係数のビットが既に符号化されているが，今符号化しようとしているウェーブレット係数のビットはまだ符号化されていない場合
・MRパス：符号化しようとしているウェーブレット係数の上位ビットが，既に上位ビットのビットプレーンで符号化されている場合
・CUパス：それ以外の場合

　すなわち，周りの8近傍のウェーブレット係数の係数ビットが符号化されているかどうかによって，符号化の順番を変えることとなります．

　処理パスのフローチャートを図7.16に示します．これらの処理パスは各ウェーブレット係数ごとに与えられたSignificant Stateと呼ばれる状態に応じてコンテクストを決定します．決定には，図7.17に示すような周囲8近傍の状態を参照します．このSignificant Stateは有意である（Significant）と有意でない（Insiginificant）の2通りの状態のみをとります．8近傍の状態において，すべてのSignificant Stateの状態数を計算すると256通りの状態が存在し，その数に合わせてコンテクストが考えられます．JPEG 2000では，8近傍の状態について場合分けを施すことで18通りのコンテクストに縮小しています．表7.3にSPpassおよびCUpassに分類された係数に対してコンテクストを決定する際に使用するコンテクスト・モデルを示します．8近傍の状態を縦（V_i），横（H_i），斜め（D_i）を見て周りに有意となっている状態の係数の数をカウントして，それに合わせて今符号化しようとしているビットのコンテクストを決定します．表7.3では，0から8のコンテクストを使用していますが，そのほかのコンテクストは，ほかのパスでのコンテクスト決定に利用されています．詳しくは，国際標準[35]を確認してください．

図7.18　MQ-coder算術符号化器

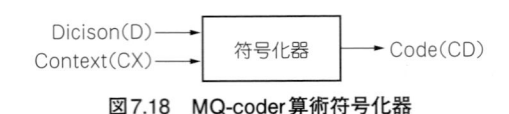

表7.4　符号化時使用レジスタ

	MSB							LSB
Cレジスタ	0000	cbbb	bbbb	bsss	xxxx	xxxx	xxxx	xxxx
Aレジスタ	0000	0000	0000	0000	1aaa	aaaa	aaaa	aaaa

7.6.2　算術符号化

　JPEG 2000では，ビットプレーンに分割して処理を行うため，0，1の2値の数値列を効率的に符号化する必要があります．そこで，JPEG 2000では，MQ-coderと呼ばれる算術符号化処理を用いて符号化を行っています．

　算術符号化では，MQ-coderと呼ばれる算術符号化器が使用されます．MQ-coder符号化の入出力を図7.18に示します．図7.18において，シンボルはD，CXは係数ビット・モデリングで求めたコンテクストを示します．第1章では，1，0の発生確率が一定の場合について算術符号の説明を行いましたが，ここでは，1，0の発生確率を逐次，発生確率遷移表を用いて変更しつつ符号化を行っていきます．このようにすることで，より高い圧縮率を得ることが可能です．また，表7.4にMQ-coderの符号化で用いるレジスタを示します．それぞれレジスタAは確率の幅を示す区間レジスタであり，レジスタCは符号レジスタです．ここで表の記号はそれぞれ以下のことを意味します．

　確率幅を利用して，符号化を行っていきますが，確率の幅が一定の間に入るように操作されます．
・a：確率幅
・x：Cレジスタにおける非整数部分を表すビット

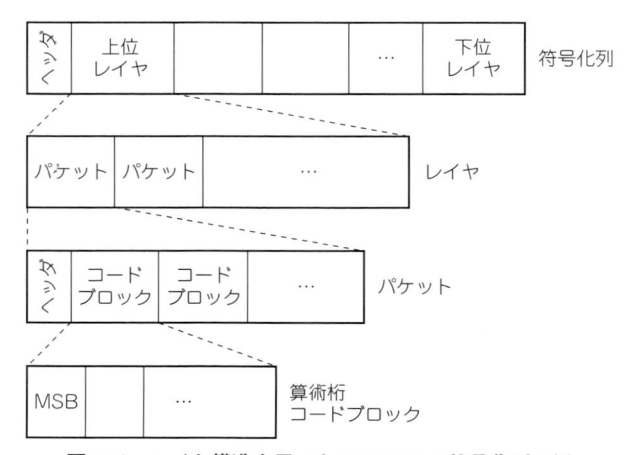

図7.19　レイヤ構造を用いたJPEG 2000符号化列の例

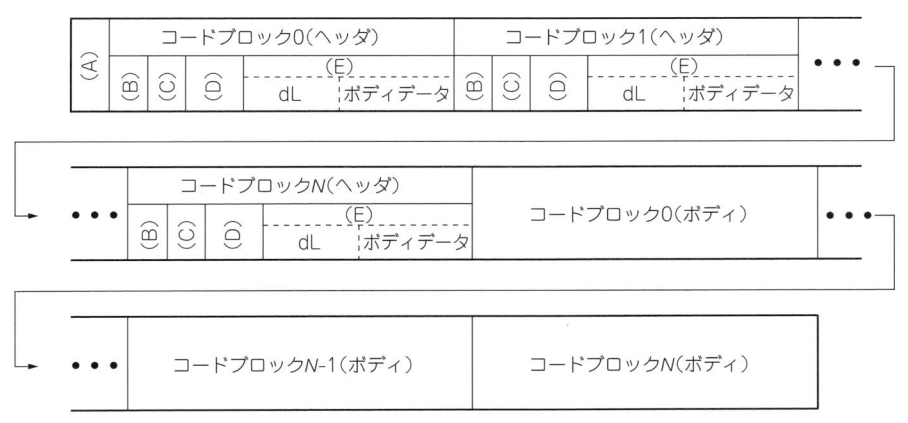

図7.20 パケットの構造

- s：キャリーオーバ用のビット
- b：確定した符号データ
- c：キャリー・ビット

7-7　データをまとめてビットストリームを生成する

　最後に，コードブロックの符号は，パケットと呼ばれる単位に，符号を解像度レベルごとに符号がまとめられ，複数のレイヤに分解されます．レイヤは符号化データを画質の寄与度に応じて階層化したものです．そのため，受信側では最上位から順にレイヤを再生することで，画質を段階的に向上させることができます．レイヤを用いたJPEG 2000符号化列の例を図7.19に示します．

　パケットは複数のコードブロックからなり，画像データ（ボディ・データ）とそれに伴うヘッダ（パケット・ヘッダ）で構成されます．コードブロック数を$N+1$ブロックと仮定した場合の，あるレイヤ中の一つのパケットにおける詳細構造を図7.20に示します．ここで，（A）～（E）はそれぞれ以下の情報を示します．詳しくは，国際標準[35]を参照してください．

- 零長パケット（A）

表7.5　誤り耐性機能

種　類	名　称
Entropy coding level	Code-blocks Termination of the arithmetic coder for each pass Reset of contexts after each coding pass Selective arithmetic coding bypass Segmentation symbols
Packet level	Short packet format Packet with resynchronization marker

- コードブロックの包含（B）
- 零ビットプレーン情報（C）
- コーディング・パス数（D）
- コードブロックの符号データ長（E）

7-8 JPEG 2000で用いられる誤り耐性機能

　JPEG 2000符号化画像は，誤りに対する誤り耐性機能（Error Resilience Tools）を持ちます．JPEG 2000が持つ誤り耐性機能は，誤りについてその誤りを検出し局所化して誤りの影響を広範囲に伝搬させないような機能です．すなわち，この誤り耐性機能は，誤りを訂正するわけではありません．表7.5に用いられるレベルに分類したJPEG 2000標準の誤り耐性機能を示します．

　誤りに対しては，EBCOT内のエントロピー符号化レベルにおいて使用されるものと，パケットを作成する際に使用されるものに大別されます．

　エントロピー符号化レベルでの誤り耐性ツールにでは，それぞれの処理単位（すなわち，符号化を行うパスなど）ごとに再同期や，符号化器の初期化を行うことができるため，ビット列に発生したランダム誤りやバースト誤りを局所化することが可能です．

　パケット・レベルでの誤り耐性ツールも同様に，パケット内に発生した誤りに対して，検出，局所化を行うことを可能とします．レイヤ構造を利用すると，より細かい単位でパケットが構成されます．このことは，誤りの局所化，再同期に対して有効です．

　このように，標準の誤り耐性ツールは，誤りを検出し，再同期することで誤りを局所化することが考慮されています．以下にそれぞれを説明します．

(a) Code-blocks

　コードブロックに分割し，おのおののコードブロックにおいて独立してエントロピー符号化を行います．コードブロックごとの符号は，独立してるために，符号化画像に誤りが発生したとしても，誤りはコードブロック内に局所化することが可能です．

(b) Termination of the Arithmetic Coder for Each Pass

　この耐性ツールでは，各パスごとに算術符号の終端処理を行います．そのため，誤りを符号化パス内に局所化することで，誤りに対する耐性を向上させています．

(c) Reset of Contexts after Each Coding Pass

　符号列に誤りが発生すると，符号の復号誤りが伝搬すると共に，コンテクストにおいても伝搬します．従って，これらのコンテクストを符号化パスごとにリセットすることで，コンテクストの誤りを局所化し，再同期させます．

(d) Selective Arithmetic Coding Bypass

この誤り耐性機能は，ビットプレーンにおいて，5番目以降の符号化パスのうち，SP, MRについて符号化を行わず，量子化されたDWT係数のビットプレーン・データをそのまま出力します．

(e) Segmentation Symbols

このシンボルは特別なシンボルであり，各ビットプレーンの最後に1010のデータをUNIFORMコンテキストを用いて符号化されます．そのため，復号側でこの特別なデータが復号されなかった場合，復号してきたビットプレーンに誤りが発生したことが検出できます．

(f) Short Packet Format

パケットは，パケット・ヘッダとボディ・データとで構成されています．符号化画像では，誤りにより復号不能となる確率は，ビット列の先頭と最後を比較した場合，後ろになればなるほど高くなります．そのため，パケットの中でも重要なパケット・ヘッダをグローバル・ヘッダに移動することで，誤りによる復号不能になることを低減します．

(g) Packet with Resynchronization Marker

パケットごとに再同期マーカを挿入することで，誤りが発生した場合でも，再同期させることができ，再同期マーカ以降のデータを復号可能となります．

章末問題

問題1
式 (7.4) が成立することを示せ．

問題2
図7.8のリフティング構成が成立することを示せ．ただし，フィルタは5/3フィルタとし，丸めは考慮しないものとする．

問題3
入力信号 $x(n) = [1, 2, 3, 4]$ として図7.8を用いて，2分割フィルタ・バンクの出力 $y(2n)$, $y(2n + 1)$ を求めよ．

問題4
問題3で求められた $y(2)$, $y(2n + 1)$ より図7.8を用いて，再構成せよ．

問題5
2ステージのオクターブ分割のフィルタ・バンクを用いて，入力信号 $x(n) = [1, 2, 3, 4]$ を分析せよ．

問題6
問題5の結果を用いて合成せよ．

問題7
LL サブバンドのSPパスであるとき，今符号化しようとしているビットプレーンのビットの8近傍

（図7.17参照）のうち，$H_0 = 1$, $D_1 = 1$, そのほかは0であった．このときのコンテクストを決定せよ．

問題8
JPEG 2000が利用されているものを調査せよ．

第8章
動画を圧縮する MPEG/H.264

　MPEGとは，Moving Picture Expert Groupの頭文字をとったものです．もともとは，動画像の符号化を行うグループの名前でしたが，現在は，動画像の圧縮規格の名称として定着しています．
　MPEG符号化は，現在，動画像を圧縮する規格として広く普及しており，DVDビデオやディジタル放送，移動体通信で利用されています．特に，2014年から4K放送，2016年から超高精細テレビ規格である8Kの試験放送が始まるなど，高解像度の動画像を圧縮する必要が出てきています．それに合わせて，MPEG符号化は扱う対象に応じてMPEG-1からMPEG-21やMPEG-Aから-Vまでを国際標準として規格化および国際標準化中です．また，ITUもH.261をはじめとしてH.264の国際標準化を行っています．現在，ITUやMPEGでは，H.264を超える規格として，H.265やHEVC（High Efficiency Video Coding）を規格化しています．本章では動画を圧縮する基本として，MPEG-1，MPEG-2，MPEG-4 AVC/H.264について説明します．MPEG-1，MPEG-2，MPEG-4の応用について表8.1に示します．

8-1　動画を圧縮するMPEG符号化の仕組み

　MPEG符号化画像の生成は，図8.1の符号化器を用いて行われます．MPEG符号化は，画像内の冗長性と時間の冗長性を削減するために，それぞれ，DCTと動き補償（Motion Compensation：MC）を基本要素として構成しています．
　自然画像では，フレーム内の注目している画素の近くは似ている場合が多く，画素の値の変化が小さくなります．そのため，空間的な周波数分解を行うと，周波数の低い領域に値が集中します．

表8.1　MPEG符号化の概要

符号化	伝送速度[bps]	応用
MPEG-1 ビデオ	1M 〜 1.5M	蓄積メディア，CD-ROM
MPEG-2 ビデオ	5M 〜 100M	DVDビデオ，ディジタル放送
MPEG-4 ビジュアル	20k 〜 20M	インターネット，CG，無線通信，スタジオ
MPEG-4 AVC/H.264	10k 〜 240M	次世代ディジタル放送，Blu-rayビデオ

図8.1　MPEG符号化器

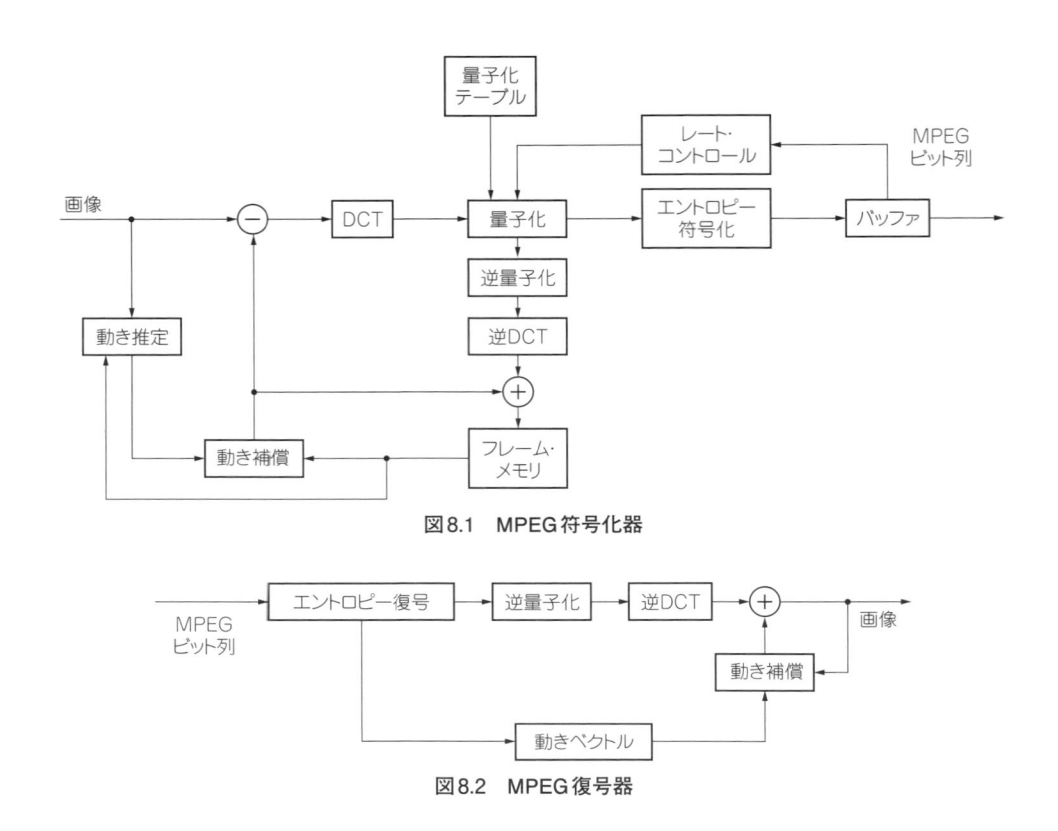

図8.2　MPEG復号器

　MPEG-1とMPEG-2では，画像を8×8ブロックに分割し（MPEG-4では4×4画素も存在），離散コサイン変換を用いて周波数領域に変換を行い値を集中させます．その後，量子化テーブルの値を用いて，変換係数を除算することで，空間的な冗長性を用いた圧縮が行われます．

　一方，動画像のフレーム間には似ている部分が多数含まれています．そのため，画像を複数のブロックに分割し，ほかのフレームにおいて似ている部分を探索する動き推定およびその似ている部分を使用して動き補償を行います．このように，ほかのフレームの似ている部分と現在のフレームのブロックとで差をとり，差分を符号化することで，時間的な冗長性を使って情報量の削減を行っています．最後に，可変長符号（Variable Length Code：VLC）を用いて符号化することにより符号列を生成します．

　MPEG符号画像の復元は，図8.2のような構成の復号器を用いて行われます．

8-2　似ている画像を予測する動き推定と動き補償

　動画像を撮影する際，カメラを平行移動させたり，カメラを振ったりします．このように撮影された動画像を見た場合，それぞれのフレームに分解すると，図8.3のように，よく似た部分が多いことが分かります．

(a) 第1フレーム　　　　　　　　　　(b) 第159フレーム

図8.3　動画像のフレームの例

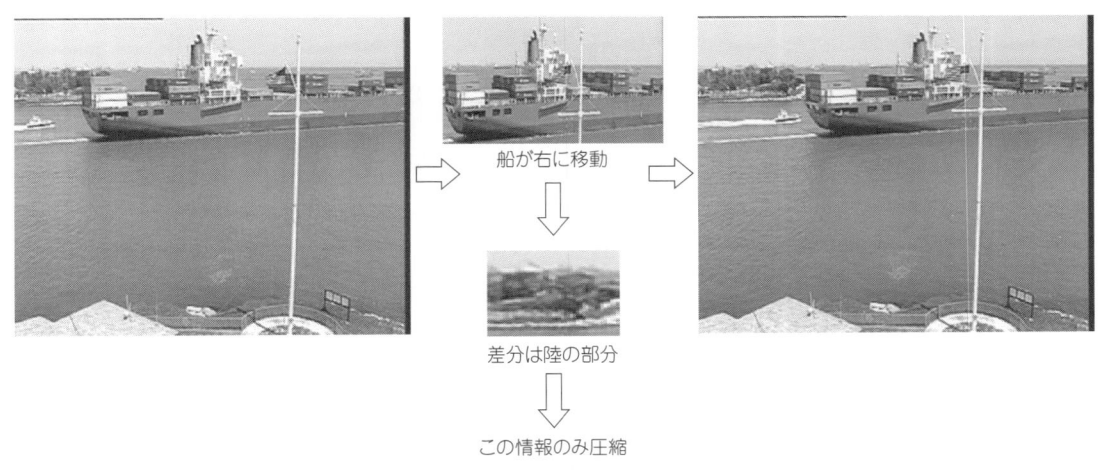

船が右に移動

差分は陸の部分

この情報のみ圧縮

図8.4　動きを用いた圧縮

　よく似た部分が多い場合，画像そのものを送信しなくても，図8.4に示すように，似ている部分がどのように動いたのかという情報と，どれだけ差があるのかという情報を送信すれば，受信側で元の画像を復元できます．

　このように，似ている部分がどれだけ動いたのかを探すことを，動き推定（Motion Estimation）といい，似た画像を再生することを動き補償（Motion Compensation）といいます．

　画像の似ている部分を探索する際，画像を複数のブロックに分解します．MPEG-1とMPEG-2ではマクロ・ブロック（Macro Block：MB）と呼ばれる16×16画素単位で動き補償が行われます（MPEG-2においては16×8画素，MPEG-4では8×8画素なども規定）．動き補償では，動きベクトルを用いて動き補償画像を生成し，その画像と符号化したい画像との差を符号化します．

　動きベクトル（Motion Vector：MV）の選択法は，標準として規定されていないため，さまざまな方法が用いられています．例えば，図8.5に示すように，今注目しているフレーム内のブロックの位置と参照しているフレーム内のブロックの位置から，以下の式（8.1）の値SAD（Sum of

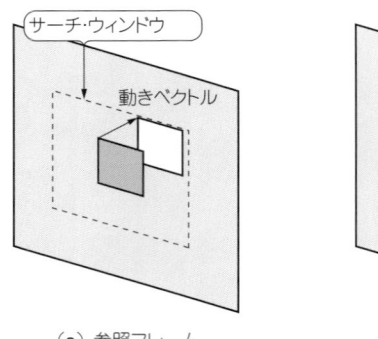

図8.5 動きベクトルの計算

Absolute Difference) を計算します．

$$SAD(k,l) = \sum_{i=1}^{16}\sum_{j=1}^{16}|p(i,j) - f(i+k, j+l)| \quad\quad\quad\quad\quad\quad\quad\quad (8.1)$$

ここで，$p(i, j)$ はマクロ・ブロック内の画素値，$f(i, j)$ は参照フレームにおける位置 (i, j) の画素値です．また，k, l は，$-w \leq k, l \leq w$ 内の整数値です．また，この $\pm w$ をサーチ・ウィンドウ・サイズといいます．サーチ・ウィンドウ内において，$SAD(k, l)$ を計算し，最小の SAD 値を与えるベクトル (k, l) が動きベクトルとして選ばれます．SAD 値は，現在のマクロ・ブロック内の画素値と参照フレームのマクロ・ブロック内の画素値の差，すなわち，マクロ・ブロックがどれくらい違っているのかを示した指標です．

この予測では，探索範囲のすべてを調べるため，このアルゴリズムはフル・サーチ・アルゴリズム (Full Search Algorithmn) と呼ばれます．

演習8.1

問題

図8.6に示すような値のサーチ・ウィンドウ内の画素値 $f(i, j)$ とマクロ・ブロック内の画像値 $p(i, j)$ が存在するとき，それぞれの SAD を求め，動きベクトルを決定せよ．$f(i, j)$ は太線で囲われた範囲の左上の画素が原点であることに注意すること．また，サーチ・ウィンドウ・サイズは $w = \pm 1$ とする．

(a) $p(i, j)$

57	51
35	40

(b) $f(i, j)$

6	19	21	93
56	54	88	21
128	23	65	31
200	23	30	36

図8.6 演習8.1－動きベクトルの計算する画像

解答

ここでは，$k = 0, l = 0$ のときの SAD の計算を考える．$f(i, j)$ は太線で囲われた範囲の左上の画素が原点であり，水平方向右向きが x 軸，鉛直下向きが y 軸であることに注意すると，このとき $SAD(0, 0)$ は，

$$SAD(0,0) = \sum_{i=0}^{1}\sum_{j=0}^{1}|p(i,j)-f(i+0,j+0)|$$
$$= |p(0,0)-f(0,0)| + |p(1,0)-f(1,0)|$$
$$+ |p(0,1)-f(0,1)| + |p(1,1)-f(1,1)|$$
$$= |57-54| + |51-88| + |35-23| + |40-65|$$
$$= 3 + 37 + 12 + 25$$
$$= 77 \quad\quad\quad\quad\quad\quad\quad\quad\quad\quad\quad\quad\quad\quad\quad\quad\quad\quad\quad\quad\quad (8.2)$$

となり77となる．このような演算を $-1 \leq k \leq 1$, $-1 \leq l \leq 1$ の合計九つを計算することにより，すべてのSADの計算ができる．計算したSADの値を図8.7に示す．

SAD値に着目すると，$SAD(1,1)$ が最小であることが確認される．このことは，図8.8の破線で囲まれた部分がいちばん似ていることを示している．

従って，最終的に求める動きベクトルは，

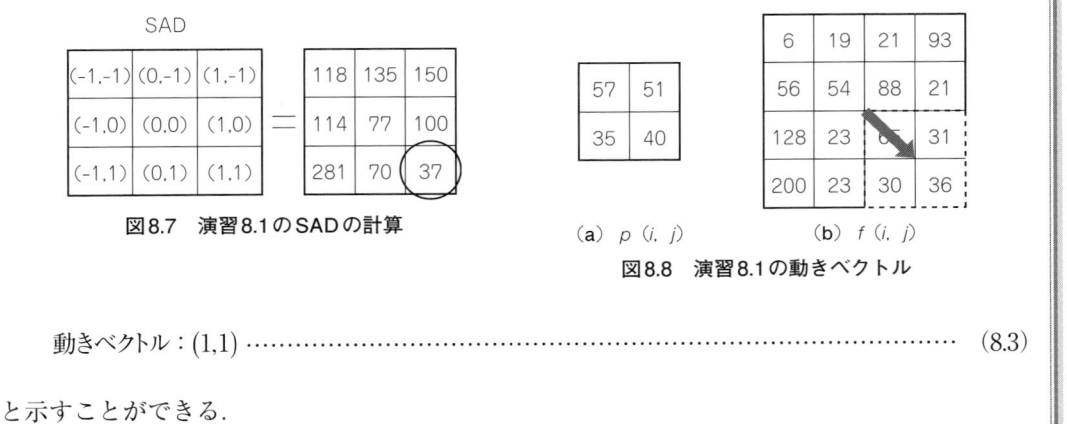

図8.7 演習8.1のSADの計算

(a) $p(i,j)$

(b) $f(i,j)$

図8.8 演習8.1の動きベクトル

動きベクトル：$(1,1)$ $\quad\quad\quad\quad\quad\quad\quad\quad\quad\quad\quad\quad\quad\quad\quad\quad\quad\quad\quad\quad$ (8.3)

と示すことができる．

画像内のブロックは，画像が離れれば離れるほど，動く量が大きくなります．そのため，動きベクトルのサーチ・ウィンドウ・サイズは，フレームが離れるほど大きくなります．そのため，例えば1フレーム前の画像をサーチする場合のサーチ・ウィンドウ・サイズ±15とすると，4フレーム前では±60します（図8.9）．

説明ではこれらの動きベクトルの探索は，画素単位で行ってきましたが，実際には，半画素での動きベクトル探索処理も行われます．半画素とは，画素と画素との間に画素を仮定することで，こ

図8.9 MPEGにおけるサーチ・ウィンドウ・サイズの変化

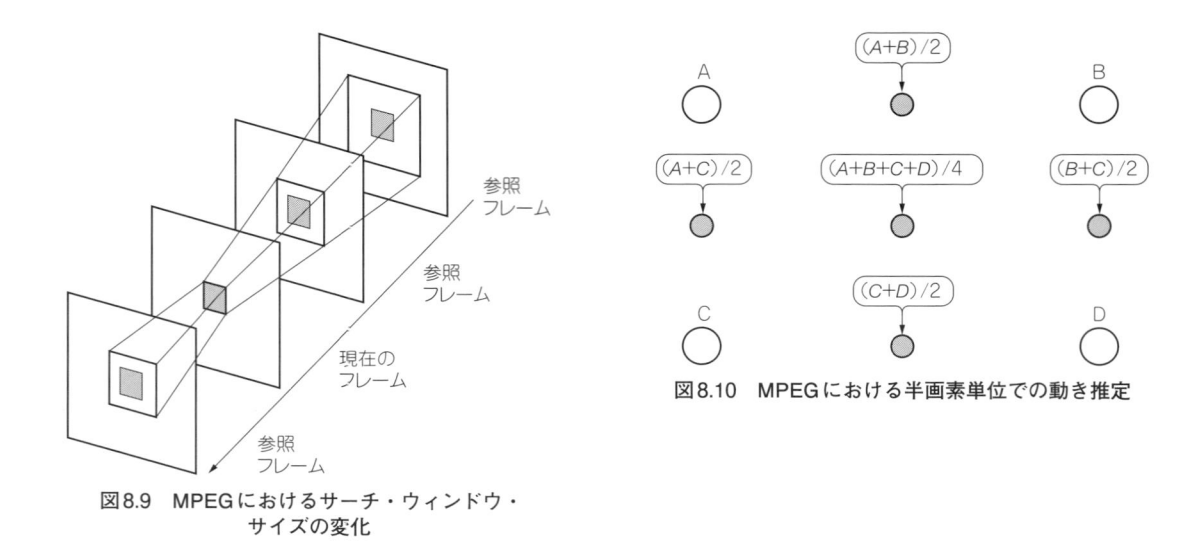

図8.10 MPEGにおける半画素単位での動き推定

れらの画素を用いて動きベクトルを推定します．半画素は，図8.10のように求められます．

半画素を求める式

$$(A+B)/2$$
$$(A+C)/2 \quad (A+B+C+D)/4 \quad (B+C)/2 \quad \quad \quad (8.4)$$
$$(C+D)/2$$

決定された動きベクトルは，動きベクトルと参照画像を用いて，今圧縮を行おうとしている現画像に近い動き補償画像を作成することとなります．

Scilab演習8.1

（演習プログラム：full_search）

問題

二つの画像（参照画像と現画像）を用意し，現画像の16×16画素のマクロ・ブロックごとに動き推定を行い，動き補償画像を生成せよ．ただし，簡単化のために以下の条件で処理すること．

・処理は，輝度成分のみに行うこと．
・動きベクトルの推定は，画素単位とすること．
・誤差の計算はSADを用いること．
・サーチ・ウィンドウ・サイズは，±7とすること．
・参照画像の範囲外は0とする．

・画像はcontainer000.pngとcontainer027.pngを用いること．

解答

現画像，参照画像，作成した動き補償画像および誤差画像を**図8.11**に示す．併せて，動き補償を行わない場合の現画像と参照画層との誤差についても示す．誤差画像は，見やすくするため絶対値で表示している．

図8.11　Scilab演習8.1－動き補償画像と誤差画像の作成

8.2.1　MPEG符号化の構造

MPEG符号化において動画像は，**図8.12**に示すように複数のフレームを一つのGOP（Group of Picture）としてまとめてフレーム間の冗長性を削減します．GOP内では，フレームは3種類のピク

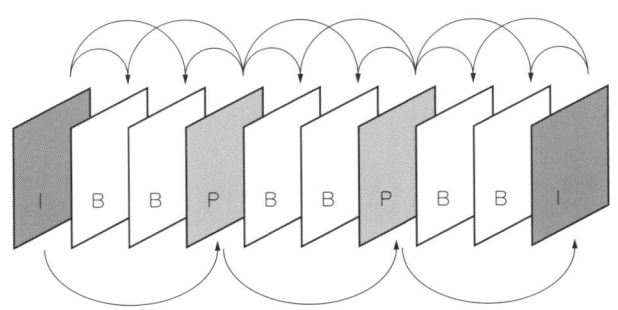

I：イントラ・ピクチャ
P：前方予測ピクチャ
B：双方向予測ピクチャ

図8.12　MPEGにおける画像の構成

チャに大別され，それぞれ異なるフレーム間の冗長性を用いて情報量の圧縮を行います．

(1) イントラ・ピクチャ (Intra：I)

このフレームは，フレーム間の冗長性を用いることなく，DCT変換やエントロピー符号化が行われます．

(2) 前方予測ピクチャ (Predictave：P)

このフレームは，フレーム間の冗長性を過去の時間のフレームを用いて予測し差分を符号化します．参照フレームとしては，IもしくはPフレームを用います．Pピクチャ内でも，マクロ・ブロックによってはイントラと同じように処理することもあります．

(3) 双方向予測ピクチャ (Bi-drectional Predictave：B)

このフレームは，フレーム間の冗長性を前後のIフレーム，Pフレームから予測を行い差分を符号化します．参照フレームは，Iフレーム，Pフレームが用いられます．Bピクチャ内も同様にマクロ・ブロックによって処理が異なります．

8.2.2　MPEG符号列の構造

図8.13に，MPEG符号列の構造を示します．MPEGの符号列は，GOPを基本として並べられており，GOPはピクチャごとに並べられています．また，複数のマクロ・ブロックをまとめたスライスによってピクチャが構成されています．このスライスごとに量子化の特性を変化させることができ，スライス・ヘッダに必要な情報が記述されています．

(a) 全体の構成

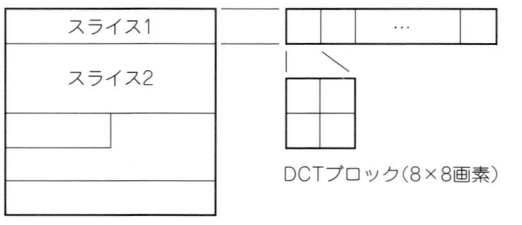

(b) ピクチャの構成

図8.13　MPEG符号列の構成

8-3 ビデオCDで用いられているMPEG-1の符号化と復号処理

MPEG-1は，もともとCDなどの1.5Mbps程度のディジタル・メディアに音声と画像を圧縮して蓄積するために国際標準化されたものです[39]．ビデオCDなどで使用されおり，そこでは，360×240画素(29.97Hz)，360×288画素(25Hz)の輝度信号とその半分の色差信号で構成された画像が扱われています．4:2:0のフォーマットであり，また，プログレッシブ信号のみを扱います．なお，規格自体は，4095画素までサポートしています．

MPEG-1の符号化および復号処理について図8.1と図8.2を基に説明します．MPEGの規格では，符号化については規定されていないため，独自に処理することが可能です．そのため，実装手法としては，ここに記載されている手法のみだけでないことに注意してください．また，動きベクトルの生成や誤差画像の生成については，前節を参照してください．

まず，動画像を圧縮するためには，動きを推定するために基準となるIフレームから圧縮する必要があります．IフレームはJPEGと同様に，DCT変換，量子化，ジグザグ・スキャン，エントロピー符号化の順に処理されます(処理の詳細については第7章を参照)．Iフレームは，その後のPフレーム，Bフレームの参照フレームとなるため，一度逆量子化，逆DCTを施し，復号器側で得られるフレームを生成し，参照フレーム用のメモリに蓄えられます．Pフレーム，Bフレームは参照フレームを用いて動き補償を行い，その差分値をDCT，量子化を施し，動きベクトルと共に符号化します．

ここでは，DCT，量子化以後の処理について説明します(DCTについては，第7章を参照)．

8.3.1 量子化

量子化は，イントラ符号化を行うDCTブロックの場合と非イントラ符号化を行うブロックの場合で，用いられるデフォルトのテーブルが異なります．JPEGと異なり，輝度および色差共に同じ値を用います．図8.14に量子化テーブルの例を示します．量子化テーブルの値は変更可能です．変更する場合は，シーケンス層で記述されます．

量子化や逆量子化の際には，これらのテーブルに量子化の幅を制御する $quant$ 値を用いて計算します．この $quant$ 値は1〜31の値を持ち，図8.13のマクロ・ブロックの情報として記述されます．量子化前の係数を $F(u, v)$，量子化後の係数を $F_q(u, v)$ とし，量子化係数を $Q(u, v)$ とすると以下のような式で計算されます．

8	16	19	22	26	27	29	34
16	16	22	24	27	29	34	37
19	22	26	27	29	34	34	38
22	22	26	27	29	34	37	40
22	26	27	29	32	35	40	48
26	27	29	32	35	40	48	58
26	27	29	34	38	46	56	69
27	29	35	38	46	56	69	83

（a）イントラ用の量子化テーブル

16	16	16	16	16	16	16	16
16	16	16	16	16	16	16	16
16	16	16	16	16	16	16	16
16	16	16	16	16	16	16	16
16	16	16	16	16	16	16	16
16	16	16	16	16	16	16	16
16	16	16	16	16	16	16	16
16	16	16	16	16	16	16	16

（b）非イントラ用の量子化テーブル

図8.14　量子化テーブルの例

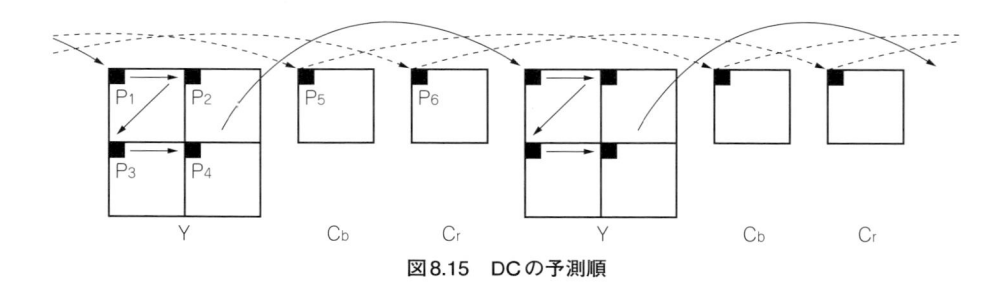

図8.15　DCの予測順

量子化

イントラ（DC係数，u, $v=0$のとき）
$$F_q(0,0) = F(0,0)/8$$

イントラ（AC係数）
$$F_q(u,v) = 8F(u,v)/(Q(u,v) \times quant)$$

非イントラ（AC係数）
$$F_q(u,v) = 8F(u,v)/(Q(u,v) \times quant) \quad\quad (8.5)$$

逆量子化

イントラ（DC係数，u, $v=0$のとき）
$$F(0,0) = 8F_q(0,0)$$

イントラ（AC係数）
$$F(u,v) = 2F_q(u,v) \times quant \times (Q(u,v))/16$$

非イントラ（AC係数）
$$F(u,v) = 2F_q(u,v) + \text{sgn}(F_q(u,v)) quant \times Q(u,v)/16 \quad\quad (8.6)$$

8.3.2　量子化後の係数の可変長符号化

イントラの場合は，イントラのDC成分を予測差分符号化を行います．DC成分の差分値を可変長符号を用いて符号化しますが，スライス層ごとに予測は128にリセットされます．DC成分の予測順を図8.15に示します．予測は，YCbCrそれぞれ別に行います．

差分DC係数の符号は，その差分値が何ビットで示されているのかを示す符号と，差分値とで構成されています．差分値のサイズを示す符号を表8.2に，差分値の符号を表8.3に示します．

その後，DCT係数のAC部分に対してジグザグ・スキャン順に可変長符号化を行います．一方，非イントラの場合は，$F_q(0, 0)$の位置のデータからジグザグ・スキャン順に可変長符号化を行います．DCT係数がこれ以上ないという場合には，終了を示すEOBを挿入します．

これらのDCT係数の可変長符号化については，JPEGと同様にゼロ係数の数（ラン）とそれに続く量子化後の係数の値（レベル）をまとめて可変長符号化します．可変長符号化の一部を表8.4に示します．表中のsは，レベルが正の場合0を負の場合1を示します．また，表に存在しないランおよびレベルの場合は，Escapce符号＋ラン（固定長符号）＋レベル（可変長符号）で構成されます．

8.3.3　動きベクトルの差分符号化

動きベクトルは，前のマクロ・ブロックの動きベクトルとの差分を符号化します．

Pフレームでは，スライスの先頭と非MCの場合に差分を0にリセットします．すなわち，最初

表8.2　輝度と色差のDC差分符号のサイズ

符号	輝度成分の差分値のサイズ	符号	色差成分の差分値のサイズ
100	0	00	0
00	1	01	1
01	2	10	2
101	3	110	3
110	4	1110	4
1110	5	11110	5
11110	6	111110	6
111110	7	1111110	7
1111110	8	11111110	8

表8.3　DC差分符号

符号	サイズ	差分値
00000000 ～ 01111111	8	−255 ～ −128
0000000 ～ 0111111	7	−127 ～ −64
000000 ～ 011111	6	−63 ～ −32
00000 ～ 01111	5	−31 ～ −16
0000 ～ 0111	4	−15 ～ −8
000 ～ 011	3	−7 ～ −4
00 ～ 01	2	−3 ～ −2
0	1	−1
	0	0
1	1	1
10 ～ 11	2	2 ～ 3
100 ～ 111	3	4 ～ 7
1000 ～ 1111	4	8 ～ 15
10000 ～ 11111	5	16 ～ 31
100000 ～ 111111	6	32 ～ 63
1000000 ～ 1111111	7	64 ～ 127
10000000 ～ 11111111	8	128 ～ 255

表8.4 DCT係数の符号化

符 号	ラン	レベル
10	EOB	
1s	0	1
11s	0	1
011s	1	1
0100s	0	2
0101s	2	1
0010 1s	0	3
0011 1s	3	1
0011 0s	4	1
0001 10s	1	2
0001 11s	5	1
0001 01s	6	1
0001 00s	7	1
0000 110s	0	4
0000 100s	2	2
0000 111s	8	1
0000 101s	9	1
0000 01	Escape 符号	
⋮	⋮	⋮

sはレベルが正の場合0，不の場合1を示す

(a) DCT係数

符 号	ラン
0000 00	0
0000 01	1
0000 10	2
⋮	⋮
1111 10	62
1111 11	63

(b) Escape符号時のランと符号

符 号	レベル
禁止	−256
1000 0000 0000 0001	−255
1000 0000 0000 0010	−254
⋮	⋮
1000 0000 0111 1111	−129
1000 0000 1000 0000	−128
1000 0001	−127
1000 0010	−126
⋮	⋮
1111 1110	−2
1111 1111	−1
禁止	0
0000 0001	1
0000 0010	2
⋮	⋮
0111 110	126
0111 1111	127
0000 0000 1000 0000	128
0000 0000 1000 0001	129
⋮	⋮
0000 0000 1111 1110	254
0000 0000 1111 1111	255

(c) Escape符号時のレベルと符号

表8.5 差分動きベクトルの符号

符 号	差 分	符 号	差 分	符 号	差 分
0000 0011 001	−16	0000 1011	−5	0000 1000	6
0000 0011 011	−15	0000 111	−4	0000 0110	7
0000 0011 101	−14	0001 1	−3	0000 0101 10	8
0000 0011 111	−13	0011	−2	0000 0101 00	9
0000 0100 001	−12	011	−1	0000 0100 10	10
0000 0100 011	−11	1	0	0000 0100 010	11
0000 0100 11	−10	010	1	0000 0100 000	12
0000 0101 01	−9	0010	2	0000 0011 110	13
0000 0101 11	−8	0001 0	3	0000 0011 100	14
0000 0111	−7	0000 110	4	0000 0011 010	15
0000 1001	−6	0000 1010	5	0000 0011 000	16

の動きベクトルはそのまま符号化することになります.

　Bフレームでは，順方向，逆方向，内挿の動き補償で動きベクトルが利用されます．そのため，差分のリセットは，スライスの先頭と，イントラのときのみとし，連続的に予測できるようにしています．動きベクトルの符号化を行う際に使用する符号を**表8.5**に示します.

8.3.4　マクロ・ブロック・パターン

　MPEGでは，イントラ以外のマクロ・ブロックでは，情報圧縮によってマクロ・ブロック内のDCTブロックにおいてデータを持たない場合が存在します．このように，DCTブロックにデータが存在しているかどうかを符号により示します.

　図8.15のブロックをそれぞれP_1, P_2, …, P_6とし，データが存在しているブロックを$P_n = 1$として，以下の式で示されたCBP値を用いて可変長符号化を行います．可変長符号化は，**表8.6**を用いて行います.

表8.6　マクロ・ブロック・パターンの可変長符号

符号	CBP値	符号	CBP値	符号	CBP値
111	60	0010 111	5	0001 0010	51
1101	4	0010 110	9	0001 0001	23
1100	8	0010 101	17	0001 0000	43
1011	16	0010 100	33	0000 1111	25
1010	32	0010 011	6	0000 1110	37
1001 1	12	0010 010	10	0000 1101	26
1001 0	48	0010 001	18	0000 1100	38
1000 1	20	0010 000	34	0000 1011	29
1000 0	40	0001 1111	7	0000 1010	45
0111 1	28	0001 1110	11	0000 1001	53
0111 0	44	0001 1101	19	0000 1000	57
0110 1	52	0001 1100	35	0000 0111	30
0110 0	56	0001 1011	13	0000 0110	46
0101 1	1	0001 1010	49	0000 0101	54
0101 0	61	0001 1001	21	0000 0100	58
0100 1	2	0001 1000	41	0000 0011 1	31
0100 0	62	0001 0111	14	0000 0011 0	47
0011 11	24	0001 0110	50	0000 0010 1	55
0011 10	36	0001 0101	22	0000 0010 0	59
0011 01	3	0001 0100	42	0000 0001 1	27
0011 00	63	0001 0011	15	0000 0001 0	39

> **マクロ・ブロック・パターンのCBP**
>
> $$CBP = 32P_1 + 16P_2 + 8P_3 + 4P_4 + 2P_5 + P_6 \quad\cdots\cdots\cdots\cdots\cdots\cdots\cdots\cdots\cdots\cdots\cdots\cdots\cdots\cdots\cdots (8.7)$$

> **演習8.2**
>
> **問題**
> YのみにDCT係数がある場合のマクロ・ブロック・パターンの符号を作成せよ．
>
> **解答**
> $P_1 = 1$，$P_2 = 1$，$P_3 = 1$，$P_4 = 1$であるため，CBP値は，
> $$\begin{aligned}CBP &= 32P_1 + 16P_2 + 8P_3 + 4P_4 + 2P_5 + P_6 \\ &= 32 + 16 + 8 + 4 \\ &= 60\end{aligned}$$
> となる．表8.6より，CBP値60を読み取ると，符号は(111)bとなる．これがいちばん短い符号である．

8.3.5 マクロ・ブロックのタイプ

　マクロ・ブロックでは，フレームごとに処理が異なります．Iフレームでは，量子化の際のquant値があるかないかの2種類の処理があります．Pフレームでは，動き補償を用いているか，quant値を用いているか，イントラでの符号化などによって7種類の処理に分類されます．Bフレームは，順方向，逆方向，内挿の予測の方向に対してそれぞれ処理が分類され，併せてイントラ符号化かどうかなどの処理が存在するため，11種類に分類されます．
　これらのタイプを表8.7のような符号で表し，マクロ・ブロック層に記述されます．

8-4　DVDや地上デジタル放送で用いられているMPEG-2の符号化と復号処理

　MPEG-2は，MPEG-1より高画質，高機能の圧縮規格として策定されました[40]．符号化や復号処理の基本はMPEG-1と同様ですが，MPEG-1より多くのアプリケーションで利用できるように拡張されています．そのため，MPEG-2ではアプリケーションごとにプロファイルにより画像サイズや使用できる機能を規定しています．ここでは，MPEG-1との処理の違いを中心に説明します．

8.4.1　インターレース画像の符号化

　MPEG-1では，飛び越し走査を行わないプログレッシブの画像のみを扱いますが，MPEG-2では，

表8.7 マクロ・ブロックのタイプ

MBタイプ符号	quant 値使用	順方向予測	逆方向予測	MBパターン使用	イントラ符号化
1	0	0	0	0	1
01	1	0	0	0	1

(a) I フレーム

MBタイプ符号	quant 値使用	順方向予測	逆方向予測	MBパターン使用	イントラ符号化
1	0	1	0	1	0
01	0	0	0	1	0
001	0	1	0	0	0
00011	0	0	0	0	1
00010	1	1	0	1	0
00001	1	0	0	1	0
000001	1	0	0	0	1

(b) P フレーム

MBタイプ符号	quant 値使用	順方向予測	逆方向予測	MBパターン使用	イントラ符号化
10	0	1	1	0	0
11	0	1	1	1	0
010	0	0	1	0	0
011	0	0	1	1	0
0010	0	1	0	0	0
0011	0	1	0	1	1
00011	0	0	0	0	1
00010	1	1	1	1	0
000011	1	1	0	1	0
000010	1	0	1	1	0
000001	1	0	0	0	1

(c) B フレーム

MBタイプ符号	quant 値使用	順方向予測	逆方向予測	MBパターン使用	イントラ符号化
1	0	0	0	0	1

(d) D フレーム

テレビ放送で用いられてるインターレース(Interlace)画像も扱うことができます(図8.16)．そのため，動きベクトルの推定はプログレッシブ画像やインターレース画像を切り替えて行われます．

インターレース画像での動きベクトルの推定では，トップ・フィールドやボトム・フィールドを集めて1枚の画像として動きベクトルを推定できます．

図8.17にフレーム構造での動きベクトルの予測について示します．フレーム構造においてフィールドごとに予測するフィールド予測やMPEG-1と同様にフレームで予測するフレーム予測，四つの動きベクトルを利用し，より強力に予測可能なデュアルプライム予測が利用可能です．

また，図8.18に示すように，DCTにおいてもフレームとフィールドで処理します．

8.4.2　動きベクトルの探索範囲

MPEG-1では，画素単位の探索では－1024〜1023，半画素単位での探索では－512〜511が利用可能です．MPEG-2では，動きベクトルの最大値が異なります．

これらの動きベクトルの最大値については，プロファイルにより制限されます．

8.4.3　スキャン・パターン

MPEG-1ではスキャン・パターンとしてジグザグ・スキャンのみをサポートしていますが，MPEG-2ではジグザグ・スキャンのほかにオルタネート・スキャンもサポートされています．

ジグザグ・スキャンとオルタネート・スキャンの違いを図8.19に示します．

8.4.4　スケーラビリティ

MPEG-2では，高機能化の行ために，以下の三つのスケーラビリティを使用できます．
・空間スケーラビリティ
・時間スケーラビリティ
・SNRスケーラビリティ

空間スケーラビリティは，空間解像度の異なる二つ以上の動画像を合わせて符号化する方式です．例えば，解像度の低い動画像として標準のテレビ・サイズの動画像を解像度の高い動画像としてHDサイズの動画像とすることができます．

時間スケーラビリティは，1秒間に表示されるフレーム数の異なる動画像を合わせて符号化する方式です．

SNRスケーラビリティは，画像の画質の異なる動画を合わせて符号化する手法です．

このように，さまざまなスケーラビリティを用いることができるため，さまざまなアプリケーションに利用可能です．

8-5　MPEG-2よりも高圧縮なMPEG-4の概要

MPEG-4は，MPEG-2ではカバーしていない，より高圧縮時(低ビット・レート)での画質を向上

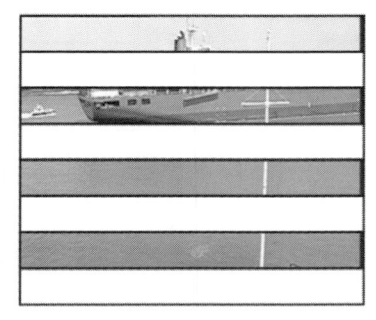

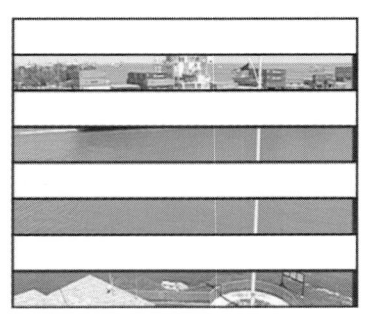

(a) プログレッシブ画像　　　　（b）インターレース画像（トップ・フィールド）　　（c）インターレース画像（ボトム・フィールド）

図8.16　プログレッシブ画像とインターレース画像

（a）フィールド予測

（b）フレーム予測

（c）デュアルプライム予測

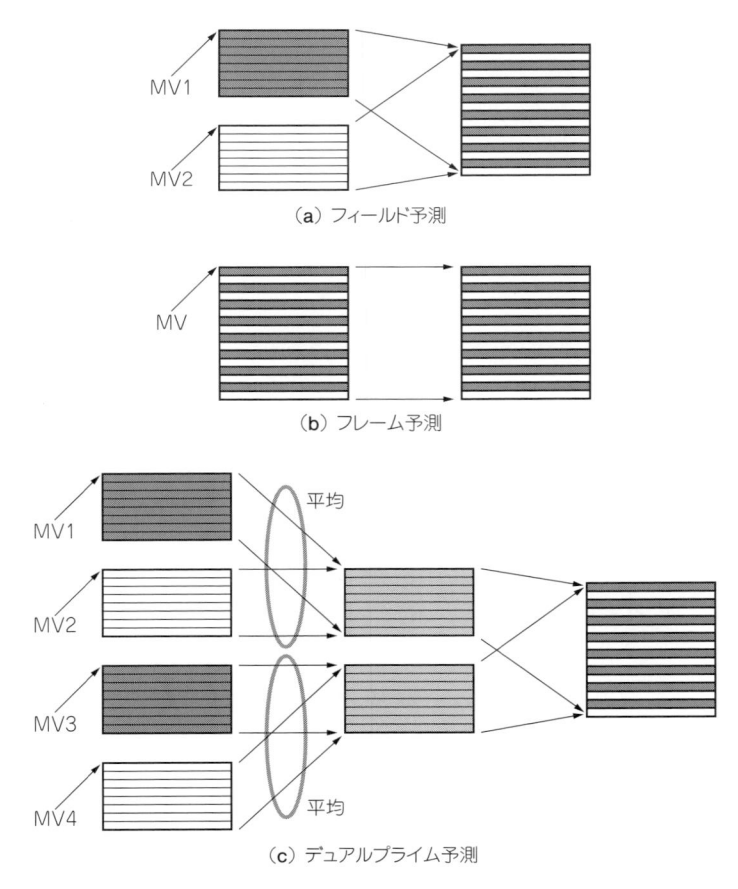

図8.17　フレーム構造の動きベクトルの予測

させるように規格化されています[41]．

　MPEG-4も基本的な処理構成は，MPEG-1やMPEG-2と同様に動き予測および動き補償とDCT変換を基本として処理を行います．MPEG-1やMPEG-2では，処理の単位が長方形でしたが，

(a) フレームDCT

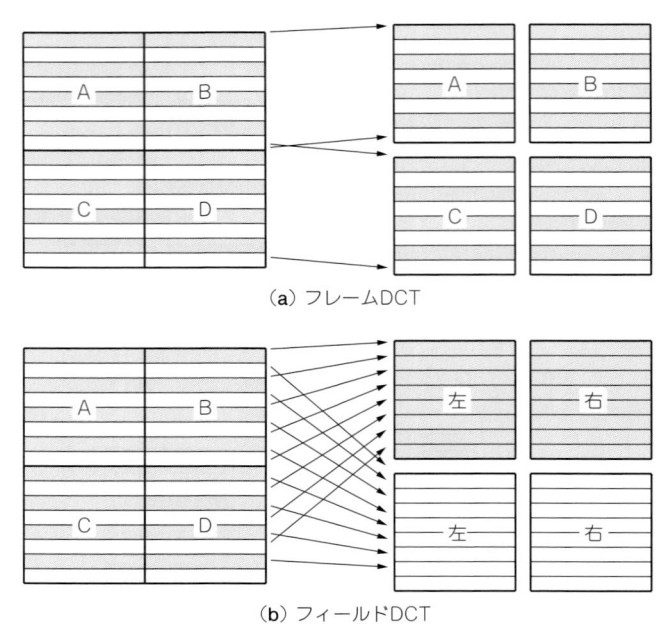

(b) フィールドDCT

図8.18 フレームDCTとフィールドDCT

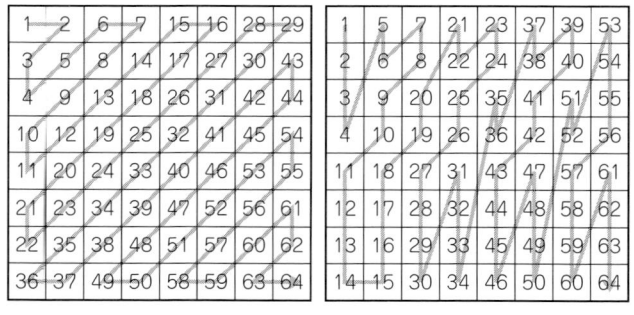

(a) ジグザグ・スキャン　　(b) オルタネート・スキャン

図8.19 ジグザグ・スキャンとオルタネート・スキャン

MPEG-4では処理単位はビデオ・オブジェクト・プレーン（Video Object Plane：VOP）と呼ばれる任意の形状で処理できます．シンプル・プロファイルでは，VOPは矩形となり，MPEG-1，MPEG-2と同様な処理で行われます．

　ここでは，MPEG-1，MPEG-2との違いについて説明します．

　MPEG-4では，携帯端末などにおける利用も想定しており，誤りに対して強力な誤り耐性機能を持ちます．これらの，誤り耐性機能については，次節で説明します．

8.5.1 適応AC/DC予測

　イントラで符号化する場合，ほかのMPEGでは，DCT係数のDC成分については，前のDC成分との差分を符号化しています．しかしDC成分は，ほかのDC成分とも相関を持つため，ほかのDC成分からの予測を行うことにより，より高能率に圧縮することが可能です．また，DC成分のみでなく，AC成分も同様にほかのブロックとの相関を持つため，予測を行うことで高能率に圧縮できます．

　図8.20にAC/DC予測について示します．予測するためには，まず最初の予測の方向を決定する必要があります．今符号化したいブロックをXとし，周りのブロックをA，B，C，D，Yとすると，それぞれのDCT係数において(A, B)および(B, C)のブロックの差分絶対値の大小により予測方向を決定します．

　量子化し逆量子化したときのDCTブロックを$F_A(u, v)$，量子化のステップをQとすると，予測方向の決定，予測値$F_X(u, v)$，および差分は以下のようなアルゴリズムで行われます．

適応AC/DC予測の予測値の決定

$$\begin{aligned}
&\text{if } \left(\|F_A(u,v) - F_B(u,v)\| < \|F_B(u,v) - F_C(u,v)\|\right) \\
&\quad \text{then } \hat{F}_X(u,v) = F_C(u,v) \text{ 垂直方向予測} \\
&\quad \text{else } \hat{F}_X(u,v) = F_A(u,v) \text{ 水平方向予測} \\
&\text{差分} = \hat{F}_X(u,v) - F_X(u,v)/Q
\end{aligned} \quad \cdots (8.8)$$

　同様にAC係数に対しても垂直，水平方向の予測を行います．

8.5.2 8×8動き補償

　MPEG-1やMPEG-2では，マクロ・ブロック単位で動き補償を行っていますが，MPEG-4では，マクロ・ブロック単位での動きベクトルの推定のほかに，DCTを行う単位と同じ8×8画素をブロックとした動きベクトルの推定を可能としています．

　この8×8動き補償を行うことにより，誤差画像の符号量は減少するが，動きベクトルの数が増えるため，動きベクトルの符号量は増加してしまいます．そのため，それぞれの符号量を考慮して，マクロ・ブロック単位での動き補償を行うのか，8×8動き補償を行うのかを決定する必要があります．

　動きベクトルは，ほかのMPEGと同様に差分符号化を行いますが，8×8では周りの動きベクトルから動きベクトルの予測値を推定して，その推定値との差分を符号化することで，符号化効率を向上しています．動きベクトルの符号化の際に使用する周りの動きベクトルについて図8.21に示します．ここで，MVは符号化しようとしている動きベクトルを，MV1～MV3は予測のために使用される動きベクトルを示します．また，動きベクトルがVOPの境界を越えた部分を参照することももも可能となっています．

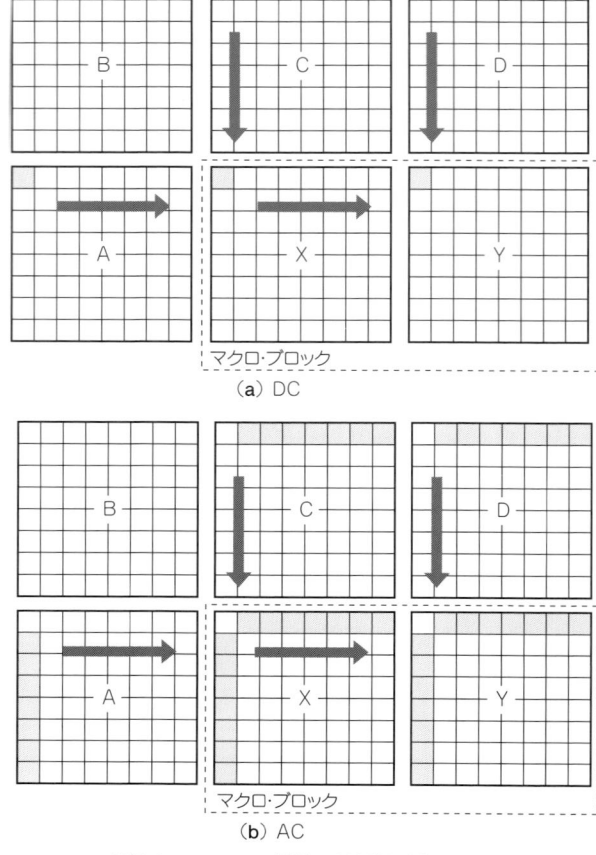

図8.20　AC/DC係数の予測符号化

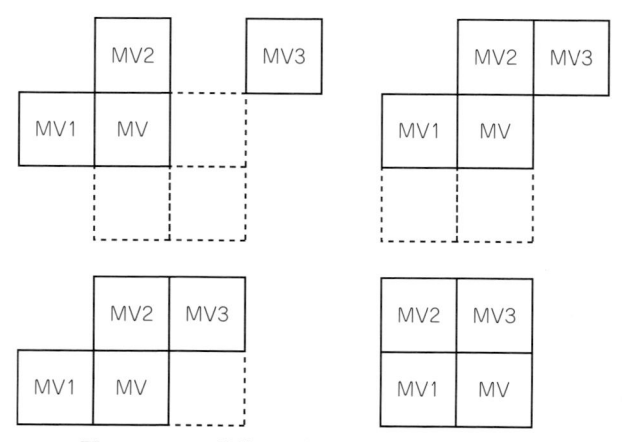

図8.21　8×8補償での動きベクトルの予測符号化

8-6　MPEG-4における誤り耐性機能

　符号化は情報を圧縮するには有効です．しかし符号化画像では，誤りが発生すると，復号画像による誤りの影響が多大になってしまいます．特にMPEGのように，フレーム間の冗長性を利用して圧縮している場合，誤りがほかのフレームに伝搬してしまい，最悪の場合，処理が破たんしてしまいます．そのため，MPEG-4では誤りに対して標準化の段階で考慮されています．図8.22に誤りに対する機能について示します．

8.6.1　再同期マーカ

　誤りが発生すると，可変長符号の復号間違いにより，同期がはずれてしまい，正しい符号についても復号不能となってしまいます．そのため，符号列の中に特定のパターンのビット列を挿入することで，その場所から再同期させることができ，誤りの伝搬を防ぐことが可能です．MPEG-4においては，16個以上の0とそれに続く1のパターンにより定義されています．

8.6.2　データ分割

　符号化画像では，それぞれの符号は復号画像の画質におよぼす影響が異なっています．そのため，重要な情報を再同期マーカの直後に配置することで誤りによる復号不能に陥る確率を低くします．データ分割を用いた構成では，動きベクトルを復号するのに必要な情報を再同期マーカ直後に配置し，その後，モーション・マーカと呼ばれるマーカを配置して，そのほかのデータ配置します．

8.6.3　リバーシブル可変長符号

　可変長符号を用いる場合，誤りが発生するとその後の符号が正しい符号であったとしても復号誤りが発生してしまいます．そのため，符号化効率を犠牲にして，逆方向からでも一意に復号可能な

再同期マーカ	パケット・ヘッダ	マクロ・ブロック情報	...

(a)

再同期マーカ	パケット・ヘッダ	1stマクロ・ブロック MV デコード情報	2ndマクロ・ブロック MV デコード情報	...	モーション・マーカ	1stマクロ・ブロック AC係数 デコード情報

(b)

再同期マーカ	パケット・ヘッダ	エラー	エラー	再同期マーカ	...

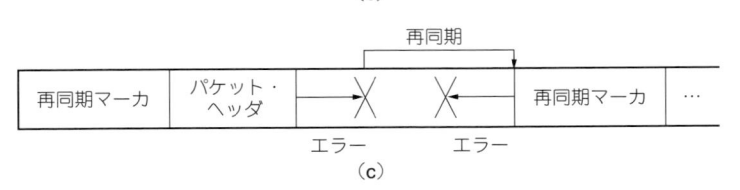

(c)

図8.22　MPEG-4における誤り耐性機能

可変長符号を用いて符号化します．

　誤りが符号内に発生すると，次の再同期マーカを検索し，その後，逆方向に復号することで，誤りが発生した後の正しい符号を復号可能です．そのため，この方法では，再同期符号間に二つ以上の誤りが発生すると，再同期符号間の最初の誤りと最後の誤りの間の符号については復号することは不可能です．

8-7　Blu-rayやワンセグで使われるH.264

　MPEG-4 Part.10（AVC）/H.264は，低いビットレートにおいてより高品質になるように設計された動画像圧縮の国際標準です[42]．そのため，現在，地上デジタル放送のワンセグ放送で利用されているほか，Blu-rayやディジタル放送に利用されています．ここでは，MPEG-4 AVC/H.264で使用されている技術について簡単に説明します．

　MPEG-4 AVC/H.264の符号化器の構成を図8.23に，復号器の構成を図8.24に示します．ほかのMPEG同様に動き補償と変換を利用した圧縮を行い，伸張する際は動きベクトルを用いて動き補償の画像を作成し伸張していきます．ブロック境界を見にくくするデブロッキング・フィルタと直交変換として，整数型の直交変換を用いることが異なります．また，情報量を削減するための予測については，予測するサイズを16×16画素から4×4画素まで変化させつつ，フレーム間の動き推定のみならず，フレーム内の予測が行われます．代表的な圧縮技術について説明します．

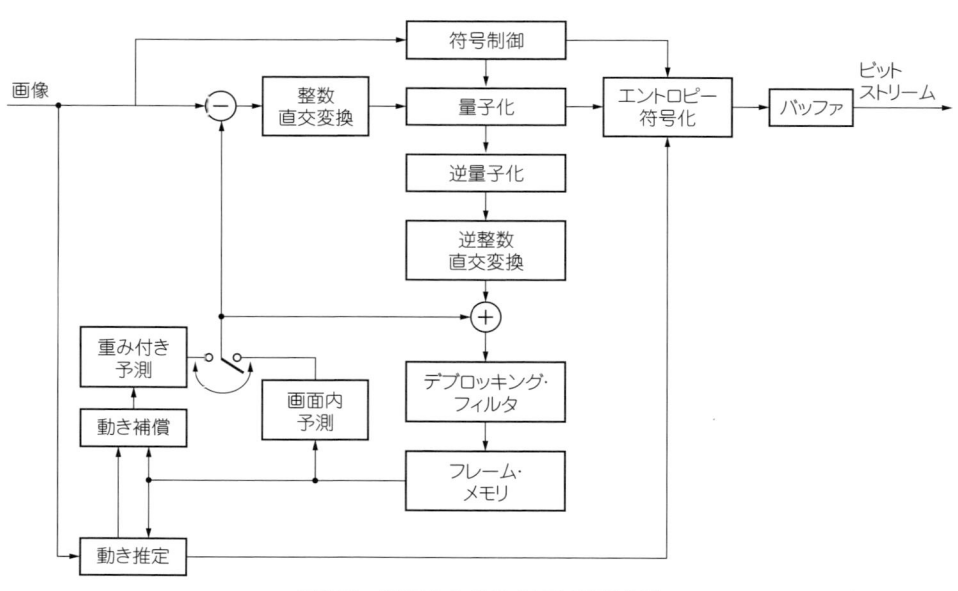

図8.23　MPEG-4 AVC/H.264符号化器

8.7.1 動き補償

　MPEG-4 AVC/H.264では，16×16での動きベクトルの推定はもちろんのこと，16×8，8×16，8×8のサイズでの動きベクトルの推定が可能です．また，8×8ブロックで動き補償を行う場合は，さらに4×4，8×4，4×8のサブブロックに分割して動き補償を行うことも可能です（**図8.25**）．

　動きベクトルの推定には，画素単位，半画素単位のほかに，より細かい推定ができるように，1/4画素単位の動きベクトルの推定が可能になっています．1/2画素単位で予測する場合，画素間の仮想的な画素は画素からの補間により決定されます．フィルタ係数は以下のように表されます．

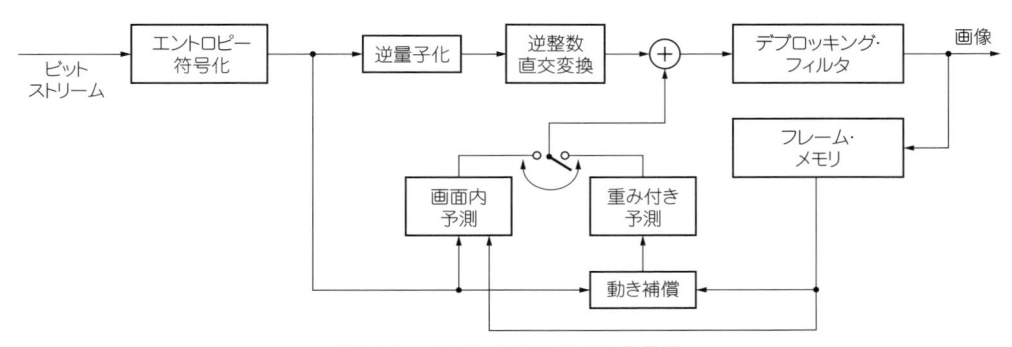

$$[1, -5, 20, 20, -5, 1]/32 \tag{8.9}$$

図8.24　MPEG-4 AVC/H.264復号器

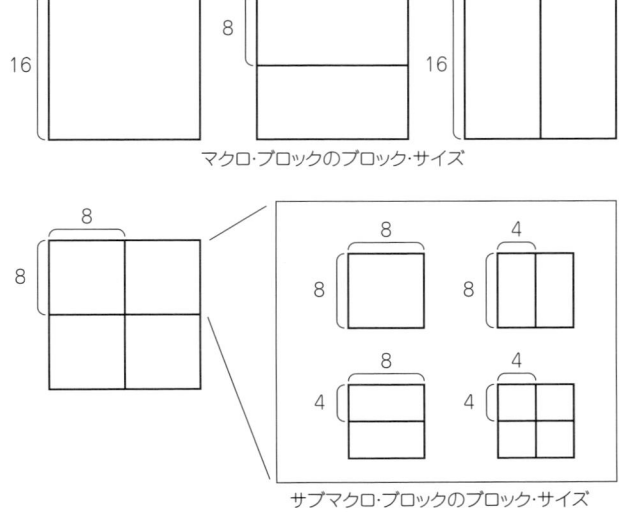

図8.25　MPEG-4 AVC/H.264の動き補償ブロック・サイズ

1/4画素での動き補償では，この1/2画素の信号に対して，[1/2, 1/2]のフィルタ係数を用いて1/4画素を作成し，動き推定などを行います．

8.7.2 画面内の予測符号化

MPEG-4では，DCT係数のDC成分やAC成分について予測を行い予測符号化を行っていました．MPEG-4 AVC/H.264では，すべての画素値について予測を行うことが可能です．また，画面内の予測についても，MPEG-4で行われていた8×8画素のブロックでの予測のみでなく，4×4画素，16×16画素での予測を可能としています．このため，さまざまな画像での効率的な圧縮が可能です．

4×4画素の画面内の予測についての予測方向を図8.26に示します．4×4画素のブロックでの画面内予測には，九つの予測モードが設定されています．平均値以外は，予測符号化を行おうとしているブロックの周りのブロックの符号化された画素値を用いて，予測を行う方向に従って予測値としています．

8.7.3 変換と量子化

直交変換は，8×8ブロックでの変換ではなく，より細かい4×4画素のブロックで行います．この変換は，整数変換となっており，DCTを基に整数化できるよう基底の変換を行っています．16×16画素ブロックが画面内予測のイントラ・ブロックである場合は，変換後の16個の4×4画素のブロックの直流成分を集めて一つのブロックとし，アダマール変換を施します．

量子化は，52段階で制御できるように設計されており，また，量子化のパラメータが，SNRに比例するようになっています．

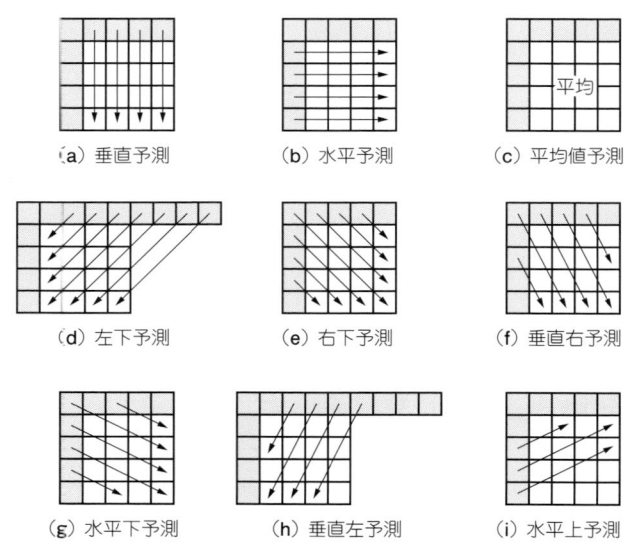

(a) 垂直予測　　(b) 水平予測　　(c) 平均値予測

(d) 左下予測　　(e) 右下予測　　(f) 垂直右予測

(g) 水平下予測　　(h) 垂直左予測　　(i) 水平上予測

図8.26　MPEG-4 AVC/H.264の4×4画素の画面内予測方向

8.7.4　デブロッキング・フィルタ

ブロックごとに分割して変換および量子化を行うような圧縮符号化では，ブロック境界にブロック・ノイズと呼ばれるひずみが発生してしまいます．特に圧縮率が高い場合，量子化を粗くする必要があり，このひずみは顕著に現れます．そこで，MPEG-4 AVC/H.264では，デブロッキング・フィルタ (De-blocking Filter) をかけることにより，これらのブロック・ノイズの軽減を図っています．

章末問題

問題1
演習8.1において半画素で計算した場合のSAD値を求めよ．

問題2
問題1で求めたSAD値より，半画素の動きベクトルを求めよ．

問題3　演習8.1の$p(i, j)$について2次元DCTを行え．

問題4
演習8.1で算出した動きベクトル(k, l)を用いて計算される$p(i, j) - f(i+k, j+l)$について2次元DCTを行え．

問題5
MPEG-1，MPEG-2，MPEG-4 part10 (AVC)/H.264が利用されているものを調査せよ．

Appendix A

ガウス関数の積分

式 (A.1) で与えられるガウス関数,

$$p(x) = \frac{1}{\sqrt{2\pi\sigma^2}} \exp\left(-\frac{(x-\mu)^2}{2\sigma^2}\right) \quad \text{(A.1)}$$

について,

$$\int_{-\infty}^{\infty} p(x)dx \quad \text{(A.2)}$$

を計算する手順について説明します.

まず, 以下のように簡略化したガウス関数の $-a$ から a の積分,

$$I(a) = \int_{-a}^{a} e^{-x^2} dx \quad \text{(A.3)}$$

を考え,

$$\lim_{x \to \infty} I(a) = \int_{-\infty}^{\infty} e^{-x^2} dx \quad \text{(A.4)}$$

のように極限をとることを考えます.

最初の手順として, $I(a)^2$ を計算します.

$$\begin{aligned} I(a)^2 &= \int_{-a}^{a} e^{-x^2} dx \int_{-a}^{a} e^{-y^2} dy \\ &= \int_{-a}^{a} \int_{-a}^{a} e^{-(x^2+y^2)} dx\,dy \end{aligned} \quad \text{(A.5)}$$

これは, 図A.1の領域を積分することを示しています. また, この領域の積分は, 図A.2のように内接円と外接円の領域の積分で抑えられます. このとき,

$$r = \sqrt{x^2 + y^2}$$
$$x = r\cos\theta$$
$$y = r\sin\theta$$

として極座標表現を用いると, 以下の関係が得られます.

$$\int_0^{2\pi} \int_0^a re^{-r^2} dr\,d\theta < I(a)^2 < \int_0^{2\pi} \int_0^{\sqrt{2}a} re^{-r^2} dr\,d\theta$$

図A.1

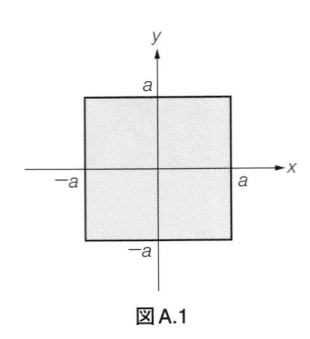

ここで,
$$\left(e^{-r^2}\right)' = -2re^{-r^2}$$
より,
$$\int_0^{2\pi}\int_0^a re^{-r^2}\,dr\,d\theta = \int_0^{2\pi} d\theta \cdot \frac{1}{-2}\int_0^a \left(e^{-r^2}\right)' dr$$
$$= 2\pi \frac{1}{-2}\left[e^{-r^2}\right]_0^a$$
$$= \pi\left(1-e^{-a^2}\right) \quad\cdots\cdots\cdots\cdots\cdots\cdots\cdots\cdots\cdots\cdots\cdots\cdots\cdots\cdots\cdots\cdots\cdots\text{(A.6)}$$

$$\int_0^{2\pi}\int_0^{\sqrt{2}a} re^{-x^2}\,dr\,d\theta = \pi\left(1-e^{-2a^2}\right)\cdots\cdots\cdots\cdots\cdots\cdots\cdots\cdots\cdots\cdots\cdots\cdots\text{(A.7)}$$

ですから,
$$\pi\left(1-e^{-a^2}\right) < I(a)^2 < \pi\left(1-e^{-2a^2}\right)$$

が得られます.さらに,
$$\lim_{x\to\infty}\left(1-e^{-a^2}\right) = \lim_{x\to\infty}\left(1-e^{-2a^2}\right)$$
$$= 1$$

より,
$$\lim_{x\to\infty} I(a)^2 = \pi$$

が得られます.従って,
$$\int_{-\infty}^{\infty} e^{-x^2}\,dx = \sqrt{\pi}$$

が簡略化されたガウス関数,
$$\int_{-a}^{a} e^{-x^2}\,dx$$

Appendix A　ガウス関数の積分

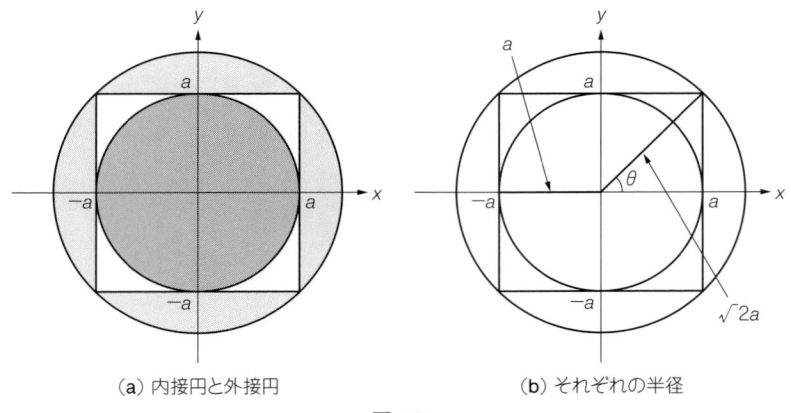

(a) 内接円と外接円　　　　(b) それぞれの半径

図A.2

の積分結果です．通常のガウス関数の場合は，

$$p(x) = \frac{1}{\sqrt{2\pi\sigma^2}} \exp\left(-\frac{(x-\mu)^2}{2\sigma^2}\right)$$
$$= \frac{1}{\sqrt{2\pi\sigma^2}} \exp\left\{-\left(\frac{x-\mu}{\sqrt{2\sigma^2}}\right)^2\right\} \quad \cdots\cdots (A.8)$$

と書き換え，

$$z = (x-\mu)/\sqrt{2\sigma^2}$$

とおくと，

$$dz/dx = 1/\sqrt{2\sigma^2}$$

ですから，

$$\int_{\infty}^{\infty} p(x)dx = \frac{1}{\sqrt{2\pi\sigma^2}} \int_{\infty}^{\infty} e^{-z^2} dz \cdot \left(\sqrt{2\sigma^2}\right)$$
$$= 1 \quad \cdots\cdots (A.9)$$

となります．これは，ガウス関数がPDFの性質，

$$\int_{\infty}^{\infty} p(x)dx = 1$$

を満たすことを意味しています．

Appendix A　ガウス関数の積分

Appendix B
G.726方式ADPCMの詳細

ここではITU（International Telecommunication Union；国際電気通信連合）で定められているG.726方式のADPCMについて詳細に説明します．

ADPCMの構成を**図B.1**に示します．ここで，$s_l(n)$は時刻nにおける一様量子化された入力信号，$s_e(n)$は入力信号に対する予測値，$d(n)$は両者の差分信号（予測誤差），$I(n)$はADPCM信号です．また，Dのブロックは1時刻の遅延を表します．

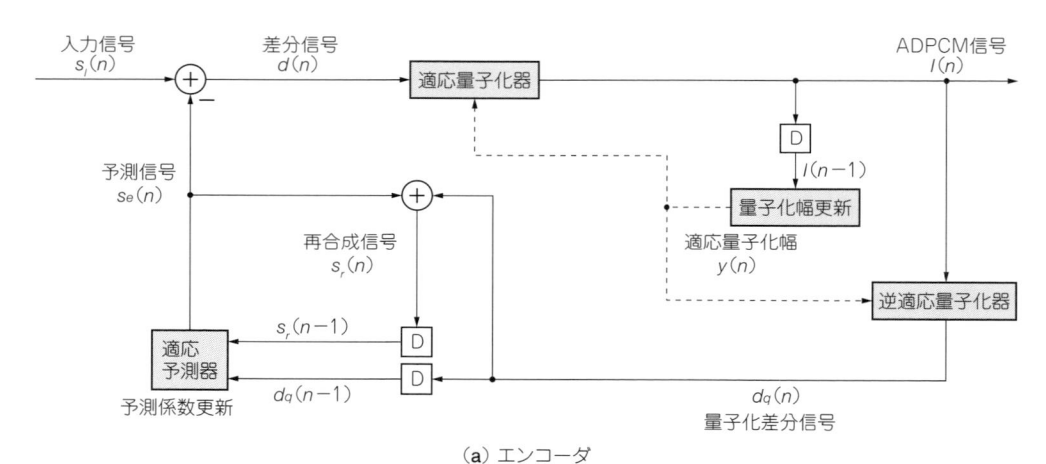

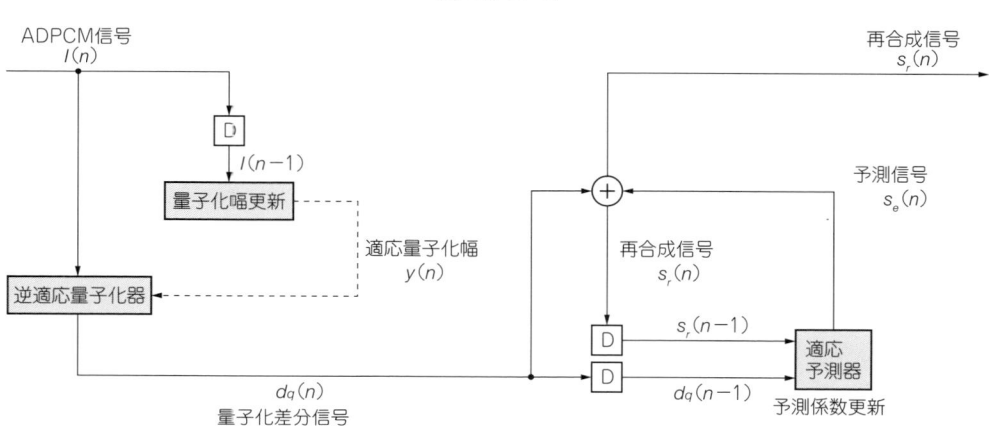

図B.1　G.726ADPCMのエンコーダとデコーダの構成

G.726では，ADPCM信号$I(n)$の値に基づき，量子化幅を適応的に変更します．また，デコーダも同じ手順で行われるので，デコーダ側とエンコーダ側でそれぞれ得られる信号は同じ値となります．

B-1　ADPCMエンコーダ

ADPCMエンコーダについて，得られる信号の順番に番号を付けたブロック図を図B.2に示します．大まかな流れは，以下の通りです．

①観測信号$s_l(n)$を得て②予測値$s_e(n)$を計算します．そして③差分信号$d(n) = s_l(n) - s_e(n)$を得た後で④適応量子化し，量子化した信号を⑤ADPCM信号として送信します．

無事ADPCM信号が送信されたら⑥量子化差分信号$d_q(n)$と予測信号$s_e(n)$を合わせて⑦再合成信号$s_r(n)$を作成します．$s_r(n)$は現在の入力信号を表しており，もし量子化誤差が0ならば$s_r(n) = s_l(n)$になります．$s_r(n)$は次の時刻の入力信号とある程度関係しているので，⑧予測係数の更新に用いられます．なお，$s_l(n)$ではなく$s_r(n)$を予測係数の更新に用いる理由は，後で説明するデコーダ出力を$s_r(n)$と一致させるためです．

以下ではG.726のそれぞれの処理の具体的な内容について順を追って解説します．

最初に，観測信号$s_l(n)$を得ます．次に，再合成信号$s_r(n)$と量子化された差分信号$d_q(n)$の過去の値を利用して$s_l(n)$に対する予測値$s_e(n)$を以下の式で計算します．

$$s_e(n) = \sum_{m=0}^{2} a_m(n) s_r(n-m) + s_{ez}(n) \quad \cdots\cdots\cdots\cdots\cdots\cdots\cdots\cdots\cdots\cdots (\text{B.1})$$

$$s_{ez}(n) = \sum_{m=0}^{6} b_m(n) d_g(n-m) \quad \cdots\cdots\cdots\cdots\cdots\cdots\cdots\cdots\cdots\cdots\cdots\cdots (\text{B.2})$$

ここで，$a_m(n)$と$b_m(n)$は適応予測器のフィルタ係数です．ただし，フィルタ係数は1時刻前に計算されたものを用います．

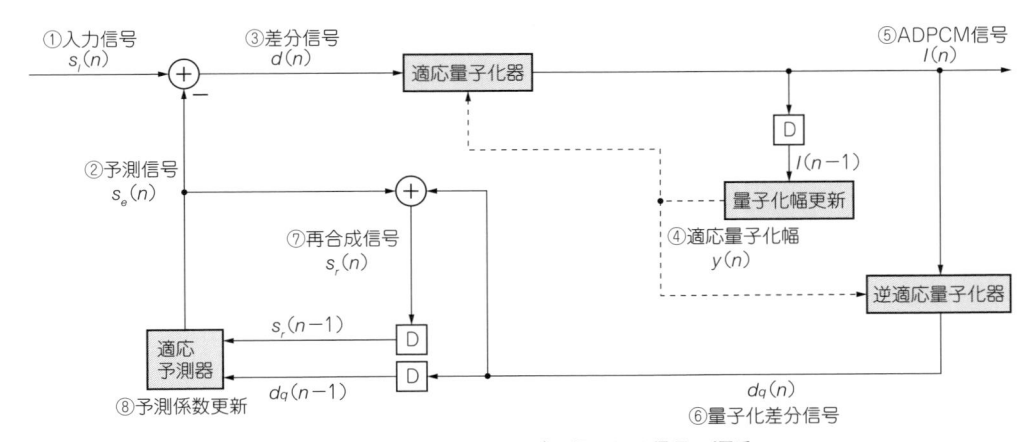

図B.2　ADPCMエンコーダで得られる信号の順番

次に，観測信号と予測値との差分信号を，

$$d(n) = s_l(n) - s_e(n) \quad\cdots\cdots\cdots\cdots\cdots\cdots\cdots\cdots\cdots\cdots\cdots\cdots\cdots\cdots\cdots\cdots\cdots\cdots\cdots\cdots\cdots\cdots\cdots \text{(B.3)}$$

として計算します．そして，$d(n)$ に対して適応量子化を行います．実際には，基準となる幅 $\Delta(n)$ で $|d(n)|$ を除し，その対数に対して量子化を行っています．つまり，量子化の対象信号は，

$$\log_2 \frac{|d(n)|}{\Delta(n)} = \log_2 |d(n)| - y(n) \quad\cdots\cdots\cdots\cdots\cdots\cdots\cdots\cdots\cdots\cdots\cdots\cdots\cdots\cdots\cdots\cdots \text{(B.4)}$$

です．ここで，

$$y(n) = \log_2 \Delta(n)$$

としています．G.726 の適応量子化では，量子化の対象信号が大きいとき，$y(n)$ を大きく，逆に小さいときには $y(n)$ を小さくします．本節では $y(n)$ を適応量子化幅と呼びます．

説明の都合上，式 (B.4) が決定したとして，先に G.726 で定められているパラメータ設定値を**表 B.1～表 B.3** に示します．パラメータの値は，ADPCM を何ビットで行うかによって異なります．各表では，左から順に，量子化の対象信号である式 (B.4)，ADPCM 信号の絶対値，量子化後の値，適応量子化幅 $y(n)$ を更新するためのパラメータ (W, F) が示されています．ADPCM 信号 $|I(n)|$ は，符号ビットと合わせて送信されます．また，$|I(n)|$ に対応して量子化後の値 $\log_2 |d_q(n)| - y(n)$ が決定します．これを J とおくと，

$$|d_q(n)| = 2^{J+y(n)}$$

として $d_q(n)$ を逆算できます．$d_q(n)$ は，現在の信号と予測値との差分信号を量子化したものに相当するので，量子化差分信号と呼ばれます．また，$d_q(n)$ を求める手順は逆適応量子化 (Inverse Adaptive Quantization) と呼ばれます．

表 B.1～表 B.3 に従って ADPCM 値を得るためには，まず適応量子化幅 $y(n)$ を決定しなければなりません．適応量子化では，量子化の結果が大きいときは量子化幅を大きく，逆に量子化の結果が小さいときは量子化幅を小さくします．これを実現するために，量子化の結果として得られた ADPCM 値の平均値を利用します．具体的には，重み付けされた ADPCM 値 $W[I(n)]$ の短時間平均 $y_u(n)$ と長時間平均 $y_l(n)$ から $y(n)$ を次のように計算します．

$$y(n) = a_l(n) y_u(n-1) + \{1 - a_l(n)\} y_l(n-1) \quad\cdots\cdots\cdots\cdots\cdots\cdots\cdots\cdots\cdots\cdots \text{(B.5)}$$

$$y_u(n) = \left(1 - 2^{-5}\right) y(n) + 2^{-5} W[I(n)] \quad\cdots\cdots\cdots\cdots\cdots\cdots\cdots\cdots\cdots\cdots\cdots\cdots\cdots\cdots \text{(B.6)}$$

$$y_l(n) = \left(1 - 2^{-6}\right) y_l(n-1) + 2^{-6} y_u(n) \quad\cdots\cdots\cdots\cdots\cdots\cdots\cdots\cdots\cdots\cdots\cdots\cdots\cdots\cdots \text{(B.7)}$$

ここで，$a_l(n)$ は $y_u(n)$ と $y_l(n)$ の重みを決定するパラメータであり，G.726 では以下のように詳細が定められています．

表B.1　ADPCM量子化32kbps（ADPCM＝4ビット）のパラメータ設定

量子化の対象信号	ADPCM信号	量子化後の値	$y(n)$ 更新用パラメータ	
$\log_2|d(n)| - y(n)$	$|I(n)|$	$\log_2|d_q(n)| - y(n)$	$W[I(n)]$	$F[I(n)]$
$[3.12; +\infty)$	7	3.32	70.13	7
$[2.72; 3.12)$	6	2.91	22.19	3
$[2.34; 2.72)$	5	2.52	12.38	1
$[1.91; 2.34)$	4	2.13	7.00	1
$[1.38; 1.91)$	3	1.66	4.00	1
$[0.62; 1.38)$	2	1.05	2.56	0
$[-0.98; 0.62)$	1	0.031	1.13	0
$[-\infty; -0.98)$	0	$-\infty$	-0.75	0

表B.2　ADPCM量子化24kbps（ADPCM＝3ビット）のパラメータ設定

量子化の対象信号	ADPCM信号	量子化後の値	$y(n)$ 更新用パラメータ	
$\log_2|d(n)| - y(n)$	$|I(n)|$	$\log_2|d_q(n)| - y(n)$	$W[I(n)]$	$F[I(n)]$
$[2.58; +\infty)$	3	2.91	36.38	7
$[1.70; 2.58)$	2	2.13	8.56	2
$[0.06; 1.70)$	1	1.05	1.88	1
$[-\infty; 0.06)$	0	$-\infty$	-0.25	0

表B.3　ADPCM量子化16kbps（ADPCM＝2ビット）のパラメータ設定

量子化の対象信号	ADPCM信号	量子化後の値	$y(n)$ 更新用パラメータ	
$\log_2|d(n)| - y(n)$	$|I(n)|$	$\log_2|d_q(n)| - y(n)$	$W[I(n)]$	$F[I(n)]$
$[2.04; +\infty)$	1	2.85	27.44	7
$[-\infty; 2.04)$	0	0.91	-1.38	0

$$a_l(n) = \begin{cases} 1.0 & (a_p(n-1) > 1.0) \\ a_p(n-1) & (その他) \end{cases} \quad \cdots\cdots (B.8)$$

$$a_p(n) = \begin{cases} (1-2^{-4})a_p(n-1) + 2^{-3} & (|d_{ms}(n) - d_{ml}(n)| \geqq 2^{-3} d_{ml}) \\ (1-2^{-4})a_p(n-1) + 2^{-3} & (y(n) < 3 \text{ または } t_d(n) = 1) \\ 1 & (t_r(n) = 1) \\ (1-2^{-4})a_p(n-1) & (その他) \end{cases} \quad \cdots (B.9)$$

$$d_{ms}(n) = (1-2^{-5})d_{ms}(n-1) + 2^{-5} F[I(n)] \quad \cdots\cdots (B.10)$$

$$d_{ml}(n) = (1-2^{-7})d_{ms}(n-1) + 2^{-7} F[I(n)] \quad \cdots\cdots (B.11)$$

$$t_d(n) = \begin{cases} 1 & (a_2(n) < -0.71875) \\ 0 & (その他) \end{cases} \quad \cdots\cdots (B.12)$$

$$t_r(n) = \begin{cases} 1 & (t_d(n) = 1 \text{ かつ } d_q(n) > 24 \times 2^{y_l(n)}) \\ 0 & (その他) \end{cases} \quad \cdots\cdots (B.13)$$

$y(n)$ を決めるために多くの式が必要ですが，手順としてはこの時点で式(B.8)だけを計算し，式(B.5)に代入すれば$y(n)$が得られます．そのほかの式は$y(n)$決定後に順次計算し，その結果を次の時刻で用いることになります．

適応量子化幅$y(n)$が得られれば，表B.1～表B.3に従ってADPCM信号$I(n)$が決まります．次いで，逆適応量子化により量子化差分信号$d_q(n)$が求まります．そして，予測値と量子化差分信号を加え，

$$s_r(n) = s_e(n) + d_q(n) \quad \cdots\cdots (B.14)$$

として再合成信号を得ます．ここで量子化誤差が0ならば，$d_q(n) = d(n)$より，$s_r(n) = s_l(n)$となります．$s_r(n)$は適応予測器への入力となり，次の時刻の音声信号の予測である式(B.1)に用いられます．

最後に，適応予測器のフィルタ係数$a_m(n)$を次式で更新します．

$$a_1(n+1) = (1-2^{-8})a_1(n) + 3 \times 2^{-8} \operatorname{sgn}[p(n)] \operatorname{sgn}[p(n-1)] \quad \cdots\cdots (B.15)$$

$$\begin{aligned} a_2(n+1) = &(1-2^{-7})a_2(n) + 2^{-7}\{\operatorname{sgn}[p(n)]\operatorname{sgn}[p(n-2)] \\ &- f[a_1(n-1)]\operatorname{sgn}[p(n)]\operatorname{sgn}[p(n-1)]\} \end{aligned} \quad \cdots\cdots (B.16)$$

$$p(n) = d_q(n) + s_{ez}(n) \quad \cdots\cdots (B.17)$$

$$f(x) = \begin{cases} 4x & (|x| \leq 2^{-1}) \\ 2\operatorname{sgn}[x] & (|x| > 2^{-1}) \end{cases} \quad \cdots\cdots (B.18)$$

ここで，$\operatorname{sgn}[p(n-m)]$で$p(n-m) = 0$ならば$\operatorname{sgn}[0] = 1$としますが，$m = 0$かつ$p(n) = 0$のときに限り$\operatorname{sgn}[0] = 0$とします．また，フィルタ係数$b_m(n)$を次式で更新します．

$$b_m(n+1) = (1-2^{-8})b_m(n) + 2^{-7}\operatorname{sgn}[d_q(n)]\operatorname{sgn}[d_q(n-m)] \quad \cdots\cdots (B.19)$$

以上がG.726のADPCMエンコーダの詳細な手続きです．
ADPCMのエンコーダ側の手順を以下にまとめます．
①観測信号$s_l(n)$の取得
②予測信号$s_e(n)$の計算
③入力信号と予測信号との差分信号$d(n)$の計算

④適応量子化幅 $y(n)$ の更新
⑤ADPCM信号 $I(n)$ の計算
⑥逆量子化信号 $d_q(n)$ の計算
⑦再合成信号 $s_r(n)$ の計算
⑧予測係数 $a_m(n)$, $b_l(n)$ $(m = 1, 2. \ l = 1, \cdots, 6)$ の更新

B-2 ADPCMデコーダ

　デコーダ側で得られる信号の順番を**図B.3**に示します．デコーダ側で用いる処理は，エンコーダ側の処理とほとんど同じです．

　まず，ADPCM信号 $I(n)$ を受信します．そして，式(B.8)と式(B.5)で $y(n)$ を計算します．パラメータの初期値が同じならば，$y(n)$ はエンコーダ側と同じ値になります．**表B.1**～**表B.3**を参照して逆量子化を行い，量子化差分信号 $d_q(n)$ を得ます．式(B.1)から予測値 $s_e(n)$ を求め，さらに，

$$s_r(n) = s_e(n) + d_q(n) \quad \cdots\cdots\cdots\cdots\cdots\cdots\cdots\cdots\cdots\cdots\cdots\cdots\cdots\cdots\cdots\cdots\cdots\cdots\cdots\cdots\cdots\cdots \quad (\text{B.20})$$

として再合成信号を得ます．エンコーダから送信された $I(n)$ を正確に受信し，各変数の初期値が同じならば，エンコーダ側の $s_r(n)$ と式(B.20)の $s_r(n)$ は一致します．この $s_r(n)$ がデコーダ側の出力信号となります．

　再合成信号 $s_r(n)$ を得た後，式(B.15)～式(B.19)に従って，適応予測器のフィルタ係数 $a_m(n)$, $b_m(n)$ を更新します．また，式(B.9)～式(B.13)により各パラメータを更新します．

　以上の繰り返しによりデコーダ処理が行われます．ADPCMではエンコーダ，デコーダで得られる値はほぼ同じとなることから，高い精度で音声を復元できます．

　デコーダ側の処理をまとめます．

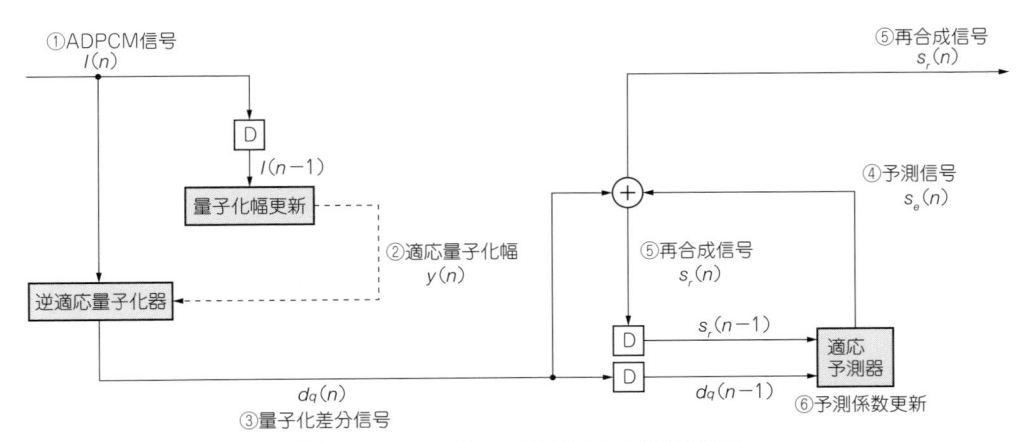

図B.3　ADPCMデコーダで得られる信号の順番

① ADPCM信号 $I(n)$ の取得
② 適応量子化幅 $y(n)$ の更新
③ 逆量子化信号 $d_q(n)$ の計算
④ 予測信号 $s_e(n)$ の計算
⑤ 再合成信号 $s_r(n)$ の計算
⑥ 予測係数 $a_m(n)$，$b_l(n)$ $(m = 1, 2. \ l = 1, \cdots, 6)$ の更新

　G.726では，予測係数と量子化幅のいずれも適応的に更新しますが，予測係数を一定として量子化幅を適応的に変化させるものや，量子化幅を一定として予測係数を変化させるものも同じようにADPCMと呼ぶことがあります．

章末問題解答

第1章

解答1

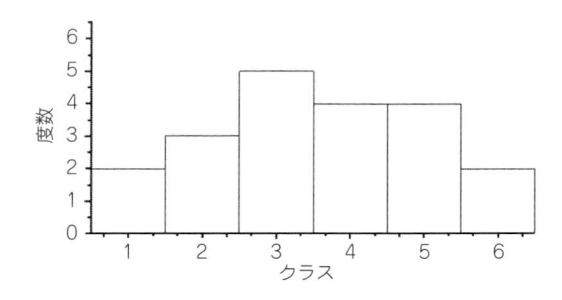

解答2 公正なサイコロを振って出る目の確率はいずれも同じであるから,
$$p(1)=p(2)=p(3)=p(4)=p(5)=p(6)=C \quad (C は定数)$$

である．PDF は式 (1.1) の性質を持つから,
$$\int_{-\infty}^{\infty} p(x)dx = \sum_{x=1}^{6} p(x) = 6C = 1$$

である．これより,
$$C = \frac{1}{6}$$

を得る．

解答3 指定したパラメータ値に対する確率分布の外形を図の実線で示す．また，各確率信号から得られたヒストグラムを正規化したものも示している．図から正規化したヒストグラムが近似的に PDF を表していることが確認できる．

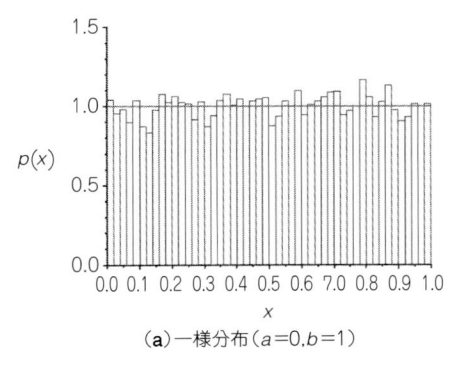

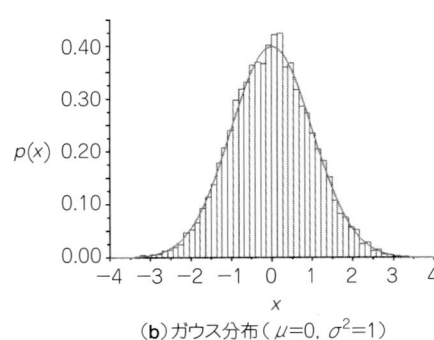

(a) 一様分布 ($a=0, b=1$)

(b) ガウス分布 ($\mu=0, \sigma^2=1$)

(c)レイリー分布($\sigma^2=1$)

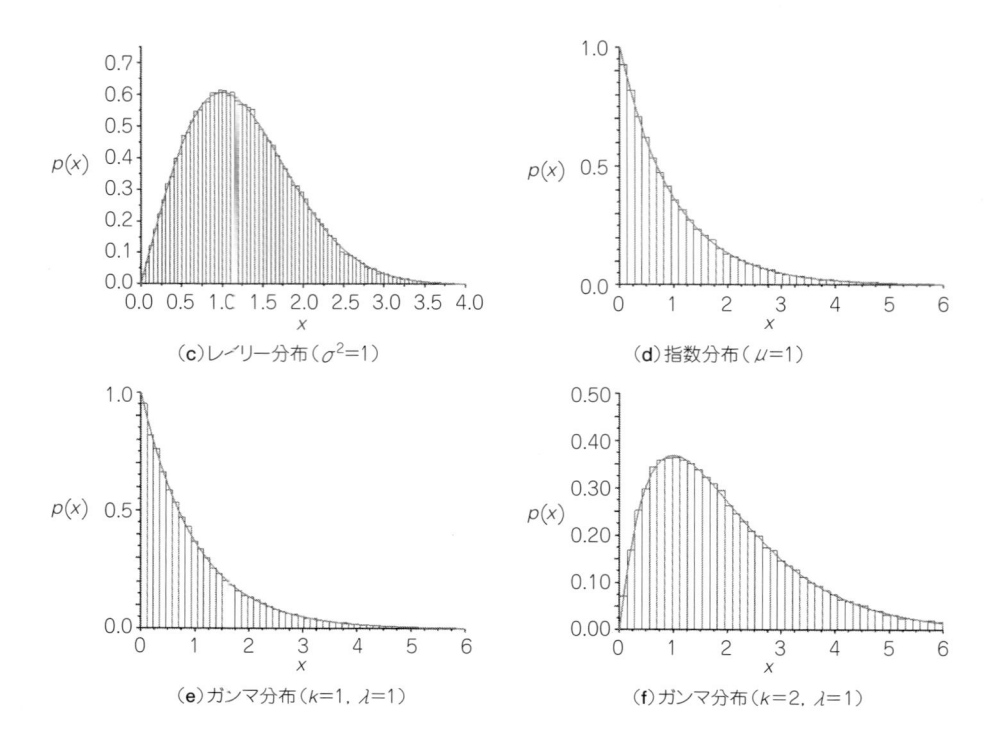

(d)指数分布($\mu=1$)

(e)ガンマ分布($k=1, \lambda=1$)

(f)ガンマ分布($k=2, \lambda=1$)

解答4 平均は $100/2 = 50$，分散は $100^2/12 = 833.33\cdots$．10万個の実現値から得られたヒストグラムは以下の通り．

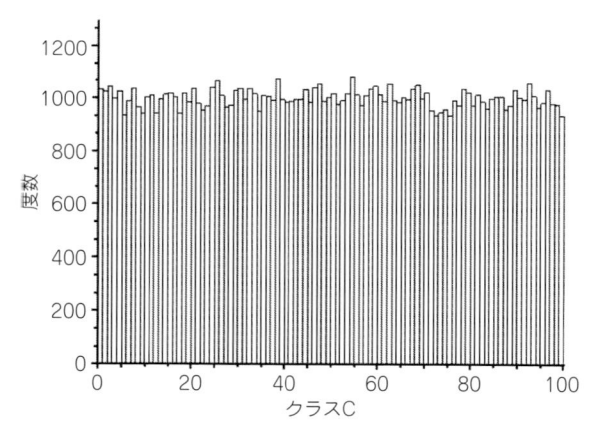

解答5 $\mu_1 = E[x_1]$，$\mu_2 = E[x_2]$ とすると，x_1 と x_2 の共分散は次のように書ける．

$$E\left[(x_1 - \mu_1)(x_2 - \mu_2)\right] = E[x_1 x_2] + \mu_1 \mu_2 - \mu_1 E[x_2] - \mu_2 E[x_1]$$
$$= E[x_1 x_2] - \mu_1 \mu_2$$

無相関の定義より，上式は0となる．従って，

$$E[x_1 x_2] = E[x_1] E[x_2]$$

また，$E[x_1 x_2] = E[x_1]E[x_2]$ ならば常に共分散が0となるので，これは無相関の必要十分条件でもある．

解答6 x_1, x_2 が独立より，$p(x_1, x_2) = p(x_1)p(x_2)$ だから，

$$\begin{aligned} E[x_1, x_2] &= \iint x_1 x_2 p(x_1, x_2) dx_1 x_2 \\ &= \int x_1 p(x_1) dx_1 \int x_2 p(x_2) dx_2 \\ &= E[x_1]E[x_2] \end{aligned}$$

よって，x_1, x_2 は無相関である．

解答7 (1) 無相関，独立でない．(2) 無相関，独立でない

解答8
(1)

```
n=10;
d=[];
for i=1:n;
    d=d+grand(1,100000,'unf',0,100)/n;
end
```

(2), (4)

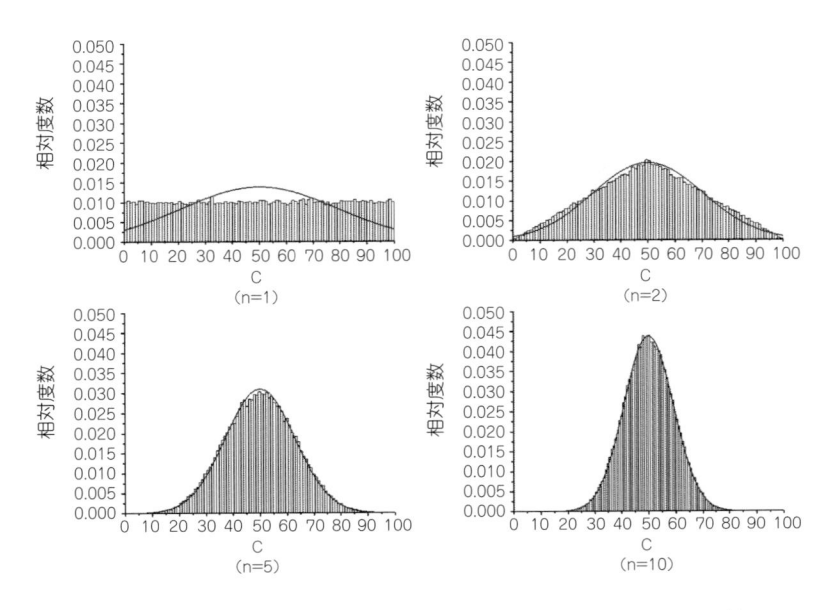

(3) $(n = 1)$ 平均 50，分散 2500/3．$(n = 2)$ 平均 50，分散 1250/3．$(n = 5)$ 平均 50，分散 500/3．$(n = 10)$ 平均 50，分散 250/3．

解答9 2点平均フィルタは，現在の値と1時刻過去の値をそれぞれ1/2倍して足すことで実現できる．よって，周波数振幅特性は，$a_0 = 1/2$，$a_1 = 1/2$ を式 (1.30) に代入することで，

$$
\begin{aligned}
H(\omega) &= \frac{1}{2} + \frac{1}{2}e^{-j\omega} \\
&= \frac{1}{2}\left(e^{j\omega/2} + e^{-j\omega/2}\right)e^{-j\omega/2} \\
&= \cos\omega/2 \cdot e^{j\omega/2} \\
|H(\omega)| &= |\cos\omega/2|
\end{aligned}
$$

のように得られる．

解答10 矩形窓に比べて，ハミング窓，ハニング窓のサイドローブが小さく，音声分析に適していることが分かる．

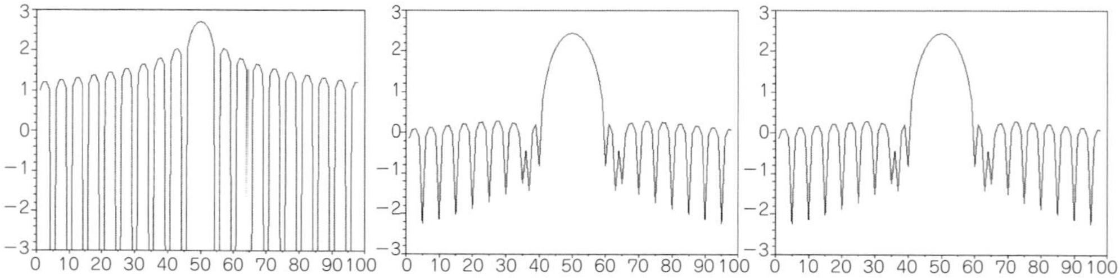

（a）矩形窓　（b）ハミング窓　（c）ハニング窓

解答11 IDFTの定義式にDFTの定義式を代入すると，

$$
\begin{aligned}
\frac{1}{N}\sum_{k=0}^{N-1} X(k)e^{j\frac{2\pi}{N}nk} &= \frac{1}{N}\sum_{k=0}^{N-1}\left(\sum_{l=0}^{N-1} x(l)e^{j\frac{2\pi}{N}lk}\right)e^{j\frac{2\pi}{N}nk} \\
&= \frac{1}{N}\sum_{l=0}^{N-1} x(l)\sum_{k=0}^{N-1} e^{j\frac{2\pi}{N}(n-l)k} \\
&= \frac{1}{N}x(n)N = x(n)
\end{aligned}
$$

となり，元の信号 $x(n)$ が得られることが分かる．

解答12 逆変換行列は以下のように示される．

$$
\boldsymbol{B} = \frac{1}{4}\begin{bmatrix} 1 & 1 & 1 & 1 \\ 1 & -j & -1 & j \\ 1 & -1 & 1 & -1 \\ 1 & j & -1 & -j \end{bmatrix}
$$

解答13 逆変換行列は以下のように示される．

$$
\boldsymbol{B} = \frac{1}{4}\begin{bmatrix} 0.5 & 0.653 & 0.5 & 0.271 \\ 0.5 & 0.271 & -0.5 & -0.653 \\ 0.5 & -0.271 & -0.5 & 0.653 \\ 0.5 & -0.653 & 0.5 & -0.271 \end{bmatrix}
$$

解答14

$$J = E\left[\left\{d(n) - \sum_{l=0}^{N-1} h_l x(n-l)\right\}^2\right]$$

$$\frac{\partial J}{\partial h_m} = E\left[2\left\{d(n) - \sum_{l=0}^{N-1} h_l x(n-l)\right\} \frac{\partial \{d(n) - \sum_{l=0}^{N-1} h_l x(n-l)\}}{\partial h_m}\right]$$

$$= E[2\{d(n) - y(n)\}\{-x(n-m)\}]$$

$$= -2E[e(n)x(n-m)]$$

解答15 この場合の符号は，C = 0, 10, 110, 111 となるため，100111010 を 10 0 111 0 10 と分割すると，符号列は，$a_1 a_0 a_3 a_0 a_1$ となる．

解答16 シンボル系列は，それぞれ（001），（0010），（00100）となる

第2章

解答1 サンプリング周波数が44.1kHzなので，サンプリング定理より再現可能な周波数はその半分，つまり，0Hzから22.05kHzまでが再現可能．また，音楽CDは16ビット量子化を採用しているので，2^{16} = 65536段階で振幅値を記録している．

解答2

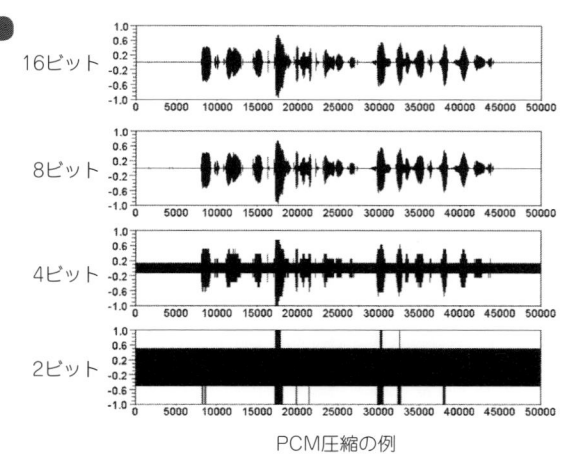

PCM圧縮の例

解答3 エンコードおよびデコードされた信号の符号は同じなので，$\mathrm{sgn}(x) = \mathrm{sgn}(y)$ である．よって，それぞれの信号の絶対値だけを考えればよい．

・$0 \leq |x| < 1/A$ のとき

式（2.2）より，エンコードされた信号 y の絶対値は，

$$|y| = \frac{A|x|}{(1 + \ln A)}$$

となる．移項すれば，

$$|x| = \frac{|y|(1+\ln A)}{A} \quad \left(0 \le |y| < \frac{1}{1+\ln A}\right)$$

としてデコード信号の絶対値が得られる.

・$1/A \le |x| \le 1$ のとき

エンコードされた信号 y の絶対値は,

$$|y| = \frac{1+\ln(A|x|)}{1+\ln A} \quad \left(\frac{1}{1+\ln A} \le |y| < 1\right)$$

であるから,

$$\ln(A|x|) = |y|(1+\ln A) - 1$$
$$A|x| = \exp\{|y|(1+\ln A) - 1\}$$
$$|x| = \frac{\exp\{|y|(1+\ln A) - 1\}}{A}$$

としてデコード信号の絶対値が得られる.

それぞれの結果を符号と合わせれば式 (2.3) が得られる.

解答4 式 (2.4) より, μ-law によりエンコードされた信号 y の絶対値は,

$$|y| = \frac{\ln(1+\mu|x|)}{\ln(1+\mu)}$$

である. したがって,

$$\ln(1+\mu|x|) = \ln(1+\mu)^{|y|}$$
$$1+\mu|x| = (1+\mu)^{|y|}$$
$$|x| = \frac{1}{\mu}\{(1+\mu)^{|y|} - 1\}$$

を得る. エンコード信号とデコード信号の符号は同じであるから, 上の結果と合わせて式 (2.5) が得られる.

解答5 (a) PCM (b) log-PCM

解答6

log-PCM圧縮の例

解答7

原信号
（16ビット PCM）

ADPCM
4ビット

ADPCM
3ビット

ADPCM
2ビット

ADPCM圧縮からの伸張例

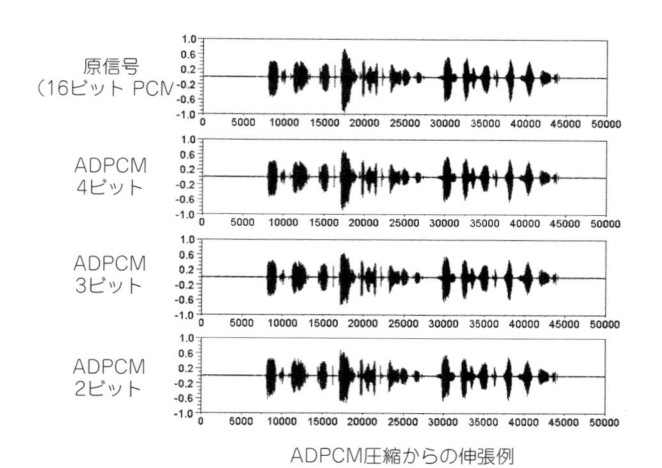

解答8 音楽CDは16ビットのPCMなので4ビットADPCMを採用していると考えられる．

解答9 分析フィルタの次数は比較的小さくても（10次程度の荒い分析でも）結果に大きな影響を与えない．一方，音声分析区間では，同じ音源と同じ分析フィルタが使用されるため，長い分析区間を用いると，音声の変化に追従できず音声劣化が激しくなる．

解答10 S は以下のようになる．

$S = [\ -1.2,\ -13.1,\ -16.7,\ -5.4,\ 4.6,\ 2.2,\ -3.1,\ -1.2,\ 2.4,\ 0.8,\ -2.0,\ -0.4,\ 1.7,\ 0.2,\ -1.5,\ -0.1,$
$1.4,\ -0.1,\ -1.3,\ 0.2,\ 1.2,\ -0.3,\ -1.1,\ 0.4,\ 1.0,\ -0.5,\ -0.9,\ 0.5,\ 0.8,\ -0.6,\ -0.8,\ 0.7\ ]$

解答11 x は以下のようになる．

$x = [\ 6.3,\ -9.1,\ 4.0,\ 2.5,\ -2.0,\ -1.6,\ 1.4,\ 1.2,\ -1.1,\ -1.0,\ 0.9,\ 0.8,\ -0.8,\ -0.8,\ 0.7,\ 0.7,\ -0.7,$
$-0.7\ ]$

解答12 低周波領域のほうが重要であるため，低域にビット数を大きくする必要がある．

解答13 携帯オーディオ・プレーヤなどいろいろなところに使用されている．

解答14 AACやATRAC3，WMAなどがある．

第3章

解答1 簡単のため $x(n)$, $h_m(n)$ を実数とする．このとき，評価関数 $J = e^2(n)$ は，$h_m(n)$ に対して下に凸な2次関数となる．よって J を最小化できる $h_m(n)$ は，$h_m(n)$ に対する J の傾きと逆符号の方向に依存する．J の傾きは，

$$\frac{\partial J}{\partial h_m(n)} = -2x(n-m)e(n)$$

で与えられるから，$h_m(n)$ の更新式は，

$$h_m(n+1) = h_m(n) + \mu x(n-m)e(n)$$

と書ける．これがLMSアルゴリズムである．ただし，$\mu\,(\mu>0)$ は更新の大きさを制御するステップ・サイズである．

解答2 $J = E\left[e^2(n)\right]$ とすれば，解答1と同様の手順により，次の最急降下法が導出される．

$$h_m(n+1) = h_m(n) + \mu E\left[x(n-m)e(n)\right]$$

ただし，$h_m(n)$ は期待値をとる間，定数として扱い，期待値の外に出して計算した．

解答3 μ が小さい場合，ノイズが除去されるまでの時間が長くなるが，ノイズ除去性能は高くなる．一方，μ が大きければ，ノイズが除去されるまでの時間は短くなるが，ノイズ除去性能が下がり，音質劣化が生じる．
また，μ が適切に設定されているとき，$N_a > N_u$ ならノイズ除去可能．$N_a < N_u$ ならノイズは小さくなるが一部のノイズは除去できない．

解答4 式(3.1)を次のように書き改める．

$$H(z) = \frac{1+r}{2} \cdot \frac{1 + \frac{2\alpha}{1+r}z^{-1} + z^{-2}}{1 + \alpha z^{-1} + r z^{-2}}$$

一般式，

$$\left(1 - Ae^{j\theta}z^{-1}\right)\left(1 - Ae^{-j\theta}z^{-1}\right) = 1 - 2\cos(\theta)z^{-1} + A^2 z^{-2}$$

との類推から，

$$r = P_p^2$$
$$\alpha = -\left(1 + P_p^2\right)\cos(\omega_z) = -2\cos(\omega_p)$$

を得る．また，常に $P_z = 1$ である．

解答5 $r\,(1 > r > 0)$ を1から0まで徐々に小さくすると収束速度が速くなる．また，μ を0から徐々に大きくすると，ある程度まで収束速度が速くなるが，限度を超えると出力が発散する．

解答6

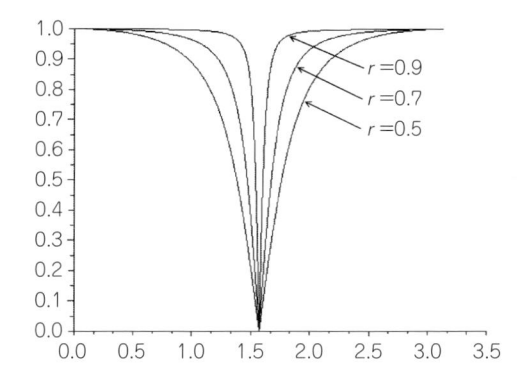

[グラフ: $r=0.9$, $r=0.7$, $r=0.5$ の特性を示すノッチフィルタの周波数応答]

解答7 $a = -2r\cos\omega_N$ とすると，下図のようになる．

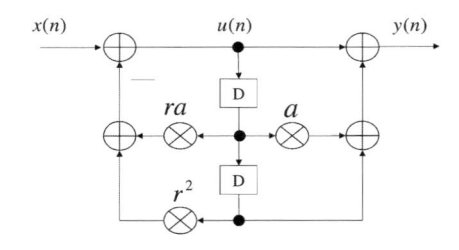

[ブロック図: 入力 $x(n)$, 中間信号 $u(n)$, 出力 $y(n)$, 係数 ra, a, r^2, 遅延素子 D]

解答8 グラフ（略）．N は音声が定常とみなせる 30ms 前後に選択すると最もノイズ除去性能が良いことが分かる．

解答9 ノイズ・スペクトルの実部，虚部をそれぞれ D_{Re}, D_{Im} とし，それぞれ半分ずつの分散を持つとする．このとき，それぞれの PDF を $p(D_{Re})$, $p(D_{Im})$ とすると，

$$p(D_{Re}) = \frac{1}{\sqrt{\pi\sigma_d^2}}\exp\left(-\frac{|D_{Re}|^2}{\sigma_d^2}\right)$$

$$p(D_{Im}) = \frac{1}{\sqrt{\pi\sigma_d^2}}\exp\left(-\frac{|D_{Im}|^2}{\sigma_d^2}\right)$$

となる．ノイズ全体の PDF は，$p(D) = p(D_{Re})p(D_{Im})$ なので，

$$p(D) = \frac{1}{\pi\sigma_d^2}\exp\left(-\frac{|D_{Re}|^2 + |D_{Im}|^2}{\sigma_d^2}\right)$$

ここで $X = D + S$ より，

$$|D_{Re}|^2 + |D_{Im}|^2 = |D|^2 = |X - S|^2$$

であり，

$$p(D) = p(X|S)$$

であるから結局，

$$p(X|S) = \frac{1}{\pi\sigma_d^2}\exp\left(-\frac{|X-S|^2}{\sigma_d^2}\right)$$

を得る．

解答10 音声の振幅と位相が独立であると仮定すると，

$$p(S) = p(\angle S)p(|S|)$$

である．これを式 (3.38)，式 (3.39) で表現し，ノイズの PDF の式 (3.40) と共に式 (3.29) に代入すると次式を得る．

$$\begin{aligned}
\varepsilon &= -\ln(\pi^2\sigma_s^2\sigma_d^2) + \ln|S| - \frac{|S|^2}{\sigma_s^2} - \frac{|X-S|^2}{\sigma_d^2} \\
&= -\ln(\pi^2\sigma_s^2\sigma_d^2) + \ln|S| - \frac{|S|^2}{\sigma_s^2} - \frac{|X|^2 + |S|^2 - XS^* - X^*S}{\sigma_d^2} \\
&= \ln|S| - \frac{|S|^2}{\sigma_s^2} - \frac{|S|^2 - |XS|e^{(\angle X - \angle S)} - |XS|e^{-(\angle X - \angle S)}}{\sigma_d^2} + C
\end{aligned}$$

ここで，

$$C = -\ln(\pi^2\sigma_s^2\sigma_d^2) - \frac{|X|^2}{\sigma_d^2}$$

である．よって，

$$\frac{\partial\varepsilon}{\partial\angle S} = -\frac{1}{\sigma_d^2}\sin(\angle S - \angle X) = 0$$

より，$\angle S = \angle X$ を得る．次に，

$$\frac{\partial\varepsilon}{\partial|S|} = \frac{1}{|S|} - 2\left(\frac{1}{\sigma_s^2} + \frac{1}{\sigma_d^2}\right)|S| + \frac{2|X|}{\sigma_d^2}\cos(\angle X - \angle S) = 0$$

より，$\angle S = \angle X$ を代入して整理すると，

$$2\left(\frac{\sigma_s^2 + \sigma_d^2}{\sigma_s^2\sigma_d^2}\right)|S|^2 - 2\frac{|X|}{\sigma_d^2}|S| - 1 = 0$$

を得る．上式はさらに次のように変形できる．

$$2(1+\xi)|S|^2 - 2\xi|X||S| - \xi\sigma_d^2 = 0$$

$|S| \geqq 0$ より，

$$|S| = \frac{\xi|X| + \sqrt{\xi^2|X|^2 + 2(1+\xi)\xi\sigma_d^2}}{2(1+\xi)}$$

となる．これを $|X|$ でくくれば式 (3.41) を得る．

解答11 音声の振幅と位相が独立であると仮定すると,

$$p(S) = p(\angle S)p(|S|)$$

である.これを式 (3.42), 式 (3.39) で表現し, ノイズの PDF の式 (3.40) と共に式 (3.29) に代入すると次式を得る.

$$\varepsilon = -\frac{|X-S|^2}{\sigma_d^2} - \mu\frac{|S|}{\sigma_s} + \nu\ln|S| + C$$

ただし,

$$C = \ln\left(\frac{1}{\pi\sigma_d^2} \cdot \frac{\mu^{\nu+1}}{\Gamma(\nu+1)\sigma_s^{\nu+1}} \cdot \frac{1}{2\pi}\right)$$

である.よって,

$$\frac{\partial\varepsilon}{\partial\angle S} = -\frac{1}{\sigma_d^2}\sin(\angle S - \angle X) = 0$$

より,$\angle S = \angle X$ を得る.次に,

$$\frac{\partial\varepsilon}{\partial|S|} = -\frac{1}{\sigma_d^2}\{2|S| - 2|X|\cos(\angle S - \angle X)\} - \frac{\mu}{\sigma_s} + \frac{\nu}{|S|} = 0$$

より,$\angle S = \angle X$ を代入して整理すると,

$$-\frac{2|S|}{\sigma_d^2} + \frac{\nu}{|S|} + \left(\frac{2|X|}{\sigma_d^2} - \frac{\mu}{\sigma_s}\right) = 0$$

を得る.両辺に $-|S|\sigma_d^2/2$ を掛ければ,

$$|S|^2 - \left(|X| - \frac{\mu}{2}\frac{\sigma_d^2}{\sigma_s}\right)|S| - \frac{\nu}{2}\sigma_d^2 = 0$$

を得る.ここで,式 (3.44) で定義される u を用いると,

$$\left(|X| - \frac{\mu}{2}\frac{\sigma_d^2}{\sigma_s}\right) = 2u|X|$$

であるから,

$$|S|^2 - 2u|S||X| - \frac{\nu}{2}\sigma_d^2 = 0$$

の表現を得る.$|S| > 0$ であるから,

$$|S| = \left(u + \sqrt{u^2 + \frac{\nu}{2\gamma}}\right)|X|$$

となり結果として,

$$G_{L.MAP} = u + \sqrt{u^2 + \frac{\nu}{2\gamma}}$$

を得る.

第4章

解答1 音源数を N,マイクロホン数を M とすると,混合過程を解くための条件は,$N \leq M$ となる.

解答2 ヒストグラムと4次キュムラントの計算例は以下の通り.

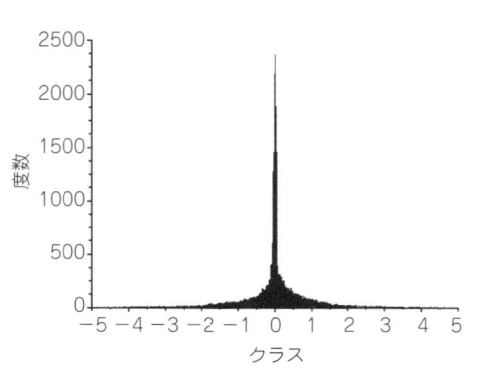

(a) 1つの音声に対するヒストグラム.4次キュムラント k=11.206765.

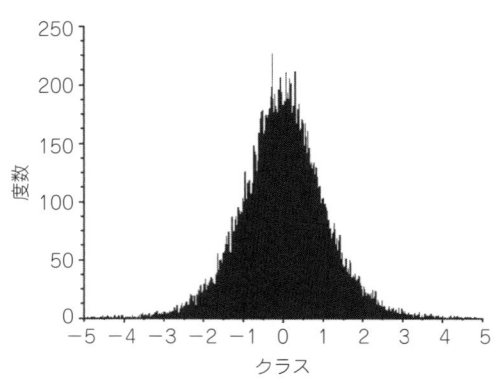

(b) 10個の音声の混合信号に対するヒストグラム.4次キュムラント k= 1.2866701.

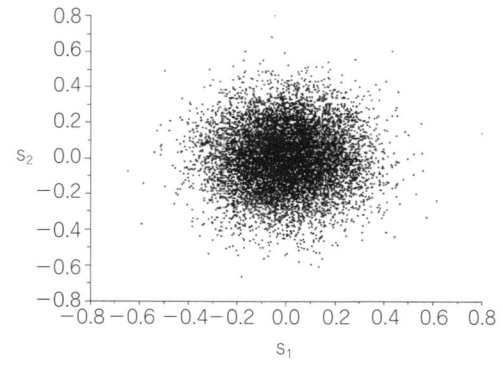

解答3

(a) ガウス性ノイズを音源とした場合の音源 s_1, s_2 の散布図.

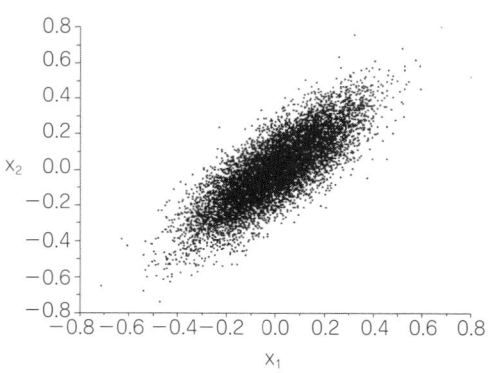

(b) ガウス性ノイズを混合とした場合の観測信号 x_1, x_2 の散布図.

解答4 分離できない.FastICA はガウス分布から遠ざかるように音源分離を実行するため,もともとガウス分布に従う信号は分離できない.

解答5 $R = Q \Lambda Q^T$ であるから,

$$VRV^T = \sqrt{\Lambda^{-1}} Q^T R Q \sqrt{\Lambda^{-1}}$$
$$= \sqrt{\Lambda^{-1}} \Lambda \sqrt{\Lambda^{-1}} = I$$

を得る.

解答6

$$3E[s_i^2]^2 = 3E\left[(\boldsymbol{b}_i^\mathrm{T}\hat{\boldsymbol{x}})^2\right]^2$$
$$= 3E\left[(\hat{\boldsymbol{x}}^\mathrm{T}\boldsymbol{b}_i)^\mathrm{T}(\hat{\boldsymbol{x}}^\mathrm{T}\boldsymbol{b}_i)\right]^2$$
$$= 3E\left[\boldsymbol{b}_i^\mathrm{T}\hat{\boldsymbol{x}}\hat{\boldsymbol{x}}^\mathrm{T}\boldsymbol{b}_i\right]^2$$
$$= 3\left(\boldsymbol{b}_i^\mathrm{T}E\left[\hat{\boldsymbol{x}}\hat{\boldsymbol{x}}^\mathrm{T}\right]\boldsymbol{b}_i\right)^2$$

ここで，$E\left[\hat{\boldsymbol{x}}\hat{\boldsymbol{x}}^\mathrm{T}\right] = \boldsymbol{I}$ より，

$$3E[s_i^2]^2 = 3\left(\boldsymbol{b}_i^\mathrm{T}\boldsymbol{b}_i\right)^2$$

解答7 まず，ベクトル $\boldsymbol{b} = [b_1, b_2, b_3, \cdots]^\mathrm{T}$ によるスカラ J の偏微分を次のように定義する．

$$\frac{\partial J}{\partial \boldsymbol{b}} = \left[\frac{\partial J}{\partial b_1}, \frac{\partial J}{\partial b_2}, \frac{\partial J}{\partial b_3}, \cdots\right]^\mathrm{T}$$

定義に従って，スカラである評価関数，

$$J_i = E\left[\{\boldsymbol{b}_i^\mathrm{T}\hat{\boldsymbol{x}}(n)\}^4\right] - 3\|\boldsymbol{b}_i\|^4 + \lambda\left(\|\boldsymbol{b}_i\|^2 - 1\right)$$

を $\boldsymbol{b}_i = [b_i(1), b_i(2)]^\mathrm{T}$ $(i = 1, 2)$ で微分する．$\hat{\boldsymbol{x}}(n) = [\hat{x}(1), \hat{x}(2)]^\mathrm{T}$ として，各項および各要素ごとに考えれば，

$$\frac{\partial J_i}{\partial \boldsymbol{b}_i} = \left[E\left[4(\boldsymbol{b}_i^\mathrm{T}\hat{\boldsymbol{x}}(n))^3\hat{x}(1)\right], E\left[4(\boldsymbol{b}_i^\mathrm{T}\hat{\boldsymbol{x}}(n))^3\hat{x}(2)\right]\right]^\mathrm{T}$$
$$- \left[12\|\boldsymbol{b}_i\|^2 b_i(1), 12\|\boldsymbol{b}_i\|^2 b_i(2)\right]^\mathrm{T}$$
$$+ \left[2\lambda b_i(1), 2\lambda b_i(2)\right]^\mathrm{T}$$
$$= E\left[4\{\boldsymbol{b}_i^\mathrm{T}\hat{\boldsymbol{x}}(n)\}^3\hat{\boldsymbol{x}}(n)\right] - 12\|\boldsymbol{b}_i\|^2\boldsymbol{b}_i + 2\lambda\boldsymbol{b}_i$$

を得る．この結果を0とおいて整理すると次式が得られる．

$$\boldsymbol{b}_i = -\frac{2}{\lambda}\left\{E\left[\{\boldsymbol{b}_i^\mathrm{T}\hat{\boldsymbol{x}}(n)\}^3\hat{\boldsymbol{x}}(n)\right] - 3\|\boldsymbol{b}_i\|^2\boldsymbol{b}_i\right\}$$

解答8 分離結果の分散は1となる．

解答9 得られた分離行列は，

$$\boldsymbol{B} = [\boldsymbol{b}_1, \boldsymbol{b}_2] = \begin{bmatrix} 0.75 & 0.66 \\ -0.66 & 0.75 \end{bmatrix}$$

$\boldsymbol{b}_1^\mathrm{T}\boldsymbol{b}_2 = 0$ より，両者は直交している．

第5章

解答1

$$u(n_1, n_2, n_3) = \sum_{k_1=0}^{\infty} \sum_{k_2=0}^{\infty} \sum_{k_2=0}^{\infty} \delta(n_1 - k_1, n_2 - k_2, n_3 - k_3)$$

解答2

$$h(n_1) = \delta(n_1) + 2\delta(n_1 - 1) + \delta(n_1 - 2), \ h(n_2) = \delta(n_2) + 2\delta(n_2 - 1) + \delta(n_2 - 2)$$

とすると,

$$h(n_1, n_2) = h(n_1)h(n_2)$$

となり,このシステムは分離型のシステムであるといえる.

解答3

$$F = \begin{bmatrix} 10 & -2 \\ -4 & 0 \end{bmatrix}$$

解答4 2次元離散フーリエ変換の式より,

$$F(k_1, k_2) = \sum_{n_1=0}^{N_1-1} \left\{ \sum_{n_2=0}^{N_2-1} f(n_1, n_2) W_{N_2}^{n_2 k_2} \right\} W_{N_1}^{n_1 k_1}$$

となる.括弧内の式は,1次元の離散フーリエ変換の式となっているため,1次元の離散フーリエ変換を2回行うことで,2次元の離散フーリエ変換が可能である.

第6章

解答1 (略)

解答2 小数点以下4桁までを表示すると以下のように示される.

$$F(u,v) = \begin{pmatrix} 894.3750 & 15.2958 & 4.6366 & 31.0791 & 19.1250 & 18.2988 & 12.8270 & 1.3110 \\ 201.1727 & 12.6068 & -0.0453 & 15.5764 & 8.5425 & 26.3151 & -2.5161 & -7.7994 \\ 19.2342 & -52.9211 & 8.1239 & -6.0114 & -5.8979 & 4.1123 & -16.0773 & -14.9252 \\ -43.2810 & -26.6146 & 17.8909 & -7.7118 & 2.5510 & -2.7983 & -1.9594 & 0.3886 \\ -7.6250 & 24.8462 & 6.6237 & 0.7782 & 1.1250 & -1.4068 & 0.6389 & -6.4242 \\ 3.3792 & -0.1962 & -9.4106 & 2.9924 & -1.9765 & -4.0287 & 1.9288 & 1.9032 \\ 2.9922 & 3.4812 & 3.1727 & 1.4695 & 1.7665 & -0.9371 & 0.8761 & 1.0108 \\ -4.6988 & -0.5087 & 0.0245 & -1.3328 & 0.7415 & -2.6160 & -2.9305 & -1.3663 \end{pmatrix}$$

解答3 量子化を行わなければ元に戻る．

解答4 演習6.3のDCT係数となる．

解答5

$$R(u,v) = \begin{pmatrix} 896 & 11 & 0 & 32 & 24 & 0 & 0 & 0 \\ 204 & 12 & 0 & 19 & 0 & 0 & 0 & 0 \\ 14 & -52 & 16 & 0 & 0 & 0 & 0 & 0 \\ -42 & -34 & 22 & 0 & 0 & 0 & 0 & 0 \\ 0 & 22 & 0 & 0 & 0 & 0 & 0 & 0 \\ 0 & 0 & 0 & 0 & 0 & 0 & 0 & 0 \\ 0 & 0 & 0 & 0 & 0 & 0 & 0 & 0 \\ 0 & 0 & 0 & 0 & 0 & 0 & 0 & 0 \end{pmatrix}$$

解答6

$$F(u,v) = \begin{pmatrix} 154.2282 & 133.7452 & 120.8011 & 129.4694 & 144.9511 & 152.4827 & 154.9016 & 157.2819 \\ 154.7103 & 138.0575 & 129.5699 & 139.4475 & 151.2011 & 151.4876 & 146.4066 & 144.1627 \\ 156.2864 & 142.6152 & 136.4484 & 144.0686 & 148.2010 & 138.2390 & 124.1778 & 116.9244 \\ 147.4506 & 133.9323 & 126.1863 & 129.3370 & 127.6188 & 113.3756 & 98.0013 & 91.0890 \\ 118.8238 & 105.4857 & 97.4471 & 100.3289 & 100.6934 & 92.7960 & 86.4839 & 86.3667 \\ 87.6086 & 76.5041 & 71.7468 & 78.4960 & 84.5701 & 85.4146 & 89.2774 & 96.2682 \\ 79.1128 & 70.6475 & 69.0150 & 77.3664 & 83.5837 & 84.6668 & 89.7259 & 97.9923 \\ 87.7304 & 80.5304 & 79.6309 & 86.3131 & 88.2227 & 83.8684 & 84.3316 & 90.0951 \end{pmatrix}$$

解答7

$$\begin{pmatrix} 0.2282 & 2.7452 & -0.1989 & -19.5306 & 11.9511 & 3.4827 & -2.0984 & 8.2819 \\ -2.2897 & 10.0575 & -2.4301 & -13.5525 & 11.2011 & 1.4876 & -9.5934 & 4.1627 \\ -6.7136 & 11.6152 & -3.5516 & -1.9314 & 3.2010 & -2.7610 & -4.8222 & 2.9244 \\ -7.5494 & 12.9323 & -5.8137 & 5.3370 & 2.6188 & -5.6244 & 2.0013 & 3.0890 \\ -4.1762 & 7.4857 & -2.5529 & 8.3289 & 6.6934 & 4.7960 & 7.4839 & 0.3667 \\ -4.3914 & 1.5041 & -12.2532 & 3.4960 & -4.4299 & -0.5854 & 3.2774 & 1.2682 \\ 9.1128 & -2.3525 & -7.9850 & 0.3664 & -7.4163 & -6.3332 & 0.7259 & 4.9923 \\ 2.7304 & -6.4696 & 0.6309 & 2.3131 & 4.2227 & -6.1316 & -1.6684 & 1.0951 \end{pmatrix}$$

解答8 $a=2$の方が$a=1$より大きな差がでてくる．

第7章

解答1 式 (7.4) に式 (7.3) を代入すると計算できる．

解答2 $X(n)$ を用いてリフティング構成を見ていくと計算できる．

解答3 フィルタの次数を考えて，入力信号以外を 0 として計算すると，

$$Y(2n) = [0, 1, 4, 1]$$

となる．

解答4 $[0, 0, 1, 2, 3, 4]$

解答5 （略）

解答6 ステージ間のずれを考えて計算すると，最初に 0 がつきますが，元に戻ることが確認される．

解答7 表 7.3 より，コンテクストは 6 となる．

解答8 例えば，ディジタル・シネマとして映画館で利用されている．また，監視カメラや放送局内の素材の格納や伝送などにも利用されている．

第8章

解答1

$$\begin{pmatrix} 118 & 126 & 135 & 94 & 150 \\ 98 & 76 & 65 & 50 & 64 \\ 114 & 67 & 77 & 35 & 100 \\ 193 & 79 & 64 & 2 & 64 \\ 281 & 116 & 70 & 31 & 37 \end{pmatrix}$$

解答2 動きベクトルは，(0.5, 0.5) となる．

解答3

$$\begin{pmatrix} 91.5000 & 0.5000 \\ 16.5000 & 5.5000 \end{pmatrix}$$

解答4

$$\begin{pmatrix} 10.5000 & -13.5000 \\ 1.5000 & -14.5000 \end{pmatrix}$$

解答5 例えば，MPEG-1 はビデオ CD，MPEG-2 は地上デジタル放送や DVD，MPEG-4 part10/H.264 はワンセグ放送や Blu-ray などに利用されている．

参考文献

(1) K. Kobayashi, T. Akagawa, and Y. Itoh ; A study on algorithm and a convergence performance for adaptive notch filter utilizing an all pass filter, IEICE Trans. Fundamentals, Vol.J82-A, No.3, pp.325-332, 1999.

(2) S. F. Boll ; Suppression of acoustic noise in speech using spectral subtraction, IEEE Trans. Acoustics, Speech, and Signal Processing, Vol.ASSP-27, No.2, pp.113-120, 1979.

(3) Y. Ephraim, and D. Malah ; Speech enhancement using a minimum mean square error short-time spectral amplitude estimator, IEEE Trans. Acoustics, Speech, and Signal Processing, Vol.ASSP-32, No.6, pp.1109-1121, 1984.

(4) B. Widrow, J. G. R. Glover, Jr., J. M. Mccool, J. Kaunitz, C. S. Williams, R. H. Hearin, J. R. Zeidler, E. Dong, Jr., and R. C. Goodlin, Adaptive noise cancelling : Principles and applications, Proceedings of The IEEE, Vol.63, No.12, pp.1692-1719, 1975.

(5) P. J. Wolf and S. J. Godsill ; Efficient alternatives to the Ephraim and Malah suppression rule for audio signal enhancement, EURASIP Journal on Applied Signal Processing, Vol.10, pp.1043-1051, 2003.

(6) 古井貞熙 ; ディジタル音声処理, 東海大学出版社, 1985年.

(7) 飯國洋二 ; 基礎から学ぶ信号処理, 培風館, 2004年.

(8) P. A. Regalia, Adaptive IIR filtering in signal processing and control, Marcel Dekker, 1995.

(9) M. Kobayashi, I. Komatsuzaki, and Y. Itoh, A study on algorithm and a convergence performance for adaptive notch filter using tandem connection of second order system, IEICE Trans. Fundamentals, vol. J83-A, no.5, pp.594-598, May 2000.

(10) A. Kawamura, Y. Itch, J. Okello, M. Kobayashi, and Y. Fukui, Parallel Composition Based Adaptive Notch Filter : Performance and Analysis, IEICE Trans. Fundamentals, Vol.87-A, No.7, pp.1747-1755, July 2004.

(11) A. Nehorai ; A minimal parameter adaptive notch filter with constrained poles and zeros, IEEE Trans. Acoust, Speech, and Signal Processing, vol.ASSP-33, no.4, pp.983-996, Aug. 1985.

(12) R. J. McAulay and M. L. Malpass ; Speech enhancement using a soft-decision noise suppression filter, IEEE Trans. Acoustics, Speech, and Signal Processing, Vol.ASSP-28, No.2, pp.137-145, 1980.

(13) S. L. Miller and D. G. Childers ; Probability and random processes, Elsevier Academic Press, 2004.

(14) B. Chen and P. C. Loizou ; Speech enhancement using a MMSE short time spectral amplitude estimat or with Laplacian speech modeling, IEEE ICASSP 2005, Vol.1, pp.1097-1100, 2005.

(15) R. Martin ; Speech enhancement based on minimum mean-square error estimation and super-Gaussian priors, IEEE Trans. Speech and Audio Processing, Vol.13, No.5, pp.845-856, 2005.

(16) S. Gazor and W. Zhang ; Speech enhancement employing Laplacian-Gaussian mixture, IEEE Trans. Speech and Audio Processing, Vol.13, No.5, pp.896-904, 2005.

(17) T. Lotter and P. Vary ; Speech enhancement by MAP spectral amplitude estimation using a super-Gaussian speech model, EURASIP Journalon Applied Signal Processing, Vol.7, pp.1110-1126, 2005.

(18) 塚本悠太, 川村新, 飯國洋二 ; 可変音声スペクトル分布に基づく音声強調, 第21回信号処理シンポジウム講演論文集CD-R, C6-2, 2006年.

(19) 加藤正徳, 杉山昭彦, 芹沢昌宏 ; 重み付きノイズ推定とMMSESTSA法に基づく高音質ノイズ抑圧, 電子情報通信学会論文誌（A）, Vol.J87-A, No.7, pp.851-860, 2004年.

(20) 村田昇；入門独立成分分析，東京電機大学出版局，2004年.
(21) S. ヘイキン著，武部幹訳；適応フィルタ入門，現代工学社，1987年.
(22) 渡部洋；ベイズ統計学入門，福村出版，1999年.
(23) D. A. Huffman；A Method for the Construction of Minimum-Redundancy Codes, Proc. I.R.E., pp.1098-1101, Sept. 1952.
(24) ISO/IEC 11172-3, Information technology - Coding of moving pictures and associated audio for digital storage media at up to about 1.5Mbit/s -Part 3: Audio, International Standard.
(25) JIS X 4323, ディジタル記録媒体のための動画信号及び付随する音響信号の1.5Mbit/s 符号化- 第3部 音響.
(26) ISO/IEC 13818-7, Information technology - Generic coding of moving pictures and associated audio information - Part 7: Advanced Audio Coding (AAC), International Standard.
(27) ISO/IEC 14496-3, Information technology - Coding of audio-visual objects - Part 3: Audio, International Standard.
(28) 藤原洋監修；画像＆音声圧縮技術のすべて，CQ出版社，2000年.
(29) 藤原洋，安田浩監修；ポイント図解式ブロードバンド＋モバイル標準MPEG教科書，アスキー出版局，2003年.
(30) ISO/IEC 10918-1, Information technology - Digital compression and coding of continuous-tone still image - Part-1: Requirements and guidelines, International Standard.
(31) JIS X 4301, 連続階調静止画像のディジタル圧縮及び符号処理 - 第1部 要件及び指針.
(32) 越智宏，黒田英夫；JPEG & MPEG 図解でわかる画像圧縮技術，日本実業出版社，1999年.
(33) 小野定康，鈴木純司；わかりやすいJPEG/MPEG2の技術，オーム社，2001年.
(34) The Independent JPEG Group's JPEG software, the sixth public release of the Independent JPEG Group's free JPEG software, March 1998.
(35) ISO/IEC 15444-1, Information technology - JPEG 2000 image coding system - Part 1: Core coding system, International Standard.
(36) JIS X 4350-1, JPEG 2000 画像符号化システム − 第1部：基本符号処理.
(37) ISO/IEC 15444-3, Information technology - JPEG 2000 image coding system - Part 3: Motion JPEG 2000, International Standard.
(38) 小野文考監修；JPEG 2000のすべて　静止画像符号化の集大成 ─ JPEG 2000の全編・完全解説，電波新聞社，2006年.
(39) ISO/IEC 11172-2, Coding of moving pictures and associated audio for digital storage media at up to about 1,5 Mbit/s - Part 2: Video, International Standard.
(40) ISO/IEC 13818-2, Information technology - Generic coding of moving pictures and associated audio information: Video, International Standard.
(41) ISO/IEC 14496-2, Information technology - Generic coding of audio-visual objects - Part 2: Visual, International Standard.
(42) ISO/IEC 14496-10, Information technology - Generic coding of audio-visual objects - Part 10: Advanced Video Coding, International Standard.
(43) 大久保榮監修；H.264/AVC教科書，インプレス，2004年.

索引

数字

1次元信号 ... 155
2次元信号 ... 155
2次元信号処理システム ... 157
2乗平均誤差 ... 29
3次元信号 ... 155
4次キュムラント ... 150

アルファベット

AAC ... 92
AC係数 ... 41, 183
ADPCM ... 68
BSS ... 129
CELP ... 70, 75
DC係数 ... 41, 183
DCレベル・シフト ... 197
DCT ... 39, 178
DCT係数 ... 183
DFT ... 31, 32, 109, 166
DPCM ... 68, 187
DUET ... 135
FDCT ... 180
FFT ... 32, 34
FIRフィルタ ... 27
GOP ... 219
HEVC ... 213
i.i.d ... 24, 51
ICA ... 24, 141
IDCT ... 39
IDFT ... 32, 110
IFFT ... 36
IIRフィルタ ... 28
IMDCT ... 43
LMSアルゴリズム ... 31, 105
log-PCM ... 64
LPC係数 ... 72
LPCボコーダ ... 73
LSP ... 75
LTIフィルタ ... 25
MAP推定 ... 115
MB ... 215
MDCT ... 42, 79, 88
MPEG ... 39
MV ... 215
NLMSアルゴリズム ... 31, 105
PCM ... 60
PDF ... 14
RGB色空間 ... 180
SAD ... 215
TNS ... 92
VOP ... 230
W-DO仮定 ... 134
YC_bC_r色空間 ... 180
z変換 ... 160

あ・ア行

アクティブ・ノイズ・コントロール ... 108
アップサンプラ ... 44
アナログ信号 ... 60
誤り耐性機能 ... 210
位相スペクトル ... 27, 166
一様分布 ... 15
インターレース ... 228
インパルス ... 26
インパルス応答 ... 26
インパルス信号 ... 156
ウィーナー・フィルタ ... 113
ウェーブレット変換 ... 172
動き推定 ... 215
動きベクトル ... 215
動き補償 ... 213, 215
エコー・キャンセラ ... 106
エルゴード過程 ... 21
エンコーダ ... 68
エントロピー符号化 ... 179, 180
オクターブ分割 ... 173
音声圧縮 ... 59
音声区間 ... 123

か・カ行

階級 ... 13
ガウス分布 ... 15
可逆符号化 ... 195
可逆変換 ... 197
確定信号 ... 11

確率過程	11
確率信号	11
確率分布	13, 51
確率分布関数	14, 16
確率密度関数	14
加算器	25
可変音声分布方式	124
可変長符号	214
ガンマ分布	15
期待値	18
基底	32, 34, 42, 175
基底画像	168
基底行列	168
基底ベクトル	34, 42, 175
逆行列	142
逆修正離散コサイン変換	43
逆離散フーリエ変換	32, 110
強ガウス分布	150
狭帯域ノイズ	97
強定常	24
共分散	21
空間周波数	164
矩形窓	37
クラス	13
係数ビット・モデリング	205
結合確率密度関数	17
合成フィルタ・バンク	46
高速逆フーリエ変換	36
高速フーリエ変換	32, 34
コードブロック	205
固有値	146
固有ベクトル	146
混合行列	142
コンテクスト	205
コンポーネント変換	195, 197

さ・サ行

最急降下法	30
最大間引フィルタ・バンク	47
サブバンド	46
算術符号化	55, 196, 205
サンプリング	162
サンプリング・レート	44
サンプリング行列	162
サンプリング周期	60
サンプリング周波数	44, 60
サンプリング定理	61
サンプル値	60

時間平均	20
ジグザグ・スキャン	188
事後SNR	118
事後確率密度関数	115
自己相関行列	145
指数分布	15, 123
システム同定	103
事前SNR	118
実現値	12
弱定常	23
集合平均	18
修正離散コサイン変換	42, 79, 88
周波数応答	26
周波数スペクトル	166
瞬時混合	130
順離散コサイン変換	180
条件付き期待値	113
乗算器	25
情報源符号化定理	52
除去周波数	99
除去帯域幅	99
伸張	65
振幅スペクトル	27
スーパーガウシアン	24
ステップサイズ	30
ステップ信号	157
スペクトル・ゲイン	110
正規直交行列	146
正規分布	15
声道	70
絶対可聴しきい値	77
線形シフト不変システム	157
線形時不変フィルタ	25
線形予測器	72
線形予測分析	72
尖度	150

た・タ行

対数量子化	64
ダウンサンプラ	44
多次元システム	155
多次元信号	155
畳み込み混合	130, 152
遅延器	26
中心極限定理	24
聴覚心理モデル	79
直交行列	34
ディジタル信号	60

定常	23
適応アルゴリズム	29, 105
適応差分パルス変調	68
適応ノッチ・フィルタ	97
適応フィルタ	29, 103
適応量子化	68
デコーダ	68
デブロッキング・フィルタ	237
デルタ関数	123
伝達関数	72, 161
等化器	108
独立	22, 117
独立成分分析	24, 141
度数	13

は・ハ行

ハーフ・オーバラップ	37
ハール・ウェーブレット	173
バイナリ・マスキング	131
ハイビジョン・テレビ	177
ハイブリッド・フィルタ・バンク	89
バタフライ回路	36
ハニング窓	37
ハフマン符号	187
ハフマン符号化	53
ハミング窓	37
ハン窓	37
非音声区間	123
非可逆符号化	195
非可逆変換	197
ヒストグラム	13, 64
ビット・モデリング処理	196
ビット・レート	76
非定常	24
ビデオ・オブジェクト・プレーン	230
評価関数	29, 113
フィルタ・バンク	45
フーリエ変換	164
復号	59
復号化器	68
符号	59
符号化器	68
符号化パス	205
ブラインド音源分離	129
フル・サーチ・アルゴリズム	216
フレーム	109
フレーム長	109
分散	15, 18

分析フィルタ・バンク	46
分離型システム	158
平均	15, 18
ベイズの定理	116
ポリフェーズ・フィルタ・バンク	79
ポリフェーズ成分	50

ま・マ行

マクロ・ブロック	215
窓関数	36
マルチレート信号処理	44
未知システム	103
ミュージカル・ノイズ	112
無限インパルス応答フィルタ	28
無声音	70
無相関	21

や・ヤ行

有限インパルス応答フィルタ	27
有声音	70
ユニタリ行列	34, 147
ユニット信号	157
予測誤差	68

ら・ラ行

ランレングス符号化	54
離散ウェーブレット変換	196
離散コサイン変換	39, 178
離散時間フーリエ変換	26
離散フーリエ変換	31, 32, 109, 166
リフティング	201
量子化	61, 79, 178, 184
量子化器	180
量子化誤差	62
量子化テーブル	184
レイリー分布	15, 120
劣ガウス分布	150

略　歴

尾知 博 (おち・ひろし)

1981年	長岡技術科学大学電子機器工学課程卒業
1984年	長岡技術科学大学大学院工学研究科電子機器工学専攻修士課程修了
1984年	日本無線株式会社勤務
1986年	琉球大学に助手として赴任
1991年	工学博士(東京都立大学)取得
1992年～1994年	ミシガン州立大学・カリフォルニア大学Irvine校客員研究員
2000年	九州工業大学情報工学部電子情報工学科 教授(現在)
2005年	大学発ベンチャー(株)レイドリクスを創業，無線LANチップを設計

川村 新 (かわむら・あらた)

1971年	兵庫県尼崎市に生まれる
2001年	鳥取大学大学院工学研究科博士前期課程修了
2005年	工学博士(大阪大学)取得
現在	大阪大学大学院基礎工学研究科 准教授
専門	ディジタル信号処理，音声信号処理

黒崎 正行 (くろさき・まさゆき)

1977年	広島県に生まれる．
1998年	国立米子工業高等専門学校電子制御工学科卒業
2000年	東京都立大学工学部電子・情報工学科卒業
2002年	東京都立大学大学院工学研究科電気工学専攻修士課程修了
2005年	東京都立大学大学院工学研究科電気工学専攻博士課程修了(工学博士)
現在	九州工業大学大学院情報工学研究院 准教授
専門	画像通信工学

- **本書記載の社名，製品名について**──本書に記載されている社名および製品名は，一般に開発メーカの登録商標または商標です．なお，本文中ではTM，®，©の各表示を明記していません．
- **本書掲載記事の利用についてのご注意**──本書掲載記事は著作権法により保護され，また産業財産権が確立されている場合があります．したがって，記事として掲載された技術情報をもとに製品化をする場合には，著作権者および産業財産権者の許可が必要です．また，掲載された技術情報を利用することにより発生した損害などに関して，CQ出版社および著作権者ならびに産業財産権者は責任を負いかねますのでご了承ください．
- **本書に関するご質問について**──文章，数式などの記述上の不明点についてのご質問は，必ず往復はがきか返信用封筒を同封した封書でお願いいたします．勝手ながら，電話でのお問い合わせには応じかねます．ご質問は著者に回送し直接回答していただきますので，多少時間がかかります．また，本書の記載範囲を越えるご質問には応じられませんので，ご了承ください．
- **本書の複製等について**──本書のコピー，スキャン，デジタル化等の無断複製は著作権法上での例外を除き禁じられています．本書を代行業者等の第三者に依頼してスキャンやデジタル化することは，たとえ個人や家庭内の利用でも認められておりません．

®〈日本複製権センター委託出版物〉
本書の全部または一部を無断で複写複製（コピー）することは，著作権法上での例外を除き，禁じられています．本書からの複製を希望される場合は，日本複製権センター（TEL：03-3401-2382）にご連絡ください．

ディジタル音声＆画像の圧縮/伸張/加工技術

2013年5月1日　初版発行
2014年3月1日　第2版発行

© 尾知 博，川村 新，黒崎正行　2013
（無断転載を禁じます）

監　修　尾知　博
著　者　川村　新，黒崎正行
発行人　寺前裕司
発行所　CQ出版株式会社
〒170-8461　東京都豊島区巣鴨1-14-2
電話　編集　03-5395-2122
　　　販売　03-5395-2141
振替　00100-7-10665

ISBN978-4-7898-3145-1

乱丁，落丁本はお取り替えします．
定価はカバーに表示してあります．

編集担当者　西野 直樹
DTP　クニメディア株式会社
印刷・製本　三晃印刷株式会社
Printed in Japan